21 世纪高职高专规划教材 · 计算机系列

办公自动化高级应用案例教程

（第 3 版）

主编 陈 芳 陈 伟 邬丽华 舒一平

清 华 大 学 出 版 社
北京交通大学出版社
· 北京 ·

内容简介

通过对本书的学习，学生可以掌握 Word、Excel、PPT 和 Outlook 知识在日常办公中的高级应用技能，逐步学会分析任务，并应用办公自动化技术完成处理日常事务性工作，为提高各专门化方向的职业能力奠定良好的基础。

本书力求根据日常办公的需要，以项目的形式展开教学，其中贯穿相关知识点的学习与训练，让学生切身体会到企事业单位的日常办公方式和习惯，达到掌握技能和增加经验并进的目的。本书图文并茂，形式活泼，内容新颖，且实用而富启发性，注重理论联系实际，学以致用。

本书可作为职业院校计算机应用、文秘、电子商务、工商管理等专业的办公自动化高级应用教材，也适合行政、企事业单位相关人员使用，还可以作为相应层次的企业办公自动化和企业信息化培训的教材，同时也是广大有志于掌握现代化办公技术、提高办公效率的朋友不可多得的自学或参考用书。

图书在版编目(CIP)数据

办公自动化高级应用案例教程 / 陈芳等主编. — 3 版. — 北京 ：北京交通大学出版社 ：清华大学出版社，2020. 7（2023. 2 重印）

ISBN 978-7-5121-4263-3

Ⅰ. ① 办…　Ⅱ. ① 陈…　Ⅲ. ① 办公自动化-应用软件-高等职业教育-教材
Ⅳ. ① TP317. 1

中国版本图书馆 CIP 数据核字（2020）第 121867 号

办公自动化高级应用案例教程
BANGONG ZIDONGHUA GAOJI YINGYONG ANLI JIAOCHENG

策划编辑：郭东青　　责任编辑：郭东青
出版发行：清 华 大 学 出 版 社　　邮编：100084　　电话：010-62776969　　http：//www. tup. com. cn
　　　　　北京交通大学出版社　　邮编：100044　　电话：010-51686414　　http：//www. bjtup. com. cn
印 刷 者：北京时代华都印刷有限公司
经　　销：全国新华书店
开　　本：185 mm×260 mm　　印张：12　　字数：300 千字
版 印 次：2008 年 9 月第 1 版　　2020 年 7 月第 3 版　　2023 年 2 月第 2 次印刷
印　　数：3 001～5 500 册　　定价：39. 00 元

本书如有质量问题，请向北京交通大学出版社质监组反映。对您的意见和批评，我们表示欢迎和感谢。
投诉电话：010-51686043，51686008；传真：010-62225406；E-mail：press@ bjtu. edu. cn。

第3版前言

办公自动化技术已经融入我们的学习和工作中，并以前所未有的速度渗透到社会的各个领域。众多配套书籍也随之出炉，但普遍以全面介绍办公自动化概念、设备使用及Office办公软件基本使用等为主，而在企事业单位办公的实际应用却几乎没有涉及，为弥补这一不足，本人和诸位编者特结合近几年从事办公自动化教学的经验，在《办公自动化高级应用案例教程》第1版、第2版的基础上，整理并改进相关实用案例和资料，编写新的《办公自动化高级应用案例教程》教材。

随着各方面的发展，原教材在实际教学中的应用显现出了一些不适应，因此本教材在以下几方面作了改进和变动。

1. 软件版本。计算机技术领域的知识和技术快速发展更新，Office软件版本也不例外，随着版本的更新，功能越来越完善，因此本教材采用的Office软件版本由第2版的Office 2010升级到Office 2016。

2. 教材内容。第2版教材内容涉及Office家族中的四大成员Word、Excel、PowerPoint和Outlook在办公自动化方面的实际应用，但由于Outlook在实际工作中的应用并不多见，因此，对该部分内容作了删减。Word、Excel、PowerPoint三大块内容基本不变，Word篇主要涉及公司常用文档编辑和长文档编排等，Excel篇主要涉及公司常用表格制作、销售业绩统计分析和工资表管理等，PowerPoint篇主要涉及会议背投、年度总结汇报及公司形象宣传演示文稿的设计与制作，所举实例均为中小企事业单位日常办公中经常碰到的实际问题。

3. 教材结构。本教材结构组织继续遵循原教材采取的案例教学模式，以项目教学和任务驱动的形式组织教学内容，方便教师备课和学生自学，并充分体现实用性和职业性。“职场任务”将本章项目划分成若干个子任务；“职场情境”描述案例产生的情境，突出办公自动化的实用性；“学习目标”为读者提供本节课学习的知识目标和技能目标；“学习准备”为读者提供本节课的新知识点学习资源，作为学习本节案例的热身运动；“学习案例”包括案例展示、案例分解和操作步骤，为读者展示案例完成效果，分解案例任务，提供详细的案例操作步骤。“职场经验”强调案例操作过程中的注意事项和操作技巧；“职场延伸”为读者提供巩固本课所学知识和技能的练习；“学习评价”根据读者自身的学习情况对学习准备、学习案例及职场延伸的学习掌握情况评分；“小结与挑战”包括本章小结和自我挑战，分别为读者概括总结本章所涉及的相关案例和知识点，带领读者在学完本章学习案例的基础上更上一层楼。

全书配有大量图片和图示，文字表述简明扼要，以便积极调动学生的阅读兴趣。可作为职业院校计算机应用、文秘、电子商务、工商管理等专业的办公自动化高级应用教材，也适合行政企事业单位相关人员使用，还可以作为相应层次的企业办公自动化和企业信息化培训的教材，同时也是广大有志于掌握现代化办公技术、提高办公效率的朋友不可多得的自学或参考用书。同时，本书提供了相关的教学素材、实例等配套教学资源。

全书建议总学时为72～80学时，各章的学时具体安排推荐如下表所示，各学校在实际教学时可以根据学生基础与掌握情况等进行适当调整。

章　节	学　时	
	少学时	多学时
第1章　公司常用文档设计	8	8
第2章　产品说明书编排	10	12
第3章　公司常用表格制作	10	10
第4章　销售业绩统计与分析	14	16
第5章　管理公司工资表	14	16
第6章　公司常用演示文稿制作	16	18
合　计	72	80

本书由陈芳、陈伟、邬丽华、舒一平主编，其中第1、2章主要由陈芳编写，第3、4章主要由舒一平编写，第5、6章主要由邬丽华编写，全书由陈伟、陈芳负责统稿。此外，姚露霞也参加了本书配套资源的创建及部分内容的编写工作。

因编者水平有限，书中难免有错误和不当之处，欢迎广大读者朋友来信批评指正。具体内容可提交电子邮件（邮箱764070006@ qq. com）。

编　者

2020年4月

第2版前言

办公自动化技术已经融入我们的学习和工作中，并以前所未有的速度渗透到社会的各个领域。众多配套书籍也随之出炉，但普遍以全面介绍办公自动化概念、设备使用及Office办公软件基本使用等为主，而在企事业单位办公的实际应用却几乎没有涉及，为弥补这一不足，本人和诸位编者特结合近几年从事办公自动化教学的经验，在《办公自动化高级应用案例教程》第1版的基础上，重新收集和整理相关实用案例和资料，编写新的《办公自动化高级应用案例教程》教材。

随着各方面的发展，原教材在实际教学中的应用显现出了一些不适应，因此本教材在以下几方面作了大幅度的改进和变动。

1. 软件版本。计算机技术领域的知识和技术快速发展更新，Office软件版本也不例外，本教材采用的Office软件版本由2003升级到2010。

2. 教材内容。原教材只局限于Word和Excel软件两方面的应用，忽视了演示文稿在企业办公方面的广泛应用，本教材内容涉及Office家族中的四大成员Word、Excel、PowerPoint和Outlook在办公自动化方面的实际应用。Word篇主要涉及公司常用文档编辑和长文档编排等，Excel篇主要涉及公司常用表格制作、销售业绩统计分析和工资表管理等，PowerPoint篇主要涉及会议背投、年度总结汇报及公司形象宣传演示文稿的设计与制作，Outlook篇主要涉及账户配置、邮件收发和会议安排等任务，所举实例均为中小企事业单位日常办公中经常碰到的实际问题。

3. 教材结构。本教材结构组织继续遵循原教材采取的案例教学模式，以项目教学和任务驱动的形式组织教学内容，方便教师备课和学生自学，并充分体现实用性和职业性。“职场任务”将本章项目划分成若干个子任务；“职场情境”描述案例产生的情境，突出办公自动化的实用性；“学习目标”为读者提供本节课学习的知识目标和技能目标；“学习准备”为读者提供本节课的新知识点学习资源，作为学习本节案例的热身运动；“学习案例”包括案例展示、案例分解和操作步骤，分别展示案例效果，分解案例操作步骤和具体的案例操作步骤；“职场经验”强调案例操作过程中的注意事项和操作技巧；“职场延伸”为读者提供巩固本课所学知识和技能的练习；“学习评价”根据读者自身的学习情况对学习准备、学习案例及职场延伸的学习掌握情况评分；“小结与挑战”包括本章小结和自我挑战，分别为读者概括总结本章所涉及的相关案例和知识点，带领读者在学完本章学习案例的基础上更上一层楼。

全书配有大量图片和图示，文字表述简明扼要，以积极调动学生的阅读兴趣。可作为职业院校计算机应用、文秘、电子商务、工商管理等专业的办公自动化高级应用教材，也适合行政企事业单位相关人员使用，还可以作为相应层次的企业办公自动化和企业信息化培训班的教材，同时也是广大有志于掌握现代化办公技术、提高办公效率的朋友不可多得的自学或参考用书。同时，本书提供了相关的教学素材、实例等配套教学资源，可通过邮箱 Guodongqing2009@ 126. com 获取。

全书建议总学时为 72~80 学时，各章的学时具体安排推荐如下表所示，各学校在实际教学时可以根据学生基础与掌握情况等进行适当调整。

章节	学时	
	少学时	多学时
第 1 章　公司常用文档设计	8	8
第 2 章　产品说明书编排	10	12
第 3 章　公司常用表格制作	10	12
第 4 章　销售业绩统计与分析	12	14
第 5 章　工资表管理	12	12
第 6 章　常用演示文稿制作	14	16
第 7 章　Outlook 应用	6	6
合计	72	80

本书由陈芳、陈伟、邬丽华主编，其中第 1~3 章主要由邬丽华、陈伟编写，第 4~7 章主要由陈芳、陈伟编写，此外，姚露霞等也参加了本书配套资源的创建及部分内容的编写工作。全书由陈伟、陈芳负责统稿。

因编者水平有限，书中难免有错误和不当之处，欢迎广大读者朋友来信批评指正。具体内容可提交电子邮件，邮箱 Guodongqing2009@ 126. com。

编　者

2014 年 4 月

前　　言

目前，办公自动化技术已融入我们的学习和工作中，并以前所未有的速度渗透到社会的各个领域。众多配套书籍也随之出炉，但普遍以全面介绍办公自动化概念、设备使用及Office办公软件基本使用等为主，而在企事业单位办公的实际应用却几乎没有涉及，为弥补这一不足，本人和诸位编者特结合近几年从事办公自动化教学的经验，并收集相关实用案例和资料，编写本书。

本书着重介绍了 Office 家族中的两大成员 Word 和 Excel 在办公自动化方面的实际应用，Word 篇主要涉及电脑小报制作、试卷编制、公司常用文档编辑及 Word 高级应用等，Excel 篇主要涉及公司常用表格制作、工资表管理、销售业绩统计分析及 Excel 综合应用等，所举实例均为日常办公中经常碰到的实际问题。

本书编写中主要在以下几个方面作了探索。

1. 在内容的选取上，案例主要选择日常学习和工作中经常涉及的实例，尤其体现在许多公司企业常用的文档、表格等，让书贴近生活实际，接近学生即将走上的工作岗位，为学生提供一个模拟日常办公的工作环境。在突出案例实用性的同时，注重对深层次技术的发掘，并考虑与职业院校计算机应用课程的要求相适应。

2. 在结构的组织上，采用案例教学模式，以任务驱动的形式组织教学内容，方便教师备课，读者自学。“情景故事”作为案例产生的背景，突出办公自动化的实用性；“学习目标”为读者提供本节课学习的知识目标和技能目标；“学习准备”为读者提供本节课的新知识点学习资源，作为学习本节案例的热身运动；“学习案例”则详细探索本案例的解决步骤，其中“注意事项”提醒读者要注意的细节，“操作技巧”为读者提供更为便捷的方法；“课后练习”供读者巩固本课所学；“本章小结”为读者概括总结本章所涉及的相关案例和知识点；“挑战自我”则带领读者在学完本章学习案例的基础上更上一层楼。

全书语言通俗易懂，并配以大量的图示讲解。可作为职业院校计算机应用专业、文秘专业、电子商务专业、工商管理专业等的办公自动化高级应用教材，也适合相应层次的企事业单位相关人员使用，也可作为社会培训班的培训教材，同时也是广大有志于掌握现代化办公技术、提高办公效率的朋友不可多得的自学或参考用书。同时，本书提供了与课程内容相关的教学素材和实例。

全书建议总学时为 72～80 学时，各章的学时具体安排推荐如下表所示，各学校在实际教学时可以根据学生基础与掌握情况等进行适当调整。

章　节	学　时	
	少学时	多学时
第 1 章　电脑小报制作	8	10
第 2 章　试卷编制	6	6
第 3 章　公司常用文档设计与制作	10	12
第 4 章　长文档处理	10	10
第 5 章　公司常用表格创建	6	6
第 6 章　工资表管理	14	16
第 7 章　销售业绩统计与分析	10	10
第 8 章　Excel 综合应用	8	10
合　计	72	80

本书由陈伟、陈小明、陈芳主编，其中第 3 章、第 5 章、第 7 章主要由陈芳编写，第 2 章、第 4 章、第 8 章主要由陈小明编写，第 1 章、第 6 章主要由华燕编写，此外，黄素媛也参加了本书部分内容的编写工作。全书由陈伟、陈小明、陈芳负责统稿。

因编者水平有限，书中难免有错误和不当之处，欢迎广大读者朋友来信批评指正。

编　者

2008 年 6 月

目　　录

第 1 章　公司常用文档设计

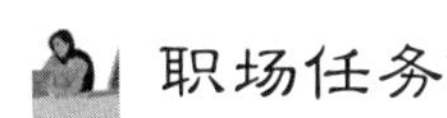

红头文件模板制作

邀请函的制作

组织结构图绘制

1.1　红头文件模板制作

职场情境

制作公司红头文件是办公室文员经常碰到的问题，为避免大量的重复劳动，有没有一种定制的模板可以直接拿来套用呢？小杨将做好的红头文件定制成带提示按钮的模板，即可随时拿来套用，方便今后制作类似的红头文件时使用，减轻工作量。

学习目标

- **相关理论知识点：** 红头文件的概念，模板的含义，模板所包含的信息
- **相关技能知识点：** 使用快捷方式插入域并定制带提示按钮的模板

学习准备

1. 什么是红头文件？

红头文件一般是指规范性文件，主要是指由行政机关制定并公布，在一定范围、时间内对公民、法人和其他组织具有普遍约束力的文件。

2. 什么是模板？

模板是一个用来创建文档的原型，是一种特殊的文档，Word 提供很多现成的模板，可以用来制作不同类型的文本，如备忘录、报告、信函和传真等，用户也可以按照自己的需要定制模板，使文稿编排工作变得轻松自如。一个模板一般包含以下信息：

（1）文本的格式信息，包括分页、段、字、图文框、表格等；

（2）样式，预先定义好的文本格式用于快速格式化文本；

（3）内容，文本（包括占位符）、图片、OLE 对象、表格等；

（4）自定义工具栏、宏、快捷键、自动图文集词条；

（5）宏按钮（带指示定位符，告诉您键入或插入什么）等。

3. 什么是提示按钮?

所谓提示按钮是指一个“域”。域是保存在文档中的可能发生变化的数据，最常用到的域有 PAGE 域，即在添加页码时插入的能够随文档的延伸而变化的符号。利用域可以在文档的特殊位置布置一些提示信息，告诉用户可以单击该信息，并输入新的文字代替这些信息。同时，新输入的文字可以继承提示信息的外观特征，如字体、字号、段落设置等。比如，需要在一个模板中指明标题、作者等信息的输入位置，并赋予适当的格式。

学习案例

【案例展示】

制作一份泗门日立电器有限公司关于人事任命的红头文件模板，效果如图 1-1 所示。

泗门日立电器有限公司

文　件

【[单击此处输入年份]】第[单击此处输入号数]号

★

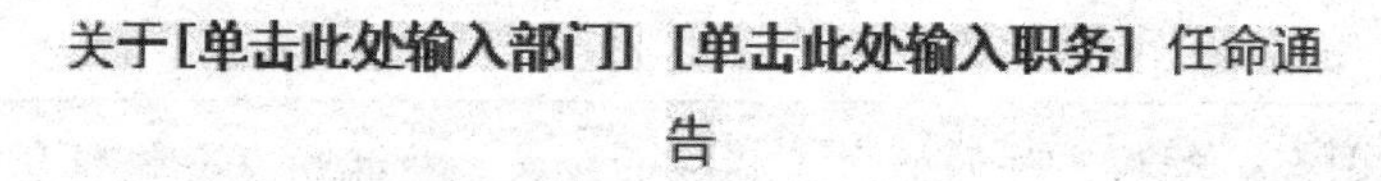

关于[单击此处输入部门][单击此处输入职务]任命通告

[单击此处输入职工姓名] 平时工作表现突出，经公司领导层讨论决定，任命其为 **[单击此处输入部门][单击此处输入职务]** 一职，任命通告发布之日起上任。

泗门日立人事部

[单击此处输入发文时间*年*月*日]

图 1-1　红头文件模板效果图

【案例分解】

将该案例任务分解，具体实施步骤如图 1-2 所示。

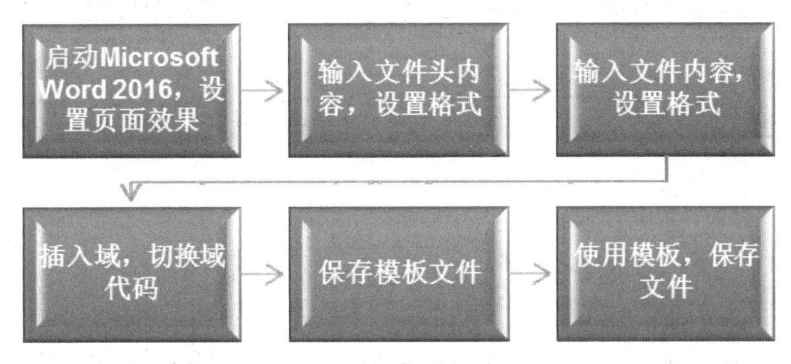

图 1-2　具体实施步骤

【操作步骤】

步骤 1. 启动 Microsoft Word 2016，设置页面效果。具体操作如图 1-3 所示。

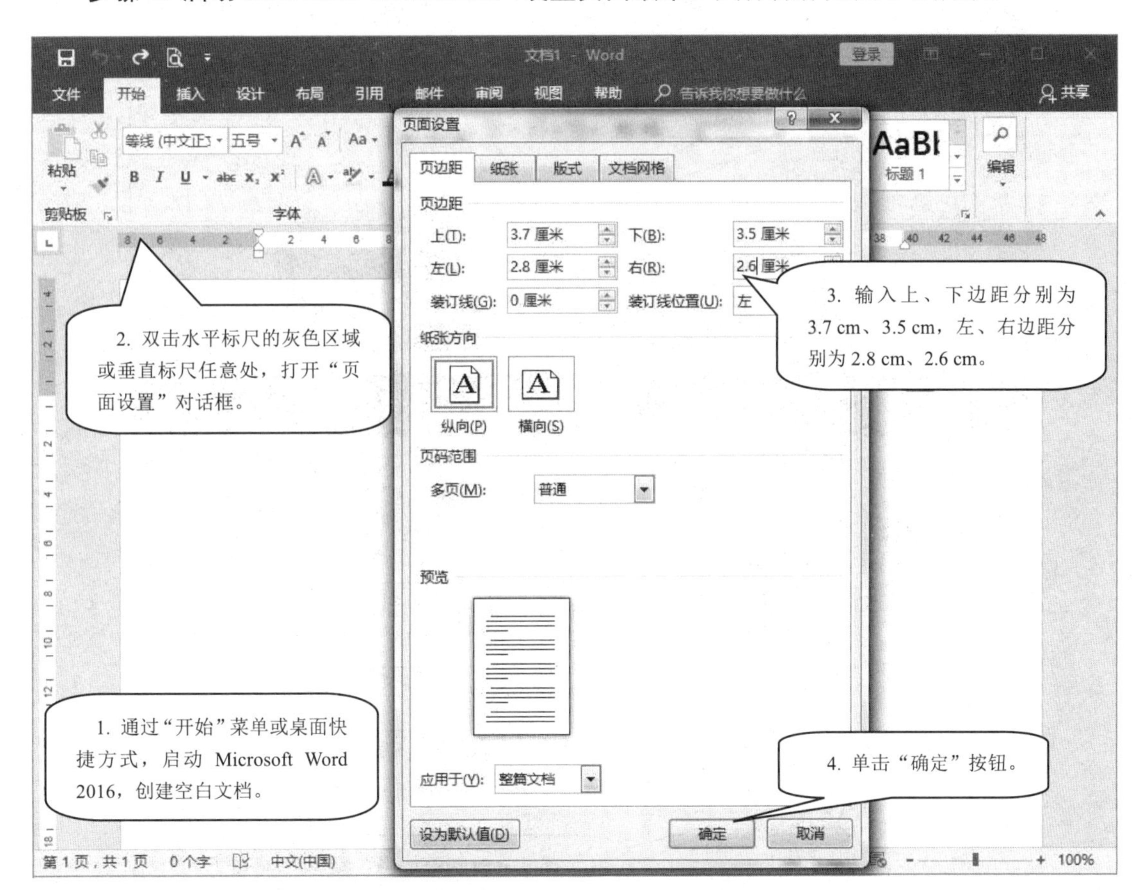

图 1-3　启动 Microsoft Word 2016，设置页面效果

步骤 2. 输入文件头内容，设置格式。在文档中输入文件头内容并设置字符格式，具体操作如图 1-4（a）、（b）所示。

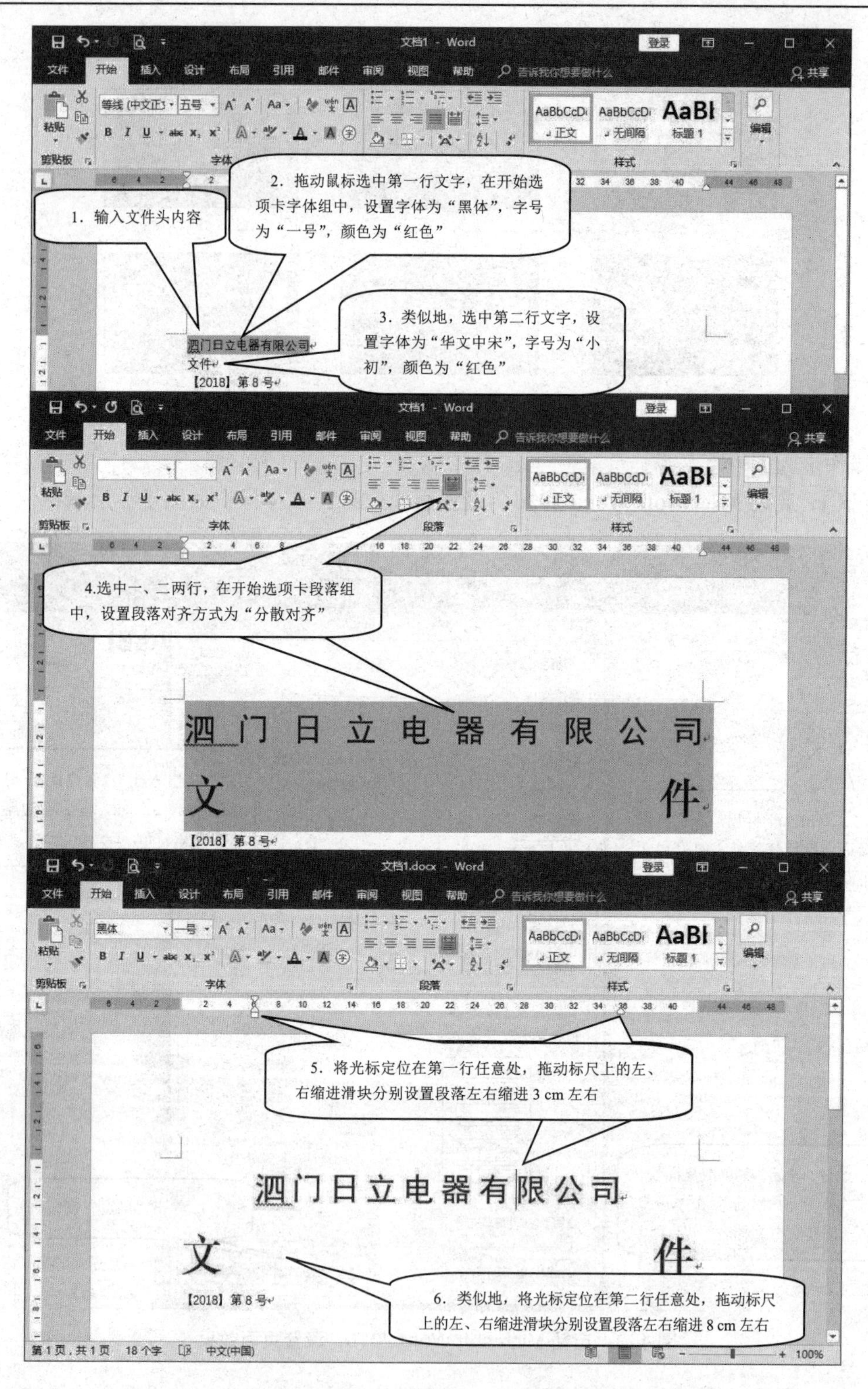

（a）

图 1-4　设置文件头格式

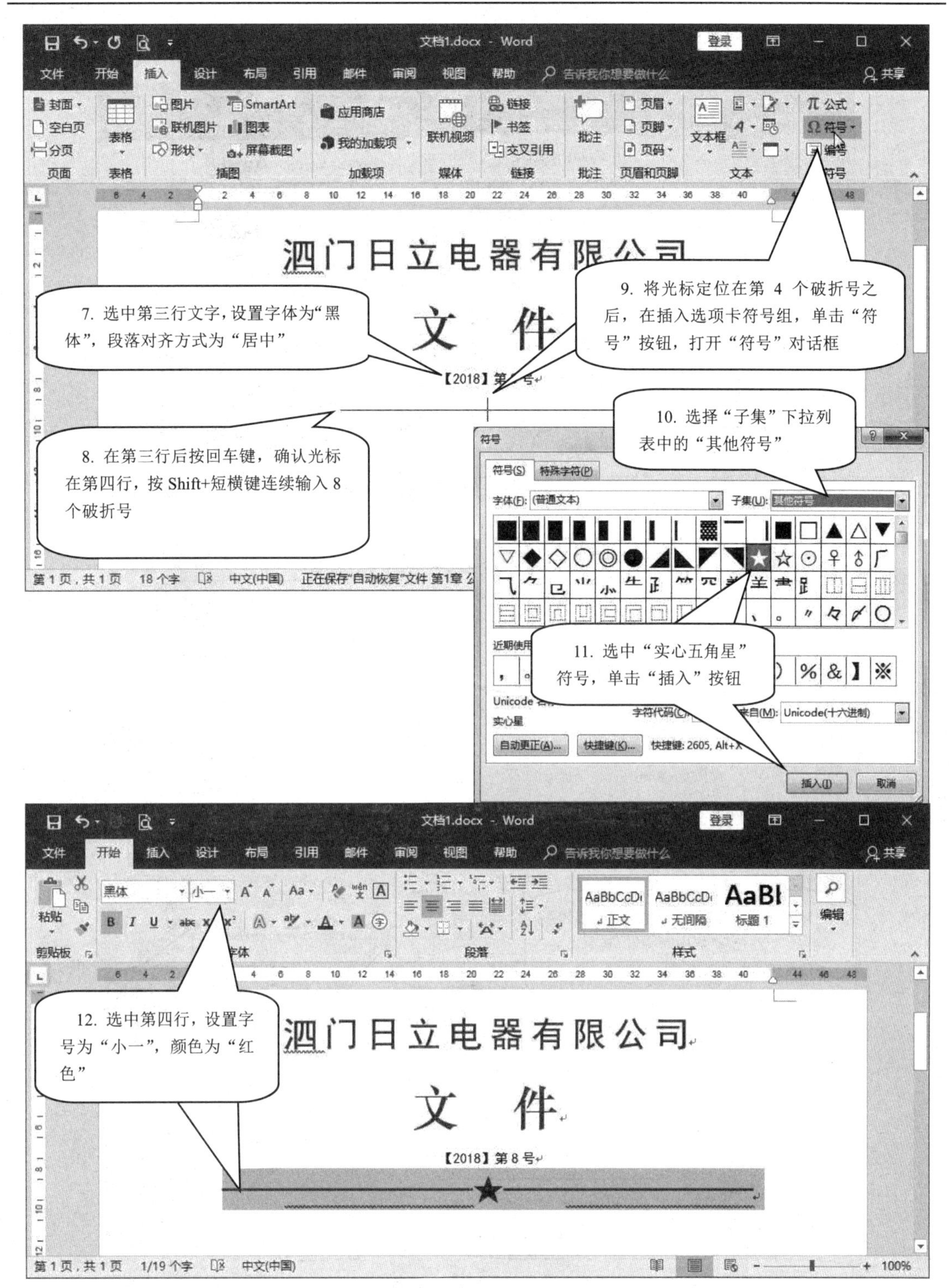

（b）

图 1-4　设置文件头格式（续）

步骤 3. 输入文件内容，设置格式。具体操作如图 1-5 所示。

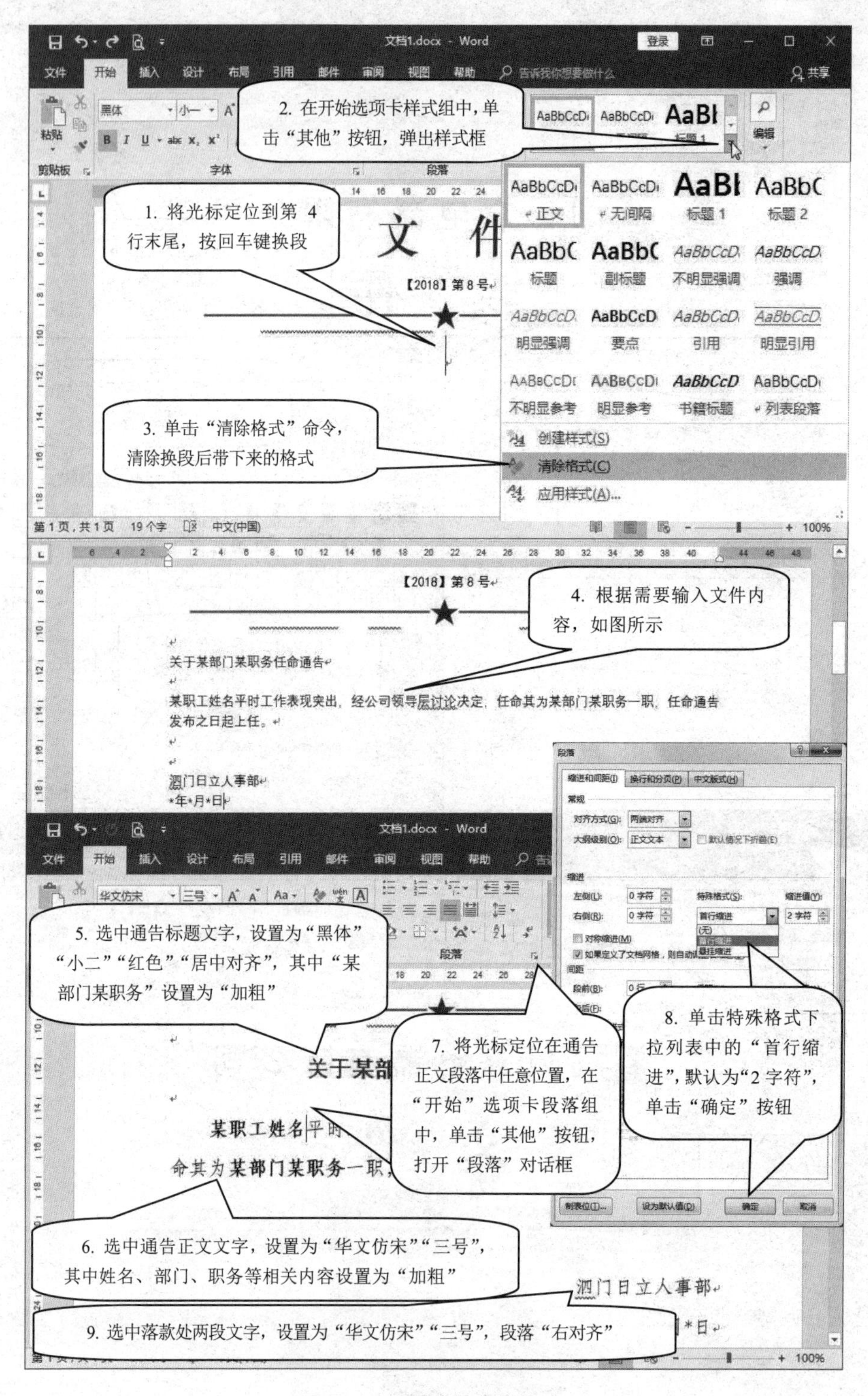

图 1-5　设置文件内容格式

步骤 4. 插入域，切换域代码。至步骤 3，红头文件已基本成形，接着完成模板制作，方便今后多次调用。完成域代码输入后切换域代码，即可得到带有相应格式的提示域。具体操作如图 1-6 所示。

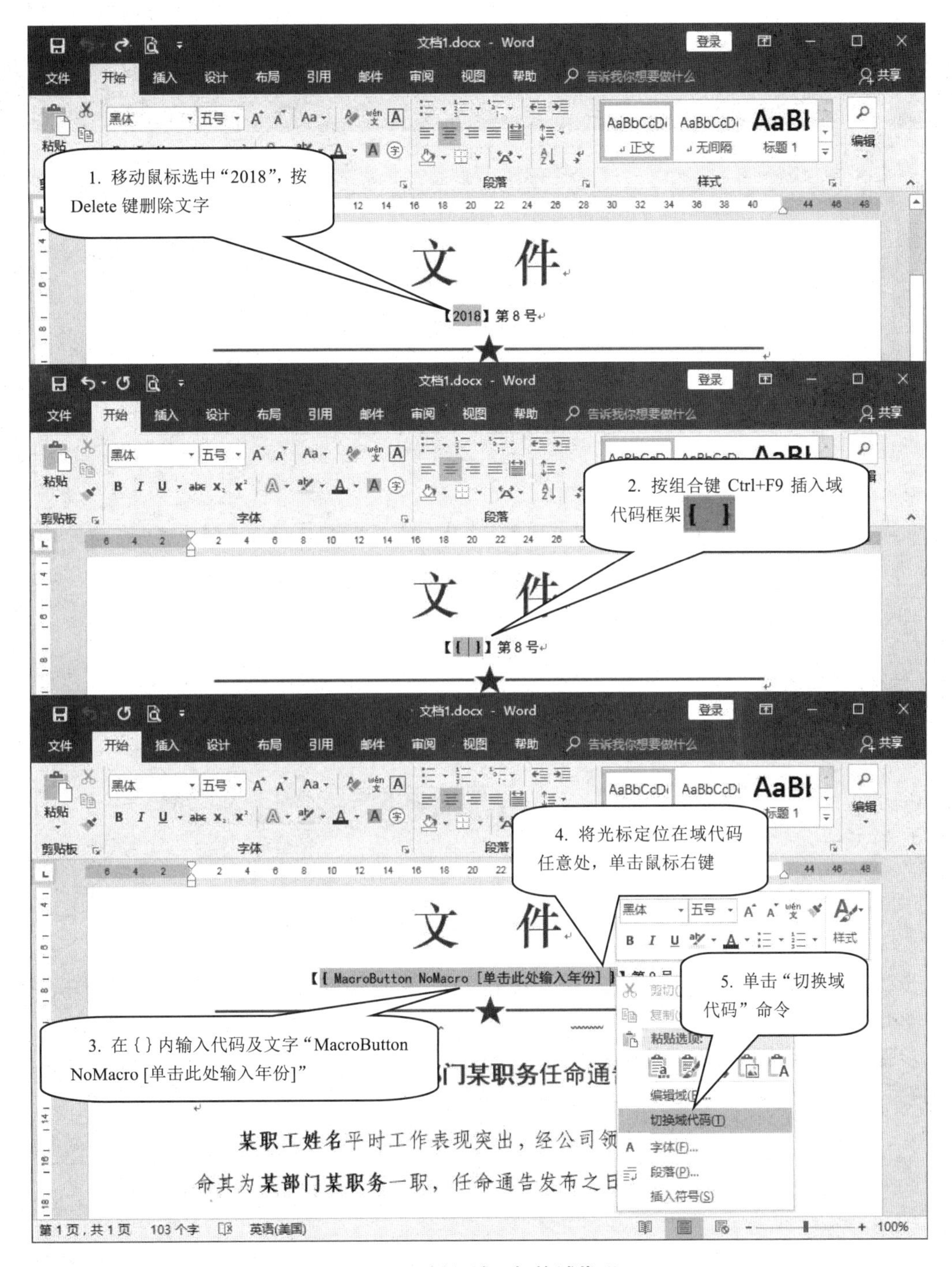

图 1-6　插入域，切换域代码

同样方法制作其余各个提示按钮，注意修改相应的提示信息，并切换域代码，完成效果如图 1-7 所示。

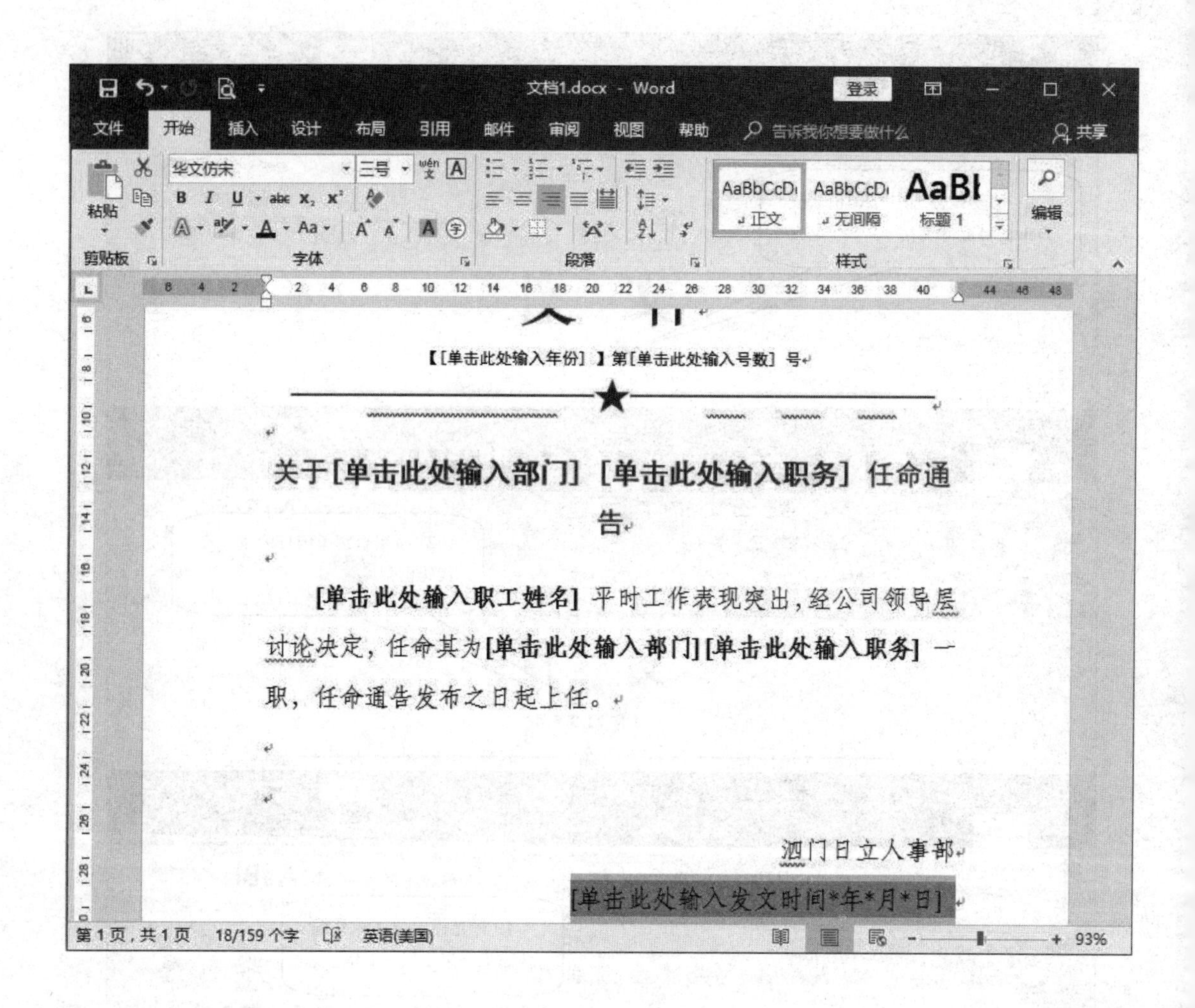

图 1-7　红头文件提示按钮效果

步骤 5. 保存模板文件。将带提示按钮的红头文件保存为模板格式，具体操作如图 1-8 所示。

步骤 6. 使用模板，保存文件。创建模板是为了今后方便调用，如何使用自己创建的模板呢？具体操作如图 1-9（a）、（b）、（c）所示。

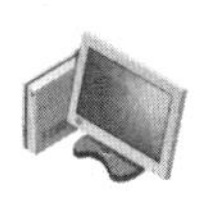

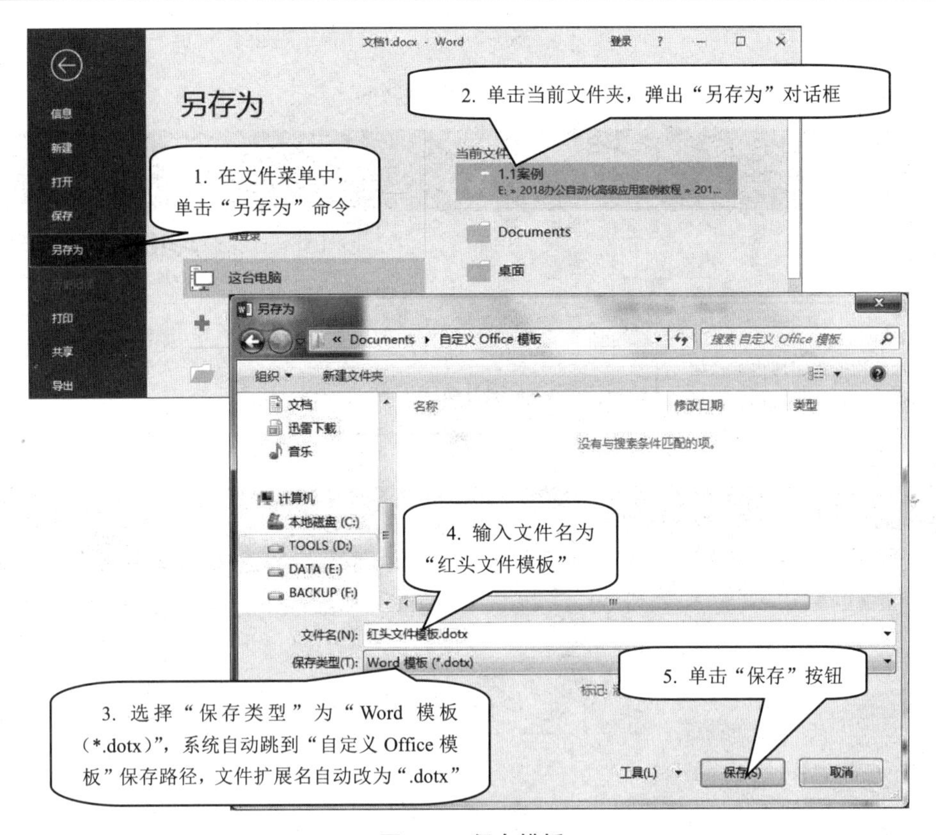

图 1-8　保存模板

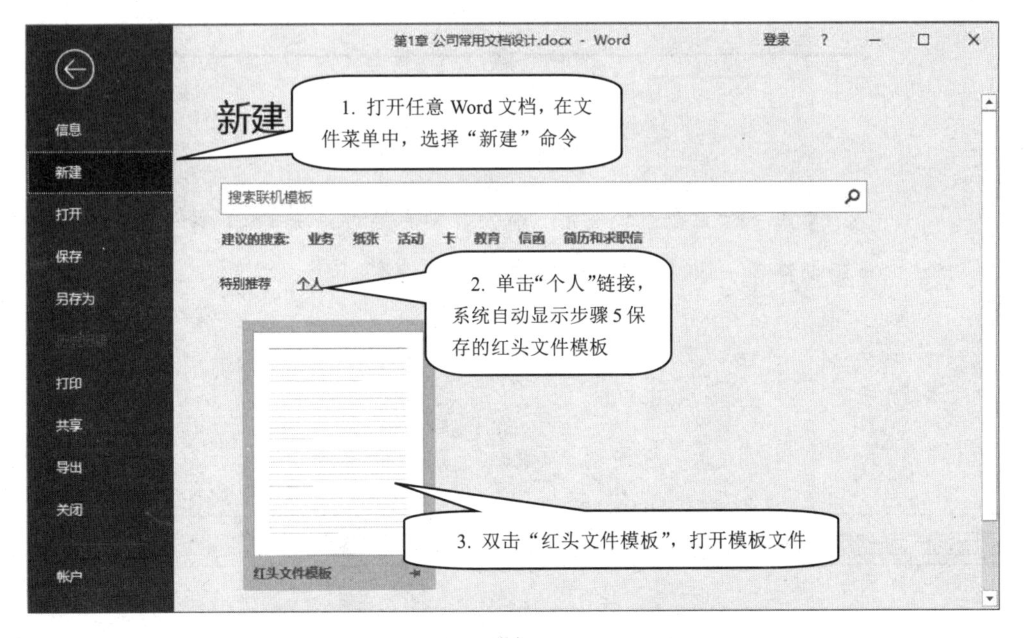

（a）

图 1-9　使用模板

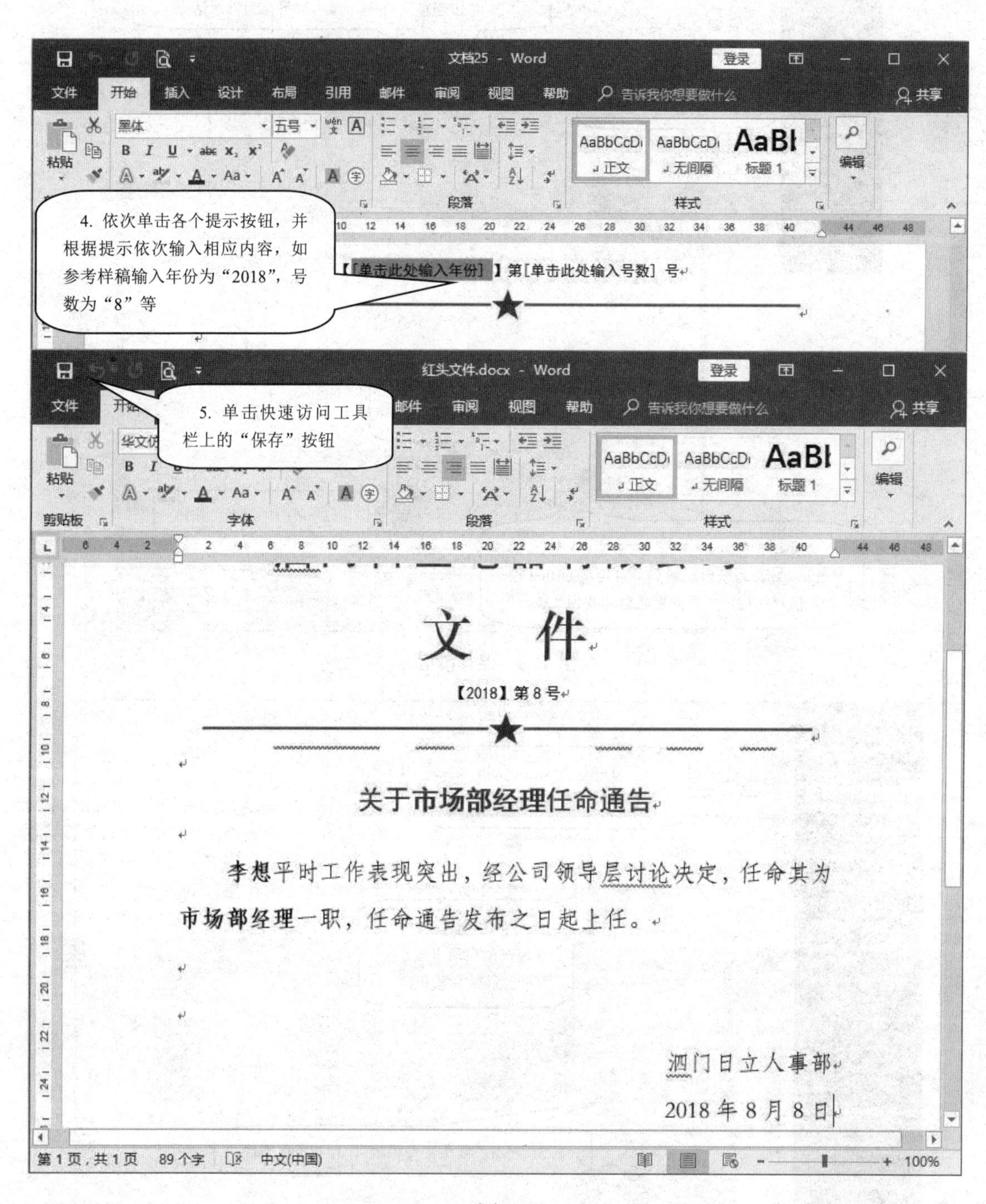

文档25 - Word
4. 依次单击各个提示按钮，并根据提示依次输入相应内容，如参考样稿输入年份为“2018”，号数为“8”等
【[单击此处输入年份]】第[单击此处输入号数]号
红头文件.docx - Word
5. 单击快速访问工具栏上的“保存”按钮
文 件
【2018】第8号
关于市场部经理任命通告
李想平时工作表现突出，经公司领导层讨论决定，任命其为市场部经理一职，任命通告发布之日起上任。
泗门日立人事部
2018年8月8日

（b）

图 1-9　使用模板（续）

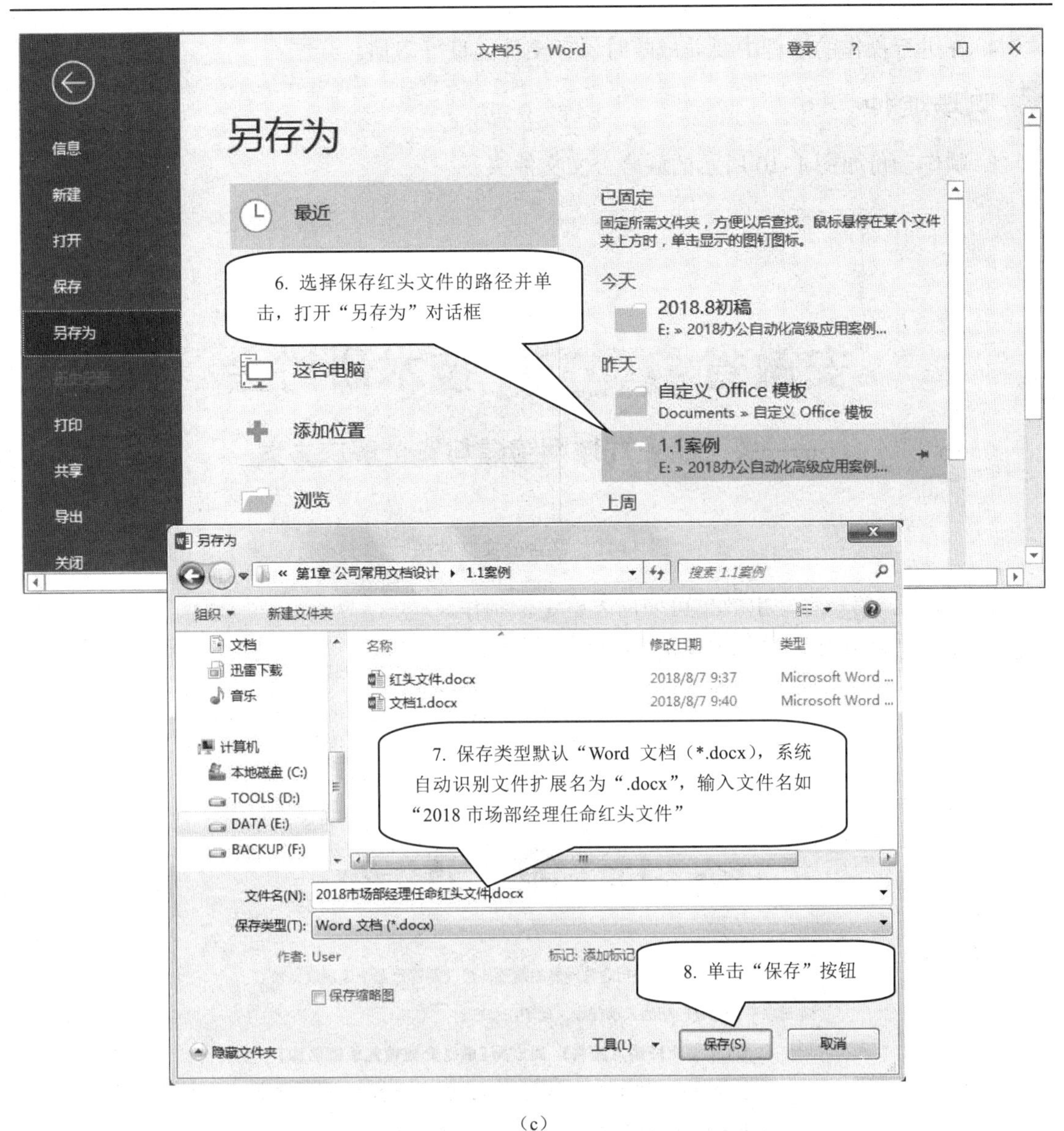

（c）

图 1-9　使用模板（续）

职场经验

1. 设置字符格式中的分割线不采用形状中的直线而用“——”（破折号），星形的插入不用形状而用符号代替是为了在字符格式设置时可以同步设置而不会导致位置偏移。

2. 插入域代码时，域代码中的“NaMacro”和“[”之间必须有一个空格，否则切换域代码时将无法显示。

3. 设置提示按钮信息的文字格式时，可以切换成域代码后选中相应的内容进行设置，也可以切换成提示信息时直接设置，只要选中后进行设置即可。

4. 在进行操作的过程中要养成随时保存文件的良好习惯。

职场延伸

1. 制作一份如图 1-10 所示的联合公文文件头。

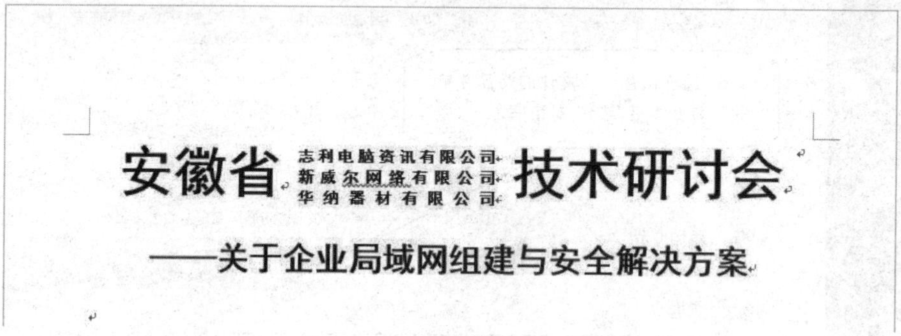

安徽省 志利电脑资讯有限公司 新威尔网络有限公司 华纳器材有限公司 技术研讨会

——关于企业局域网组建与安全解决方案

图 1-10 联合公文文件头

重点提示：第一行文字效果可使用表格定位制作。

2. 制作一份如图 1-11 所示的任命书模板。

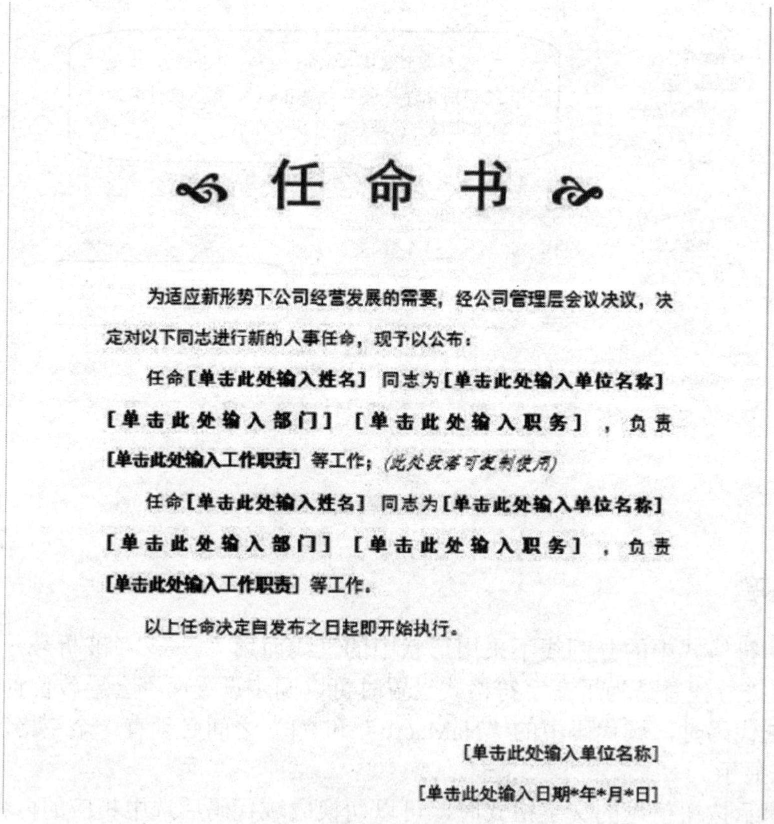

任 命 书

为适应新形势下公司经营发展的需要，经公司管理层会议决议，决定对以下同志进行新的人事任命，现予以公布：

任命[单击此处输入姓名] 同志为[单击此处输入单位名称][单击此处输入部门] [单击此处输入职务]，负责[单击此处输入工作职责] 等工作；*(此处段落可复制使用)*

任命[单击此处输入姓名] 同志为[单击此处输入单位名称][单击此处输入部门] [单击此处输入职务]，负责[单击此处输入工作职责] 等工作。

以上任命决定自发布之日起即开始执行。

[单击此处输入单位名称]

[单击此处输入日期*年*月*日]

图 1-11 任命书模板

3. 使用第 2 题完成的模板文件，按需创建任命书。

学习评价

本节内容学习已经结束，你都学会了吗？给自己评个分吧！

评分内容	分值	自评分	评分细则
“学习准备”掌握情况	100		1. 能独立完成：80～100 分 2. 能在老师和同学的帮助下完成：60～80 分 3. 不能完成：0～60 分
“学习案例”操作情况	100		
“职场延伸”任务操作情况	100		
合计	300		

1.2　组织结构图绘制

职场情境

不管是政府机关还是企事业单位，内部都有完善的组织管理。泗门日立电器有限公司近年来发展迅速，组织部门日益完善，如何让广大员工快速了解本公司各部门、各处室的职责以及公司的发展概况呢？经理把这个任务交给小杨，小杨用在 Word 中插入组织结构图的方法生成公司的组织结构图，而且修饰得美观大方，得到一致肯定。

学习目标

◆ **相关理论知识点：**组织结构图的功能，组织结构图的创建

◆ **相关技能知识点：**通过编辑组织结构图的样式、版式，完成制作美观大方的公司组织结构图

学习准备

1. 什么是组织结构图?

组织结构图就是一个机构、企业或组织人员结构的图形化表示，它由一系列图框和连线组成，表示一个机构的等级、层次，如图 1-12 所示是一个小型企业的组织结构图，总经理到各个部门、科室，以及各级部门之间的层次关系一目了然地在图中得到体现。

2. 组织结构图的插入与设置

（1）插入组织结构图。在“插入”选项卡|“插图”组中，单击“SmartArt”按钮 SmartArt ，打开“选择 SmartArt 图形”对话框，如图 1-13 所示，在左侧选择所需的图形类别“层次结

构”，在中间选项面板中选择所需类型，在右侧预览框中可浏览效果，了解图形说明，最后单击“确定”按钮，即可插入空白组织结构图初始框架。

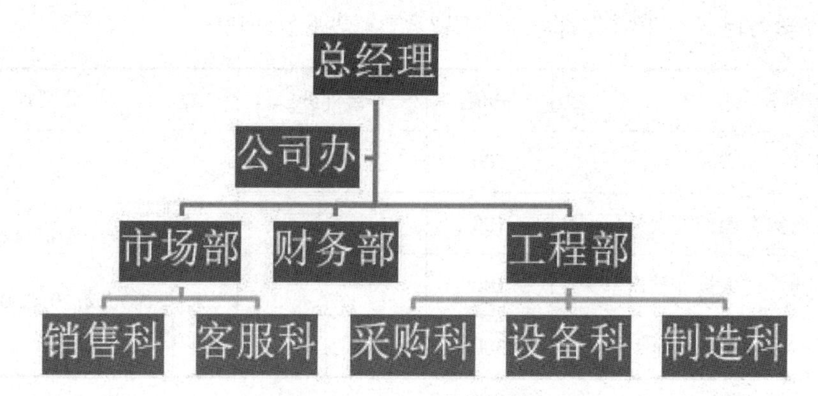

图 1-12　组织结构图示例

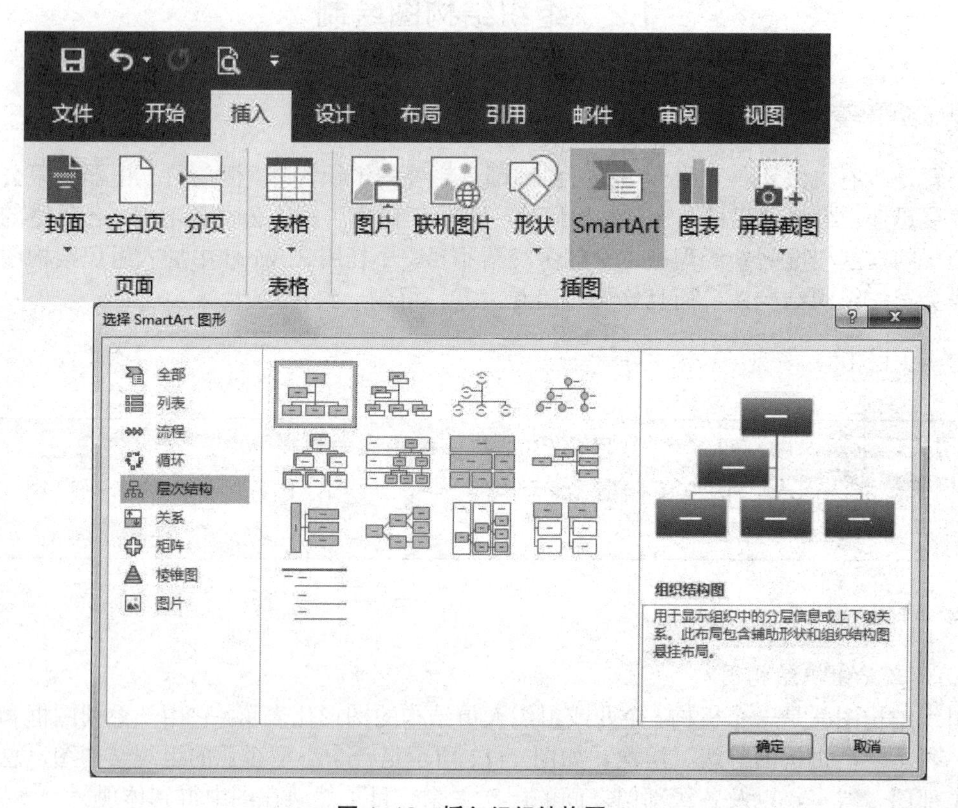

图 1-13　插入组织结构图

（2）设置组织结构图。选中 SmartArt 图形时，功能区会出现“SmartArt 工具”的“设计”和“格式”选项卡，如图 1-14 所示，通过这两个选项卡可对 SmartArt 图形进行图形设计和格式设置，使其更加合适、美观。

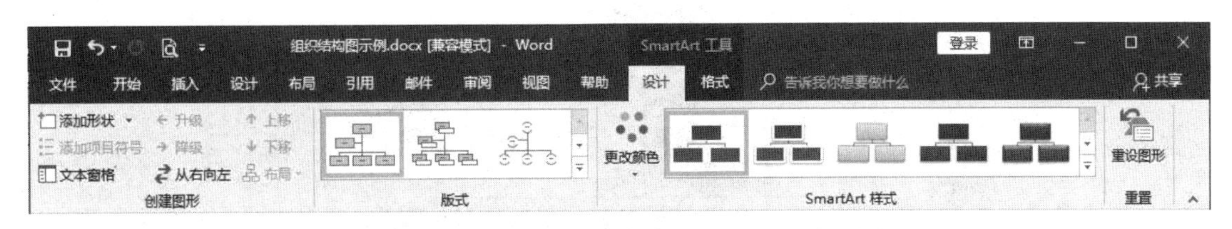

（a）“设计”选项卡

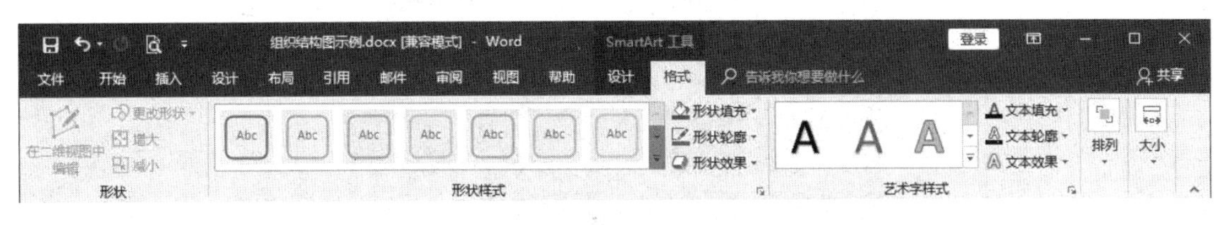

（b）“格式”选项卡

图 1-14　SmartArt 工具

●“设计”选项卡：包括创建图形、布局、SmartArt 样式和重置等多个组，主要侧重于组织结构图的设计与样式美化，通过该选项卡可以添加形状，改变布局，还可以使用内置的系统预设样式来美化组织结构图。

若要添加形状，则选择要在其下方或旁边添加的形状，在 SmartArt 工具的设计选项卡创建图形组，单击“添加形状”右侧的小按钮，弹出下拉菜单，如图 1-15 所示，根据需要选择添加形状的位置（级别）。

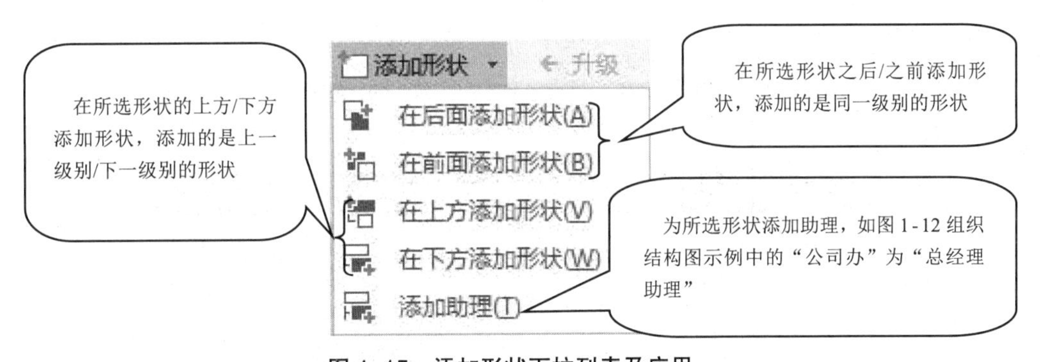

图 1-15　添加形状下拉列表及应用

●“格式”选项卡：包括形状、形状样式、艺术字样式、排列和大小等多个组，主要侧重于组织结构图中文字效果的设置及个别形状的设计与美化。

学习案例

【案例展示】

绘制泗门日立电器有限公司组织结构图，最终效果如图 1-16 所示。

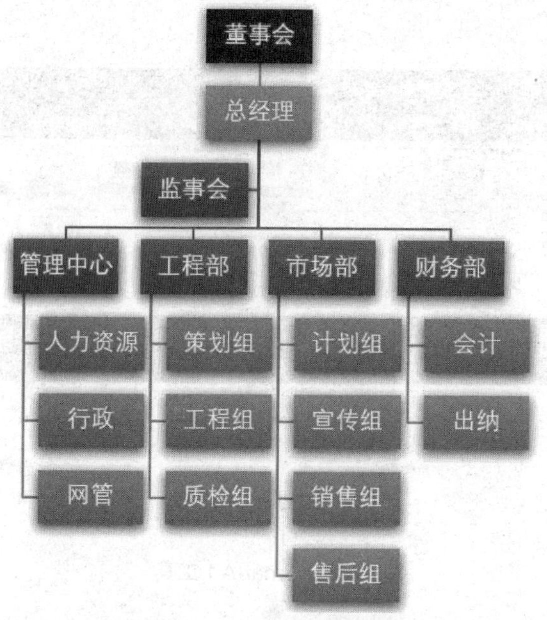

图 1-16　组织结构图效果图

【案例分解】（图 **1-17**）

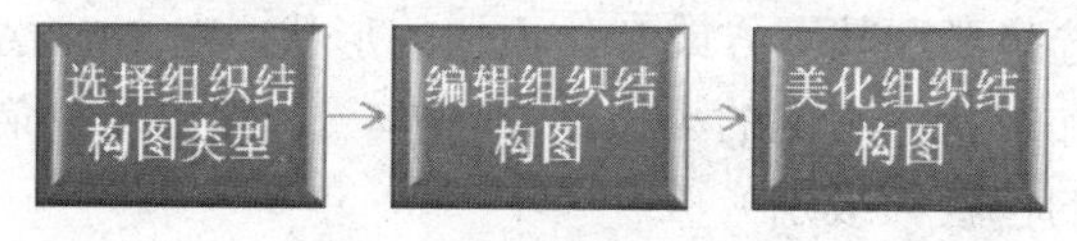

图 1-17　具体实施步骤

【操作步骤】

步骤 1. 选择组织结构图类型。在 SmartArt 图形类型中选择“层次结构”分类，具体操作如图 1-18 所示。

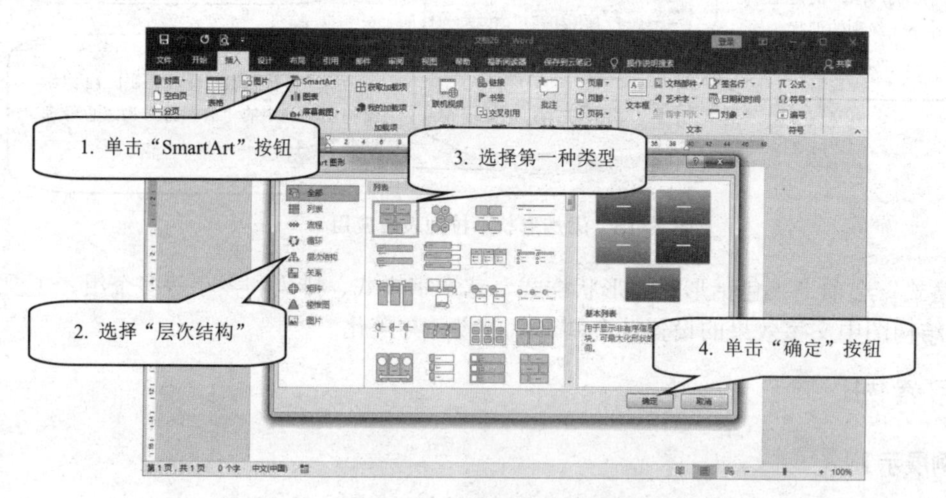

图 1-18　选择组织结构图类型

步骤 2. 编辑组织结构图。具体操作如图 1-19 所示。

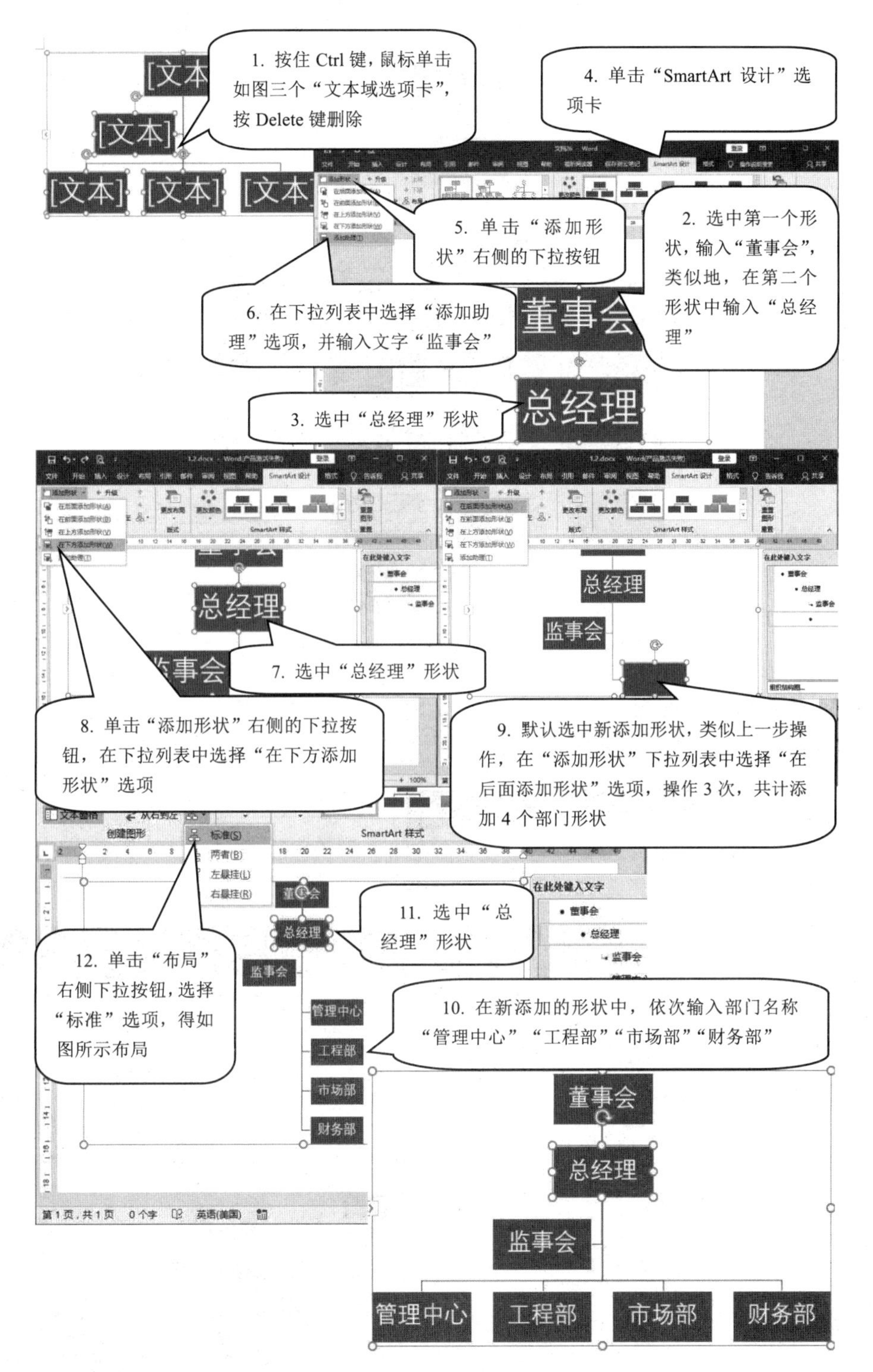

图 1-19　编辑组织结构图

用类似方法，给四个部门形状添加下属形状，布局为“右悬挂”方式，并输入相应的文字，最终得到如图 1-20 所示的组织结构图。

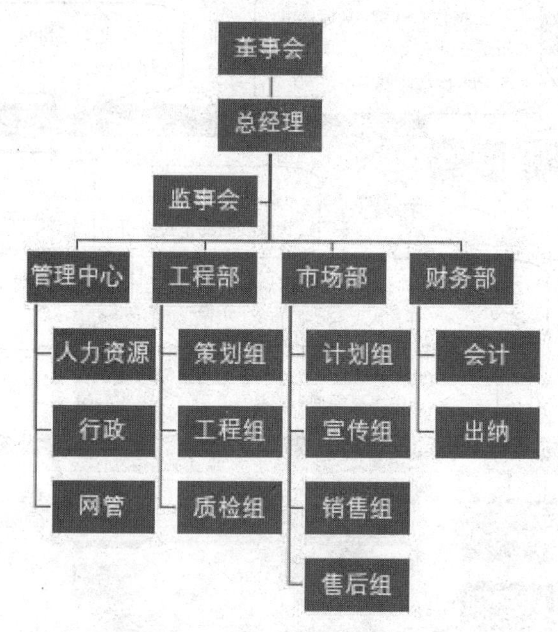

图 1-20　未经修饰的公司组织结构图

步骤 3. 美化组织结构图。

（1）修改样式。具体操作如图 1-21 所示。

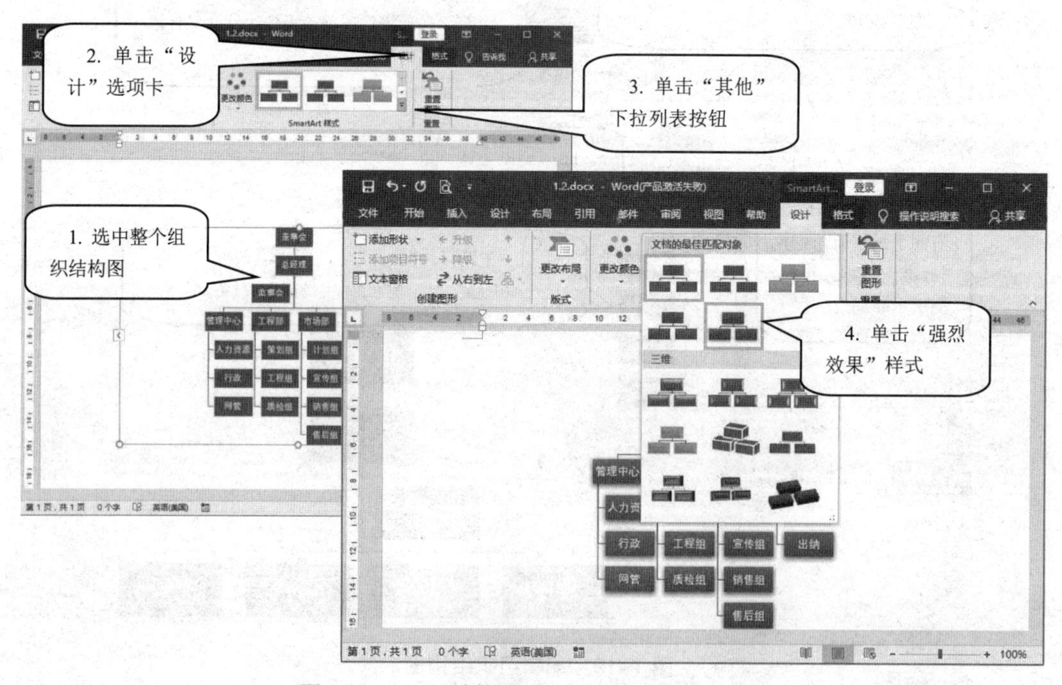

图 1-21　组织结构图“SmartArt 样式”应用

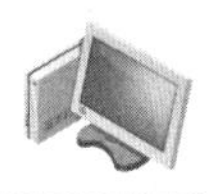

（2）更改颜色。具体操作如图 1-22 所示。

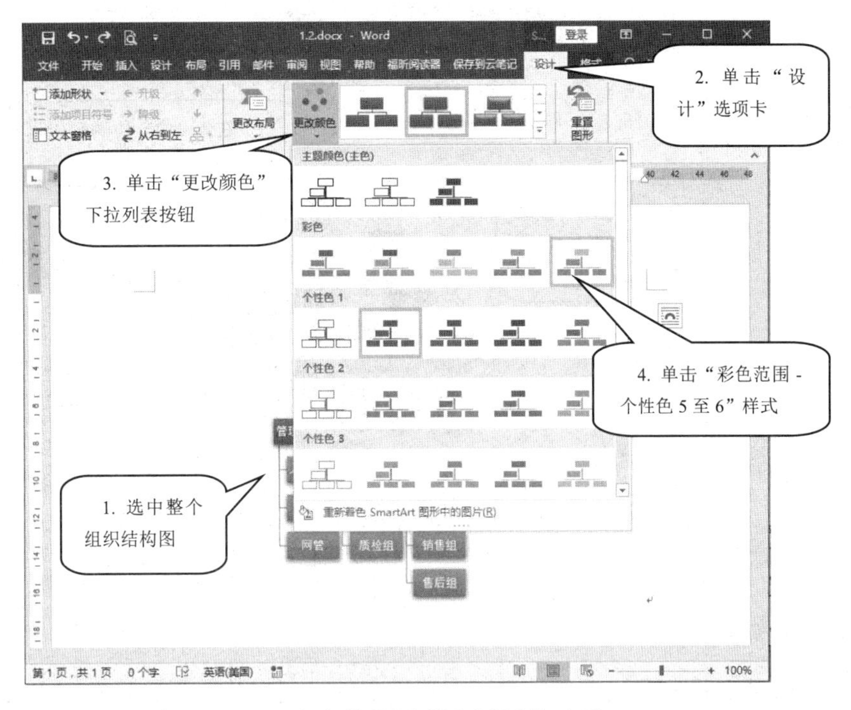

图 1-22　组织结构图“更改颜色”应用

（3）设置文本格式。具体操作如图 1-23 所示。

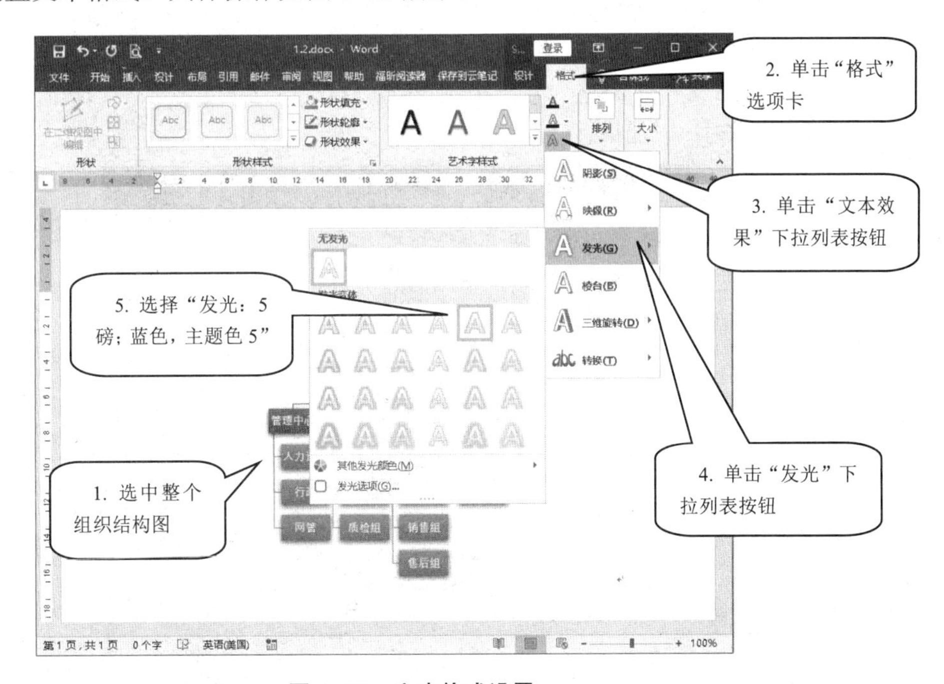

图 1-23　文本格式设置

（4）个别形状颜色设置。具体操作如图 1-24 所示。最终得到如图 1-16 所示的组织结构图。

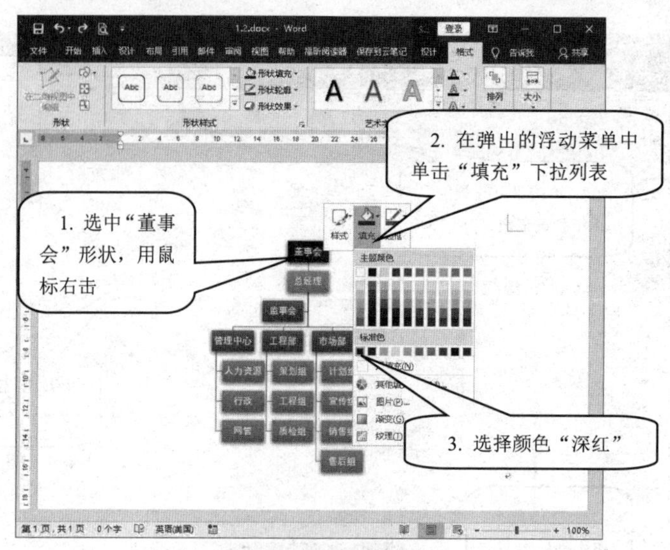

图 1-24　个别形状颜色更改

职场经验

1. 若更改某形状的悬挂方式，务必先选择它的上层形状，再选择布局方式。

2. 单击 SmartArt 图形左侧的小按钮可以打开或关闭左侧文本窗格（见图 1-25）。在文本窗格中可以方便地录入文字、增减形状和调整形状级别。

a）按回车键——增加同级别形状

b）按 Tab 键——调整为下一级别形状

c）按 Shift+Tab 键——调整为上一级别形状

d）删除段落文字——删除该形状

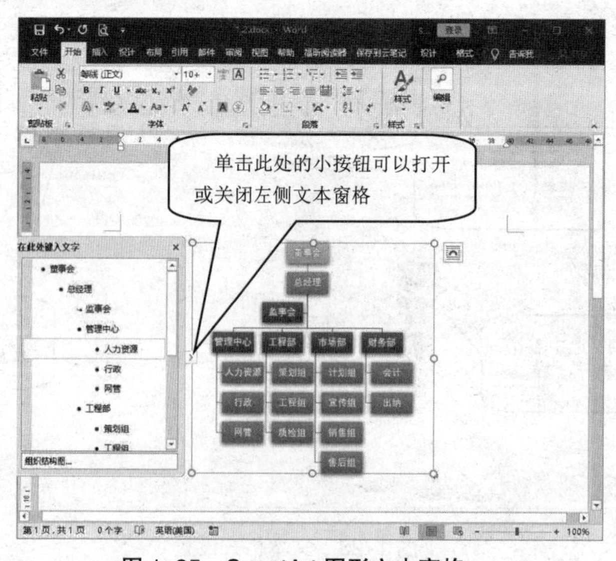

图 1-25　SmartArt 图形文本窗格

职场延伸

1. 制作如图 1-26 所示的客服部组织结构图。

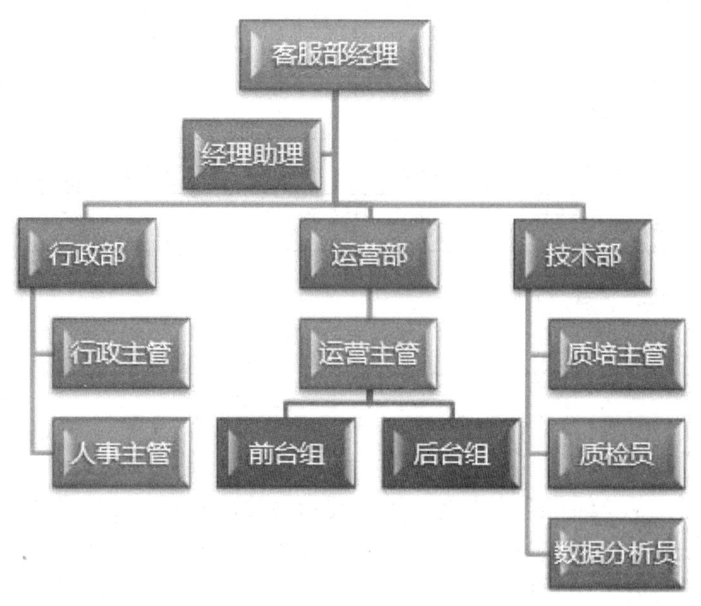

图 1-26　客服部组织结构图

2. 制作如图 1-27 所示的展馆分布图。

图 1-27　展馆分布图

学习评价

本节内容学习已经结束，你都学会了吗？给自己评个分吧!

评分内容	分值	自评分	评分细则
“学习准备”掌握情况	100		1. 能独立完成：80～100 分 2. 能在老师和同学的帮助下完成：60～80 分 3. 不能完成：0～60 分
“学习案例”操作情况	100		
“职场延伸”任务操作情况	100		
合计	300		

1.3　邀请函的制作

职场情境

在日常工作中，单位经常会有各种庆典、展示会等，需要向外发送大量的邀请函，如果用复制和粘贴方法制作，工作量很大，并且容易出错。那该怎么处理才高效便捷呢？

泗门日立电器有限公司正值公司成立十周年庆典，策划部经理拟好邀请参加庆典的众多同仁名单，接下来的任务就是制作并向外发送大批量的邀请函。经理把这个任务交给办公室文员小杨，她分析了资料后，利用 Word 提供的“邮件合并”功能，快捷圆满地完成了任务。

学习目标

◆ **相关理论知识点：**邮件合并的概念及应用场合，邮件合并的三个基本过程

◆ **相关技能知识点：**利用邮件合并向导和信封制作向导简化成批制作信函和信封的过程

学习准备

1. 什么是邮件合并？

通常所说的“邮件”是指经传递方式处理的文件，即邮局传递的函件和包裹的统称。而这里所提到的“邮件合并”，最初是在批量处理“邮件文档”时提出的。

（1）所谓“邮件”，包括两个文档：一个是 Word 文档，包括所有文件共有内容的标准文档，通常被称作“主文档”；另一个是 Excel 文档或 Access 数据库文件，包括变化信息（如填写的收件人、发件人、邮编等）的文档，这个文件通常被称作“数据源”。

（2）所谓“合并”，就是在“主文档”文件中的共有内容中插入“数据源”中的变化信息，合成多个与“主文档”固定格式类同的新文件。

2. 邮件合并的应用场合

邮件合并常用于批量处理信函、信封、请柬、工资条、成绩单、个人简历等文档，这样

可以大大提高办公效率。这类文档普通具备以下两个规律：

（1）需要制作的数量多；

（2）文档内容包括固定不变的内容和变化的内容，如图1-28所示的信封就包括：寄信人地址和邮政编码、信函中的落款等固定不变的内容，以及收信人的地址、姓名、邮编等变化的内容。

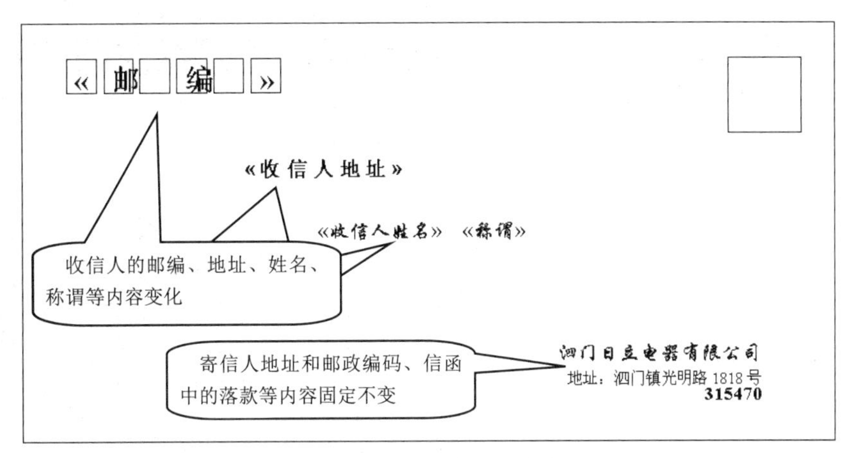

图1-28　批量邀请函完成效果

3. 邮件合并的三个基本过程

邮件合并可以通过建立主文档、准备数据源、将数据源合并到主文档中等三个基本过程实现，具体如图1-29所示。

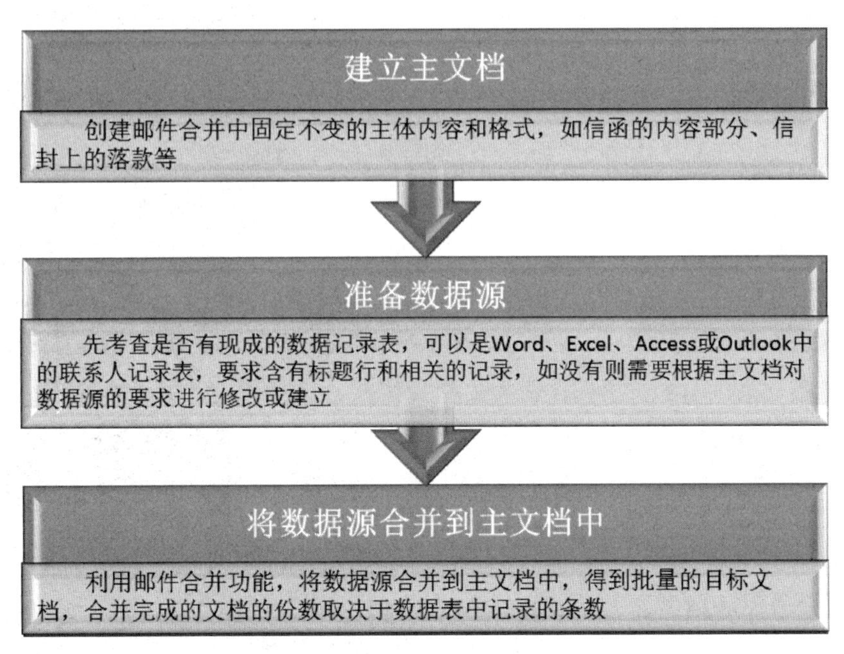

图1-29　邮件合并的三个基本过程

学习案例

【案例展示】

为泗门日立电器有限公司制作批量邀请函，最终效果如图 1-30 所示。

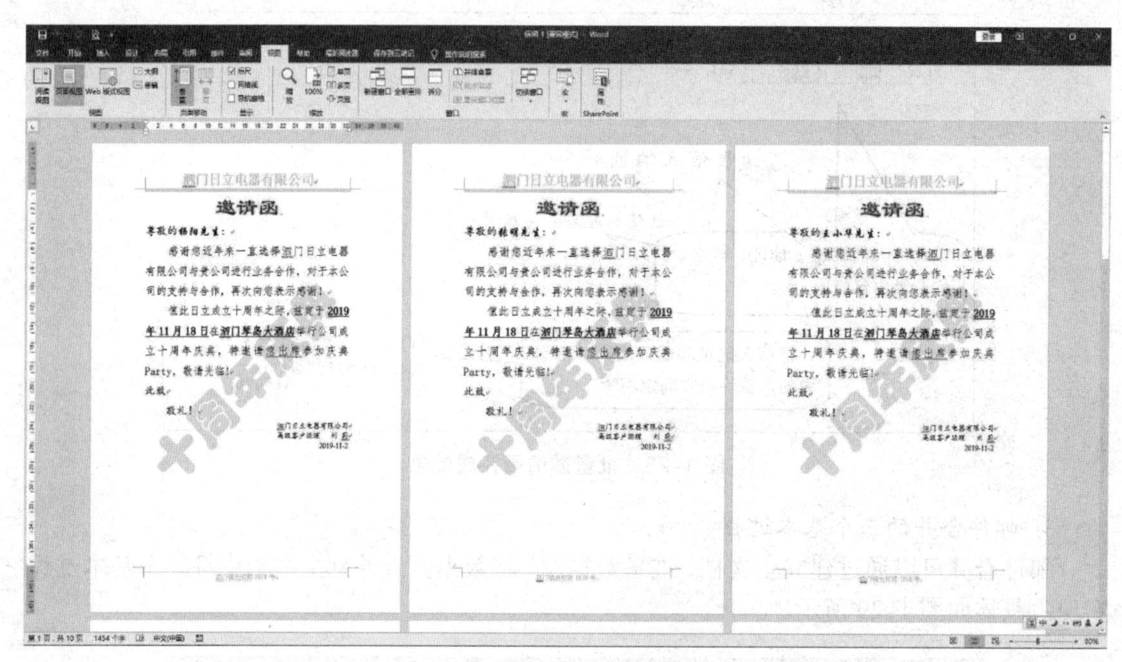

图 1-30　批量邀请函完成效果

【案例分解】

将该案例任务分解，具体实施步骤如图 1-31 所示。

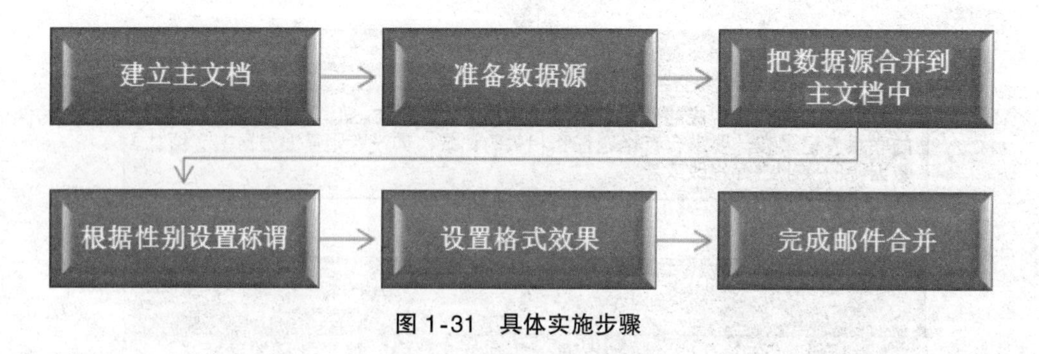

图 1-31　具体实施步骤

步骤 1. 建立主文档。在 Word 中编辑邀请函主文档，即邀请函中不变的部分，并保存为“邀请函（主文档）.docx”,文档效果如图 1-32 所示。

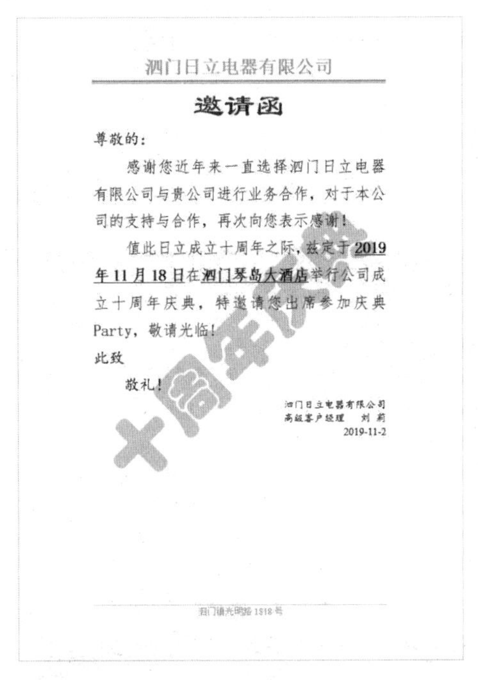

泗门日立电器有限公司

邀请函

尊敬的：

感谢您近年来一直选择泗门日立电器有限公司与贵公司进行业务合作，对于本公司的支持与合作，再次向您表示感谢！

值此日立成立十周年之际，兹定于**2019年11月18日**在**泗门琴岛大酒店**举行公司成立十周年庆典，特邀请您出席参加庆典Party，敬请光临！

此致

敬礼！

泗门日立电器有限公司
高级客户经理　刘莉
2019-11-2

泗门镇光明路 1918 号

图 1-32　邀请函主文档效果

步骤 2. 准备数据源。邮件合并使用的数据源可以是 Txt 文档、Excel 工作簿或 Access 数据库等，公司存有客户信息的 Excel 工作簿，因此无需重新建立数据源，但是应检查该 Excel 数据文件是否是数据库中的表格式，即第一行必须是字段名，数据表中间没有空行，删除不在邀请之列的客户信息，将存有客户信息的工作表名称改为“客户信息表”，最后把客户信息另存为“邀请函（数据源）.xlsx”，一方面不影响原工作簿，一方面又便于后面操作。效果如图 1-33 所示。

客户姓名	性别	公司名称	电话	地址	邮编	电子信箱
杨阳	男	汇丰集团	0574-64514151	余姚市世南路500号	315400	huifeng@126.com
张明	男	创富公司	0574-54954798	余姚市保庆路168号	315400	chuangfu@163.com
王小华	男	三亚集团	0574-48795216	余姚市南雷路15号	315400	sanya@263.com
吴佳	女	大宇公司	0574-36547812	余姚市舜水路251号	315400	dayu@hotmail.com
钟远佳	女	佳美公司	0574-54074897	余姚市阳明东路155号	315400	jiamei@hotmail.com
李眉锋	男	捷新集团	0574-62315487	余姚市阳明西路12号	315400	jiexin@126.com
陈文	男	双影公司	0574-32156498	慈溪市滨江路36号	315300	shuangying@hotmail.com
周江	男	蓝贝集团	0574-47853269	余姚市世南路18号	315400	lanbei@263.com
周思刚	男	诺诚公司	0574-23654789	余姚市玉立路58号	315400	nuocheng@hotmail.com
沈悦	女	信立集团	0574-64084526	慈溪市环城东路1002号	315300	xinli@163.com

图 1-33　邀请函数据源效果

步骤 3. 把数据源合并到主文档中。打开刚才新建的主文档“邀请函（主文档）.docx”，开始邮件合并，即将数据源合并到主文档中，具体操作如图 1-34（a）、（b）所示。

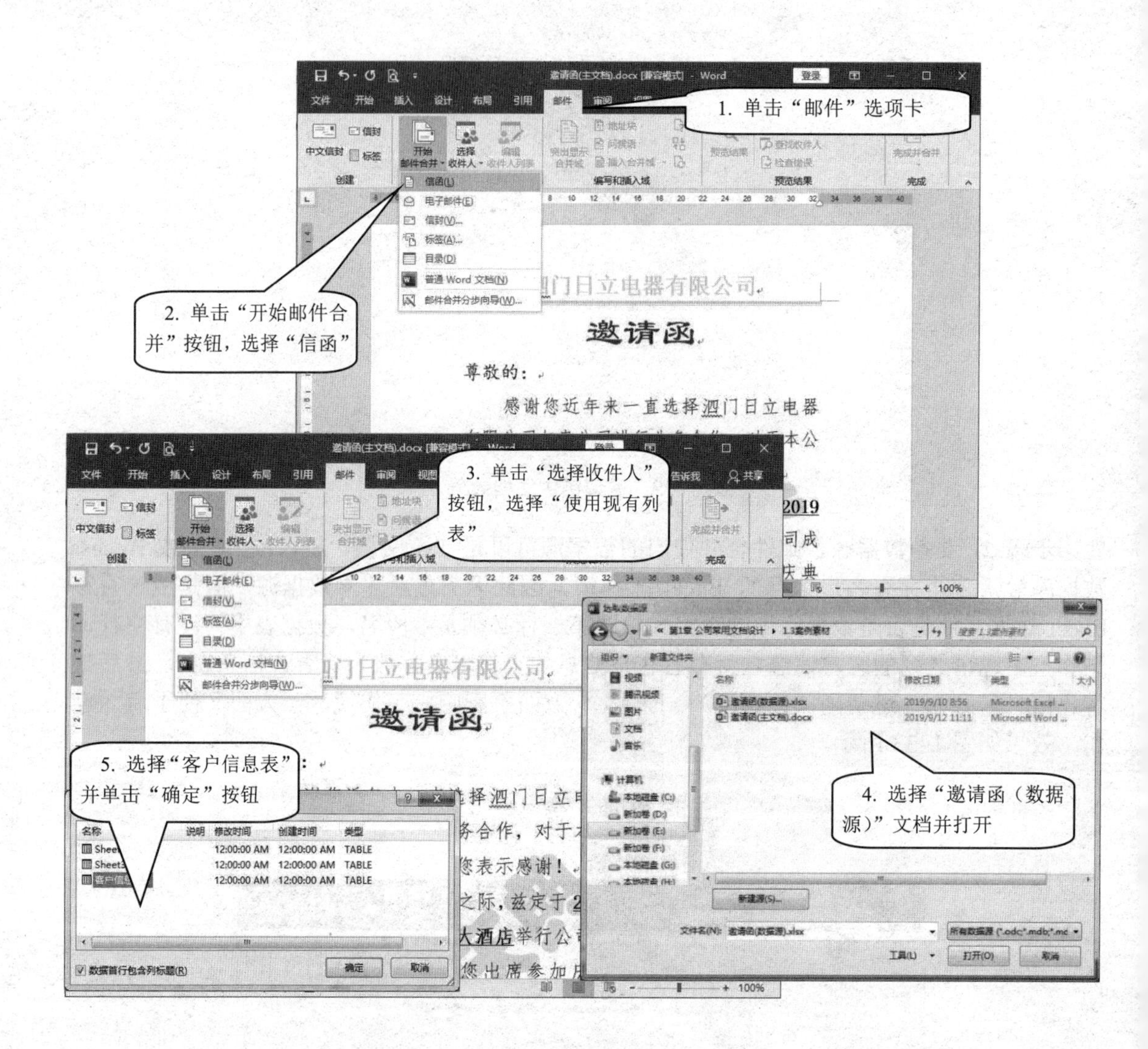

（a）

图 1-34　把数据源合并到主文档中的步骤

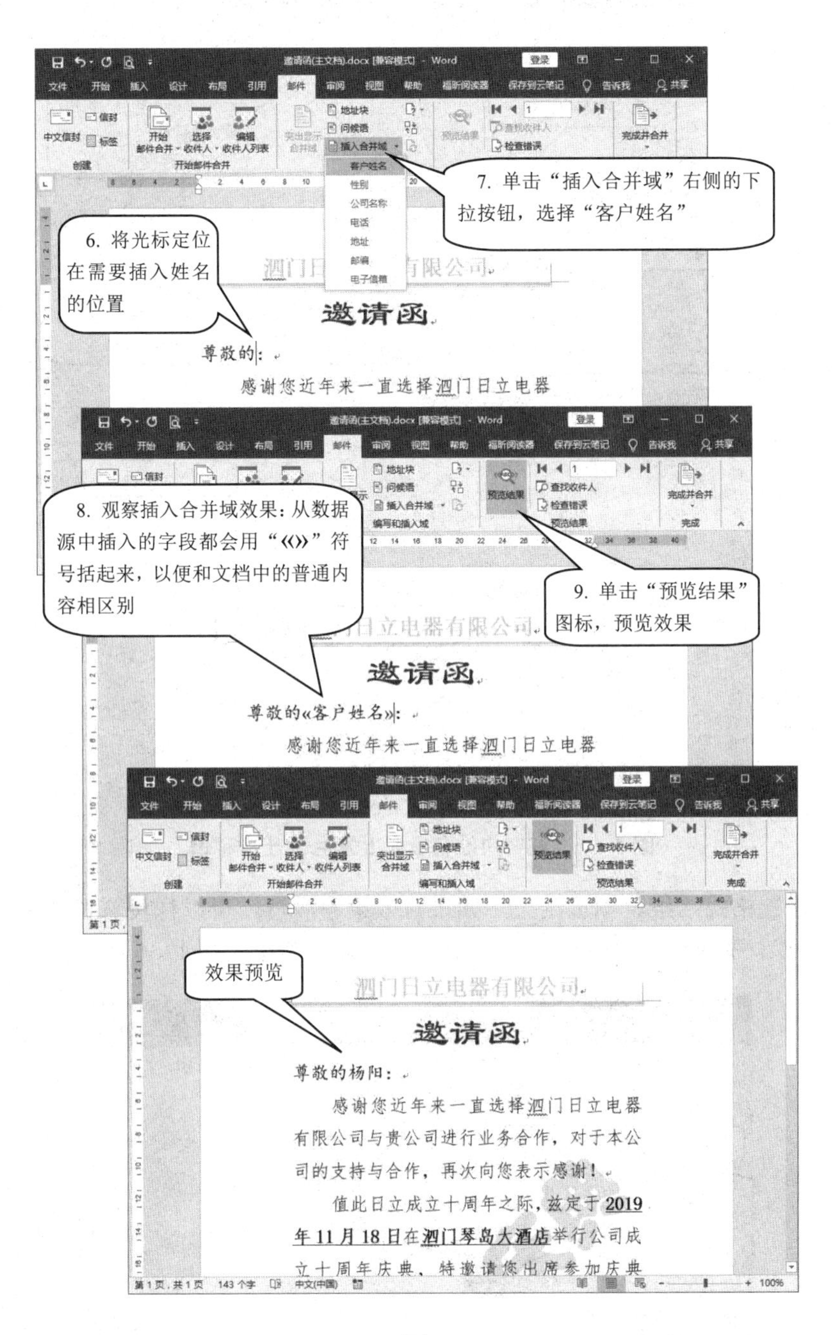

（b）

图 1-34　把数据源合并到主文档中的步骤（续）

步骤 4. 根据性别设置称谓。在邀请函开头称谓处，直呼客户姓名，显然不礼貌，按照图 1-35 操作在其后加上先生/女士的称谓。

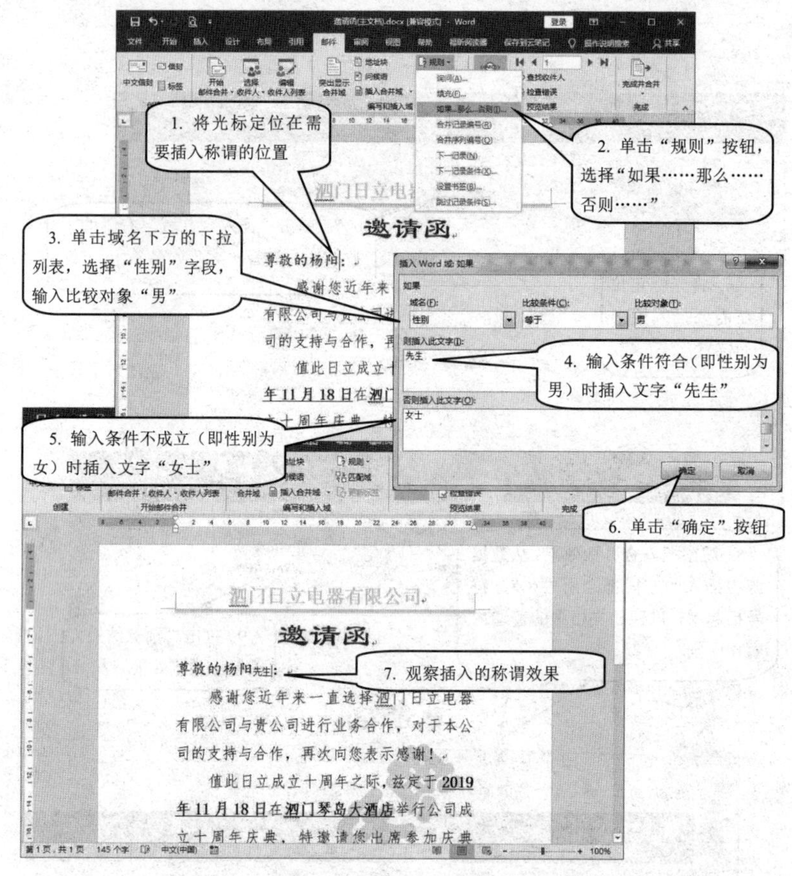

图 1-35　在客户姓名后加上先生/女士的称谓

步骤 5. 设置格式效果。预览结果，如果对效果不满意，可以像设置普通字符效果一样设置字体、字号、字形、颜色等格式，直到满意。具体操作如图 1-36 所示。

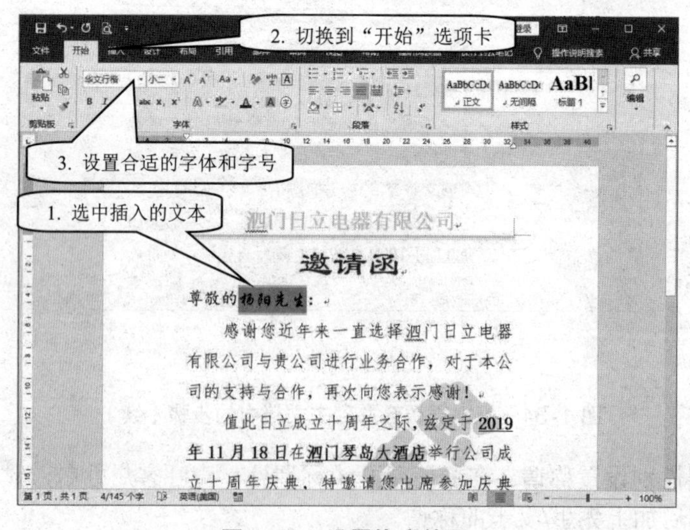

图 1-36　设置格式效果

步骤 6. 完成邮件合并。确认无误后，完成邮件合并，可先生成合并文档，需要时再打印，也可以直接打印，还可以以邮件形式直接发送。具体操作如图 1-37 所示。

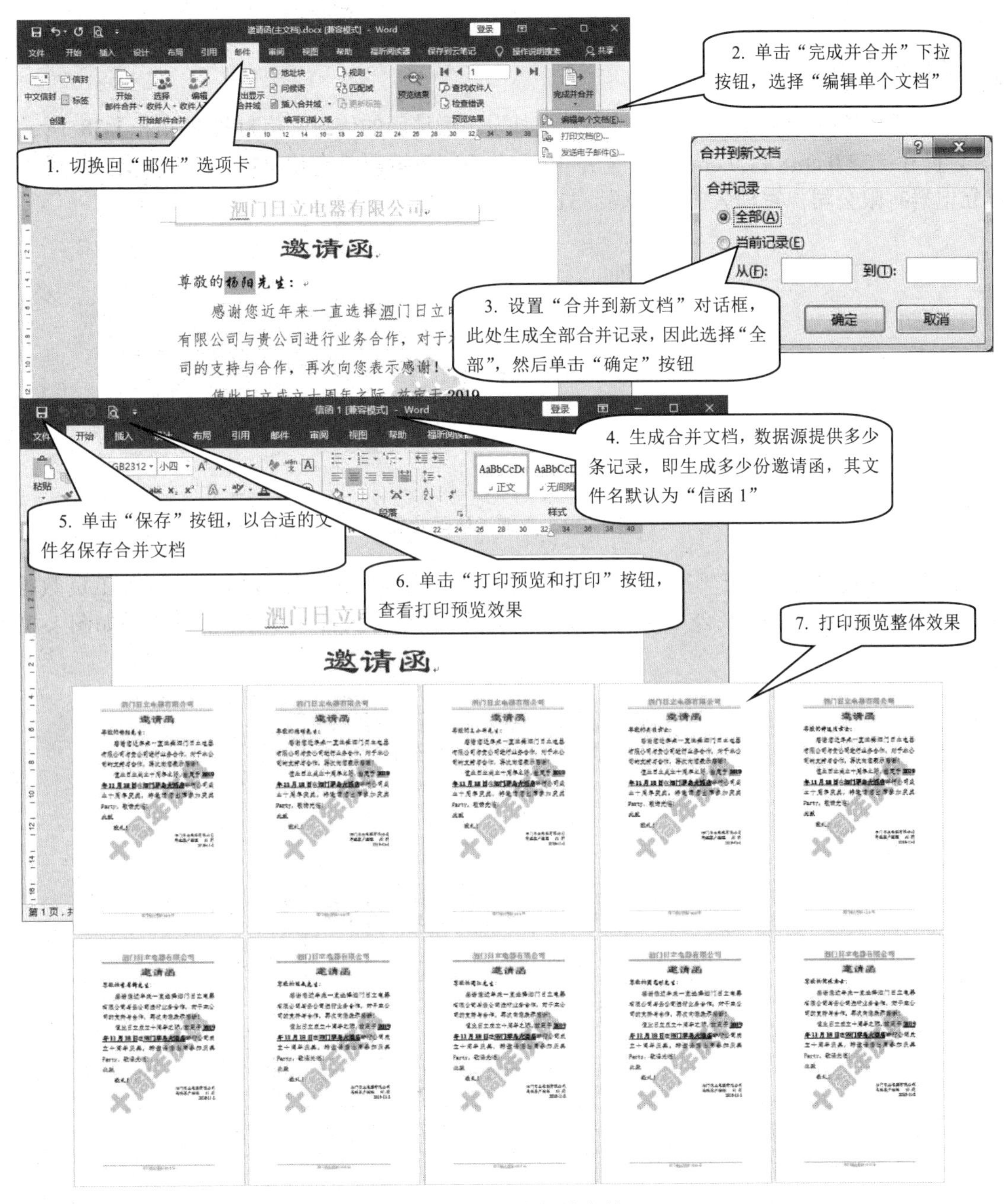

图 1-37　完成邮件合并

职场经验

1. 如果发现在插入合并域后，字段域的位置不正确，则只需在插入字段后，用鼠标选中该字段域，然后按住鼠标左键拖动至合适位置即可。

2. 如果第一页邀请函标题部分不可见，可以将光标定位在该段落，按组合键 Ctrl+1，设置为单倍行距即可解决。

职场延伸

1. 为泗门日立电器有限公司成批制作向外发出邀请函的信封。信封效果如图 1-38 所示。[信封尺寸：22.0 cm× 11.0 cm（长×宽），收信人的邮政编码具有边框线；寄信人地址：泗门日立电器有限公司；寄信人邮政编码：315400]

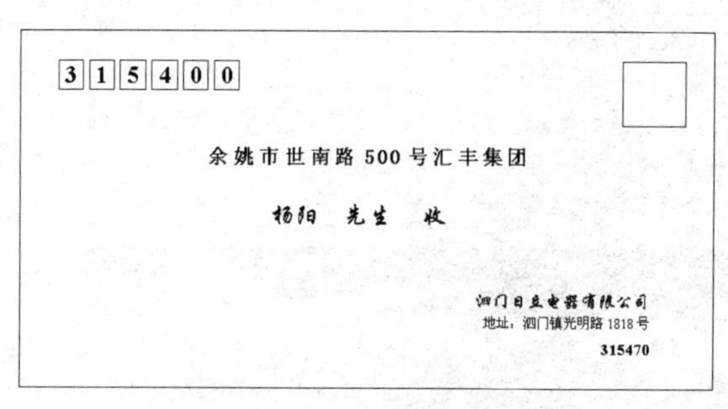

图 1-38 邀请函信封效果

2. 根据提供的主文档“工资条（主文档）.docx”和 Access 数据源“员工工资数据库（数据源）.mdb”，制作某公司所有职员的工资条，要求每页打印 5 条，部分效果如图 1-39 所示。

序号	姓名	岗位工资	工龄工资	副食补贴	书报费	住房补贴	水电费	住房贷款	总工资	应付工资
1	王瑕	1800	250	100	200	300	200	300	2650	2150

序号	姓名	岗位工资	工龄工资	副食补贴	书报费	住房补贴	水电费	住房贷款	总工资	应付工资
2	李梅	1801	251	101	201	301	201	301	2655	2153

序号	姓名	岗位工资	工龄工资	副食补贴	书报费	住房补贴	水电费	住房贷款	总工资	应付工资
3	周润润	1802	252	102	202	302	202	302	2660	2156

············

图 1-39 公司职员工资条部分效果

3. 根据提供数据源“员工信息表（数据源）.docx”，参考如图 1-40 所示的工作证效果，建立工作证主文档，批量制作该公司所有职员的工作证。

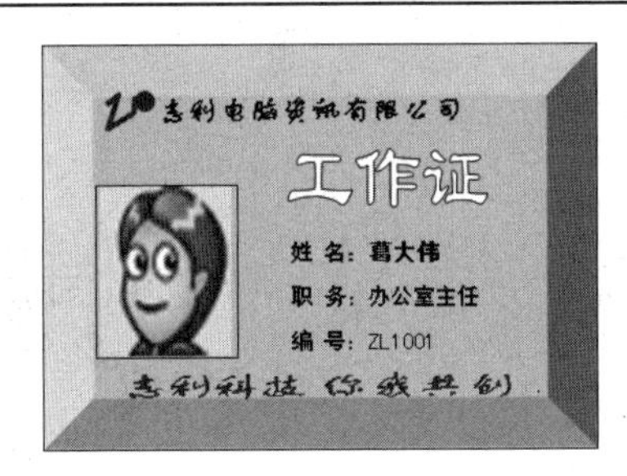

图 1-40　公司职员工作证参考效果

学习评价

本节内容学习已经结束，你都学会了吗？给自己评个分吧！

评分内容	分值	自评分	评分细则
“学习准备”掌握情况	100		1. 能独立完成：80～100 分 2. 能在老师和同学的帮助下完成：60～80 分 3. 不能完成：0～60 分
“学习案例”操作情况	100		
“职场延伸”任务操作情况	100		
合计	300		

1.4　小结与挑战

【本章小结】

本章主要介绍公司各类常用文档的制作，包括红头文件模板、组织结构图、邀请函等，其中包含字符格式和段落格式的设置、域代码的插入和切换、模板的保存和使用、组织结构图的编辑和美化、邮件合并等知识点。

1. 红头文件模板制作：制作红头文件模板可以通过重复使用模板样式处理文件，节省了大量的人力物力。

2. 组织结构图制作：通过组织结构图的编辑美化使公司的组织架构图脉络清晰，一目了然。

3. 邀请函的制作：通过邮件合并的三个基本过程完成批量的邀请函制作。

【自我挑战】

1. 制作一份适合本单位的人事任命通告模板。

2. 结合本单位的人事组织，利用本章所学的知识点尝试建立一个组织结构清晰，视觉冲击强烈的组织架构图。

3. 利用邮件合并功能给本单位的所有客户发送一份新年问候信。

第 2 章　产品说明书编排

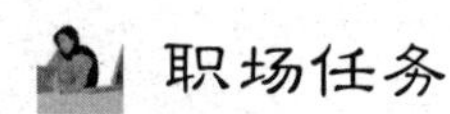

职场任务

文档纲目结构制作

特殊的页眉页脚编辑

目录制作与修改

2.1　文档纲目结构制作

职场情境

泗门日立电器有限公司的每一个产品都需附有产品说明书，小杨发现每一张产品说明书的格式都大致相同，一般都由一级标题、二级标题和正文组成，利用大纲视图可快速地搭建产品说明书正文的整体框架。

学习目标

- ◆ **相关理论知识点：** 认识大纲视图、样式和多级列表，理解题注
- ◆ **相关技能知识点：** 使用大纲视图组织文档结构，设置标题多级列表，为图片添加题注

学习准备

不管是制作产品说明书还是在处理文档时，我们都要养成良好的操作习惯：先建立好文档的纲目结构，然后再进行具体内容的填充。

1. 大纲视图

文档的纲目结构可通过“视图”选项卡中的“大纲显示”建立。“大纲”选项卡的组成如图 2-1 所示。

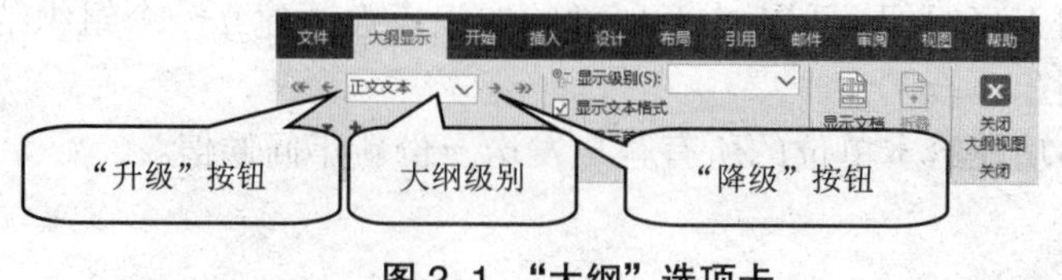

图 2-1　“大纲”选项卡

在大纲视图中，大纲级别一共可分成 9 级，可根据需要选择大纲的级数。

2. 项目符号、编号、多级列表

“开始”选项卡的“段落”组中，有“项目符号”“编号”“多级列表”等选项，如图 2-2 所示，根据需要选择不同的类型。

图 2-2 标题编号

3. 题注

针对图片、表格、公式一类的对象，为它们建立的带有编号说明的段落，称为“题注”，“题注”位于“引用”选项卡中，如图 2-3 所示。

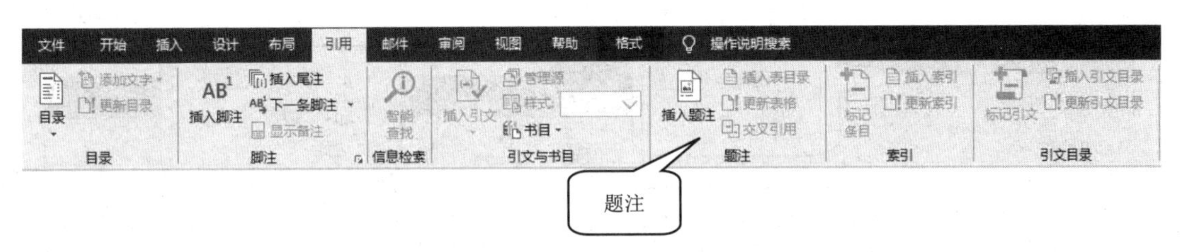

学习案例

【案例展示】

在大纲视图中快速完成电暖器说明书的大纲结构，设置标题级别，添加正文内容，统一修改样式，回到页面视图后，插入图片，添加题注，设置项目符号或编号，最终效果如图 2-4 所示。

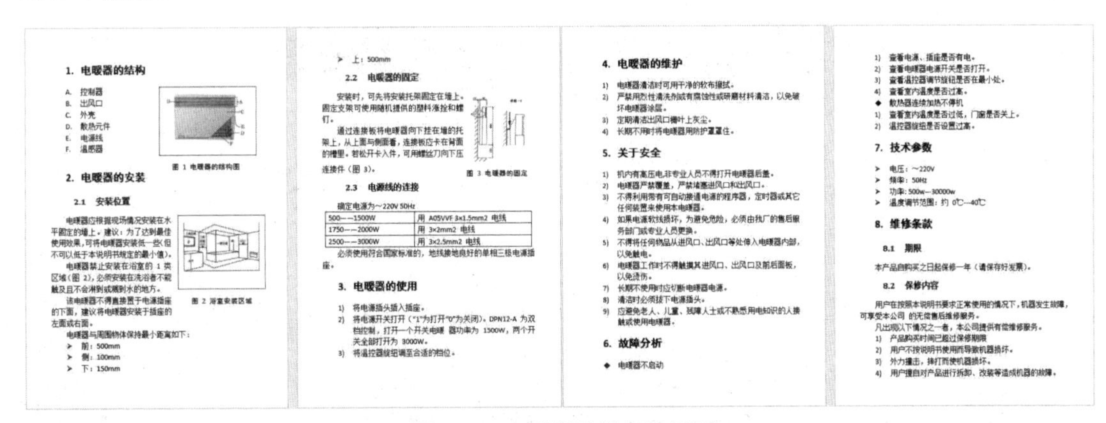

1. 电暖器的结构

A. 控制器
B. 出风口
C. 外壳
D. 散热元件
E. 电源线
F. 温感器

图 1 电暖器的结构图

2. 电暖器的安装

2.1 安装位置

电暖器应根据现场情况安装在水平固定的墙上。建议：为了达到最佳使用效果，可将电暖器安装低一些(但不可以低于本说明书规定的最小值)。

电暖器禁止安装在浴室的 1 类区域(图 2)，必须安装在洗浴者不能触及且不会淋到或溅到水的地方。

该电暖器不得直接置于电源插座的下面，建议将电暖器安装于插座的左面或右面。

图 2 浴室安装区域

电暖器与周围物体保持最小距离如下：

➢ 前：500mm
➢ 侧：100mm
➢ 下：150mm
➢ 上：500mm

2.2 电暖器的固定

安装时，可先将安装托架固定在墙上。固定支架可使用随机提供的塑料涨拴和螺钉。

通过连接板将电暖器向下挂在墙的托架上，从上面与侧面看，连接板应卡在背面的槽里。若松开卡入件，可用螺丝刀向下压连接件（图 3）。

图 3 电暖器的固定

2.3 电源线的连接

确定电源为~220V 50Hz

500---1500W	用 A05VVF 3×1.5mm2 电线
1750---2000W	用 3×2mm2 电线
2500---3000W	用 3×2.5mm2 电线

必须使用符合国家标准的，地线接地良好的单相三极电源插座。

3. 电暖器的使用

1) 将电源插头插入插座。
2) 将电源开关打开（“1”为打开“0”为关闭）。DPN12-A 为双档控制，打开一个开关电暖 器功率为 1500W，两个开关全部打开为 3000W。
3) 将温控器旋钮调至合适的档位。

4. 电暖器的维护

1) 电暖器清洁时可用干净的软布擦拭。
2) 严禁用烈性清洗剂或有腐蚀性或研磨材料清洁，以免破坏电暖器涂层。
3) 定期清洁出风口栅叶上灰尘。
4) 长期不用时将电暖器用防护罩罩住。

5. 关于安全

1) 机内有高压电,非专业人员不得打开电暖器后盖。
2) 电暖器严禁覆盖，严禁堵塞进风口和出风口。
3) 不得利用带有可自动接通电源的程序器，定时器或其它任何装置来使用本电暖器。
4) 如果电源软线损坏，为避免危险，必须由我厂的售后服务部门或专业人员更换。
5) 不得将任何物品从进风口、出风口等处伸入电暖器内部，以免触电。
6) 电暖器工作时不得触摸其进风口、出风口及前后面板，以免烫伤。
7) 长期不使用时应切断电暖器电源。
8) 清洁时必须拔下电源插头。
9) 应避免老人、儿童、残障人士或不熟悉用电知识的人接触或使用电暖器。

6. 故障分析

◆ 电暖器不启动

1) 查看电源、插座是否有电。
2) 查看电暖器电源开关是否打开。
3) 查看温控器调节旋钮是否在最小处。
4) 查看室内温度是否过高。

◆ 散热器连续加热不停机

1) 查看室内温度是否过低，门窗是否关上。
2) 温控器旋钮是否设置过高。

7. 技术参数

➢ 电压：~220V
➢ 频率：50Hz
➢ 功率: 500w--30000w
➢ 温度调节范围：约 0℃--40℃

8. 维修条款

8.1 期限

本产品自购买之日起保修一年（请保存好发票）。

8.2 保修内容

用户在按照本说明书要求正常使用的情况下，机器发生故障，可享受本公司 的无偿售后维修服务。

凡出现以下情况之一者，本公司提供有偿维修服务。

1) 产品购买时间已超过保修期限
2) 用户不按说明书使用而导致机器损坏。
3) 外力撞击，摔打而使机器损坏。
4) 用户擅自对产品进行拆卸、改装等造成机器的故障。

图 2-4 电暖器说明书效果图

【案例分解】（图 2-5）

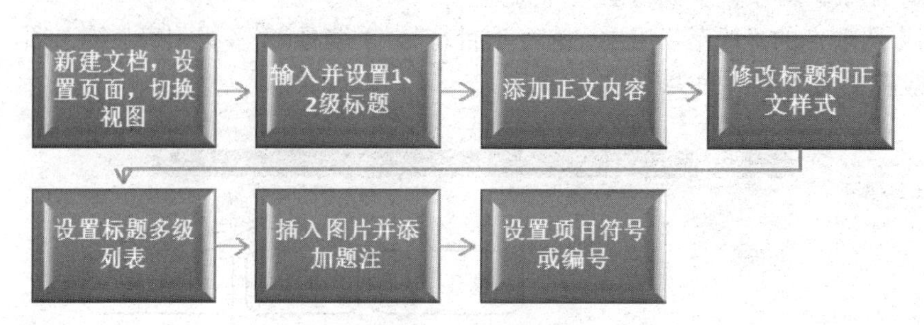

图 2-5　具体实施步骤

【操作步骤】

步骤 1. 新建文档，设置页面，切换视图。启动 Microsoft Word 2016，新建空白文档，设置页面格式，然后切换到大纲视图，具体操作如图 2-6 所示。

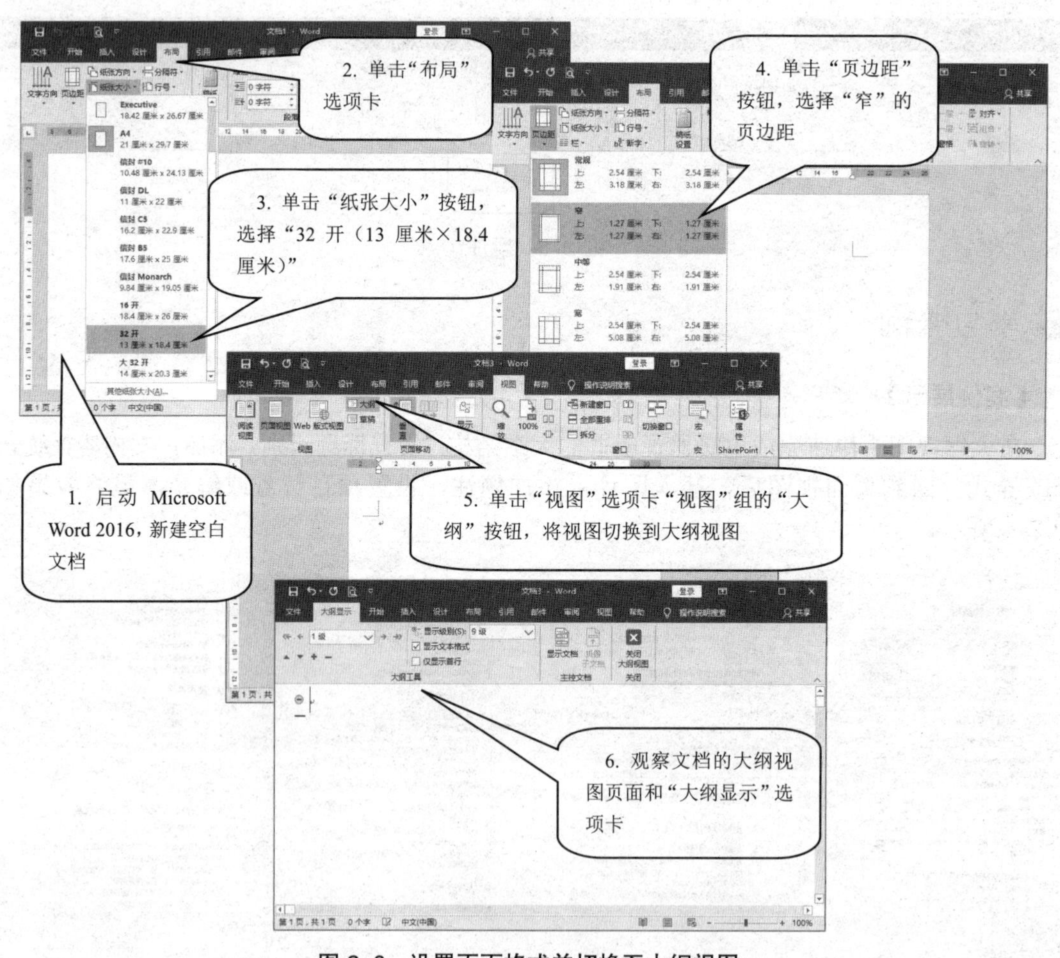

图 2-6　设置页面格式并切换至大纲视图

步骤 2. 输入并设置 1、2 级标题。根据电暖器说明书的内容，输入标题文字，并调整标题级别，具体操作如图 2-7 所示。

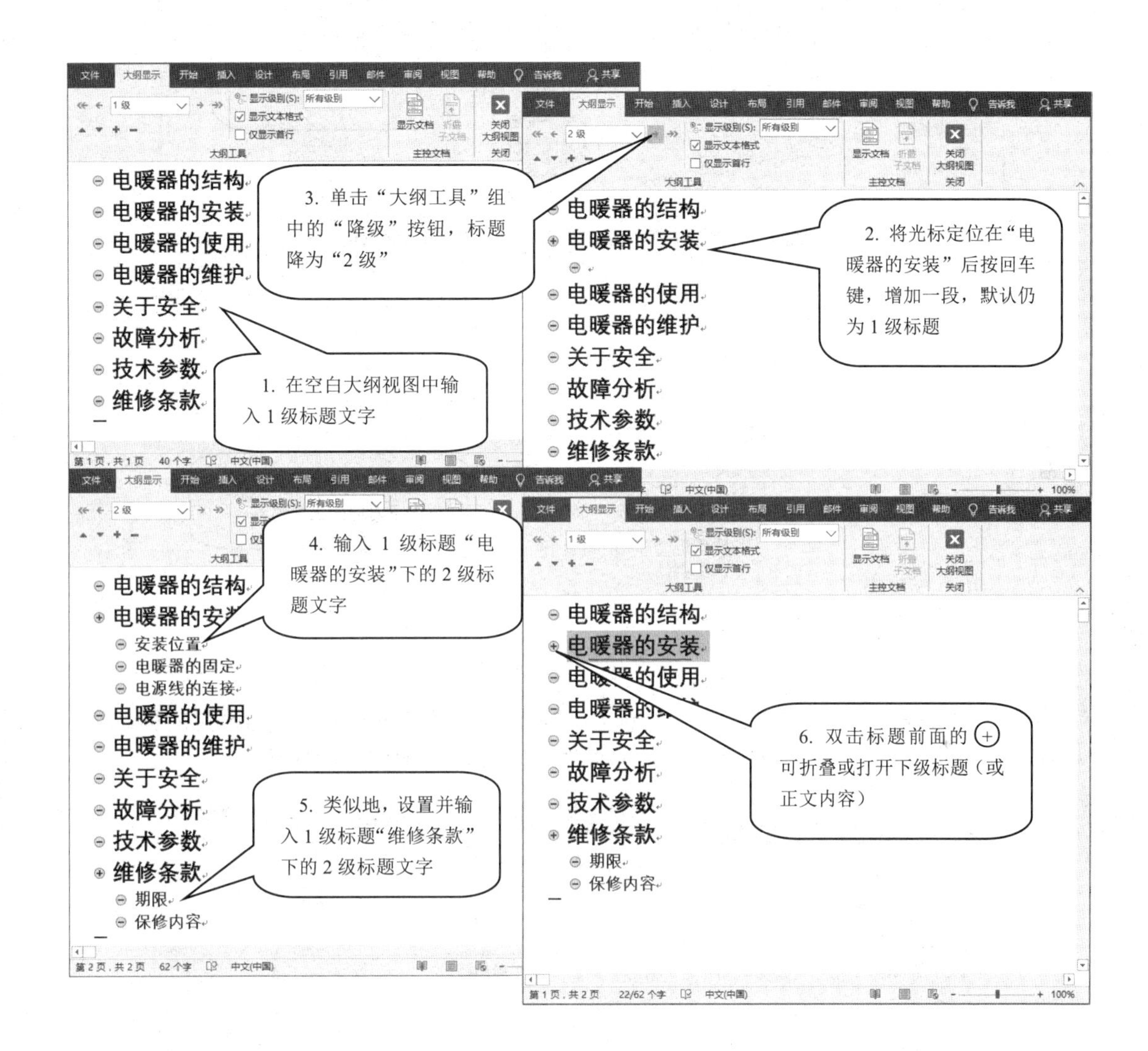

图 2-7　标题级别设置

步骤 3. 添加正文内容。在各级标题下方对应位置，添加正文内容，操作步骤如图 2-8 所示。

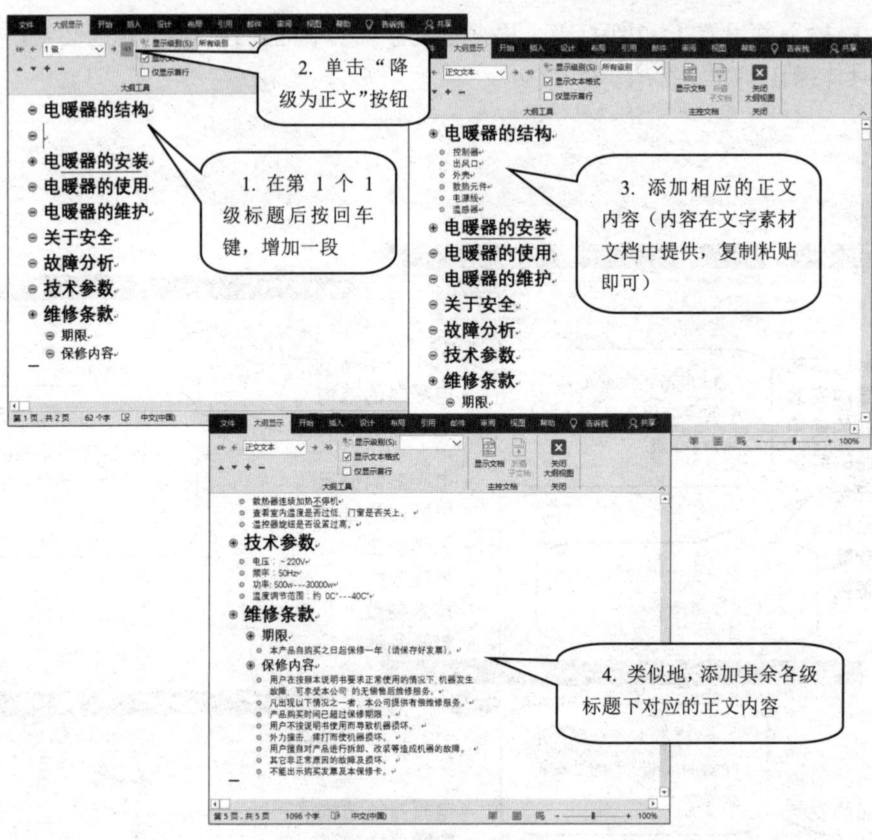

图 2-8　添加正文内容

步骤 4. 修改标题和正文样式。切换回页面视图，观察 Word 系统自动设置的标题和正文样式，如果不满意，则可以应用样式统一修改。具体操作如图 2-9 所示。

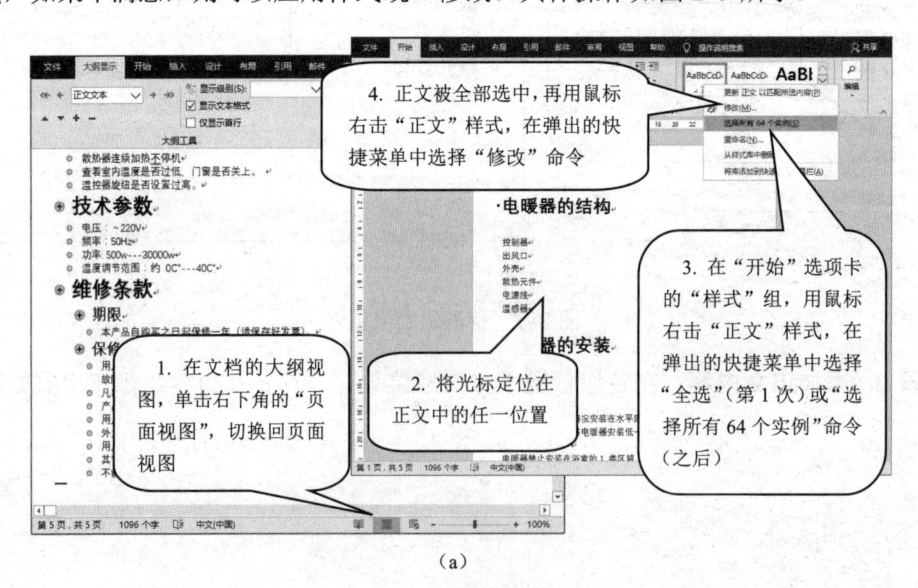

（a）

图 2-9　修改标题和正文样式

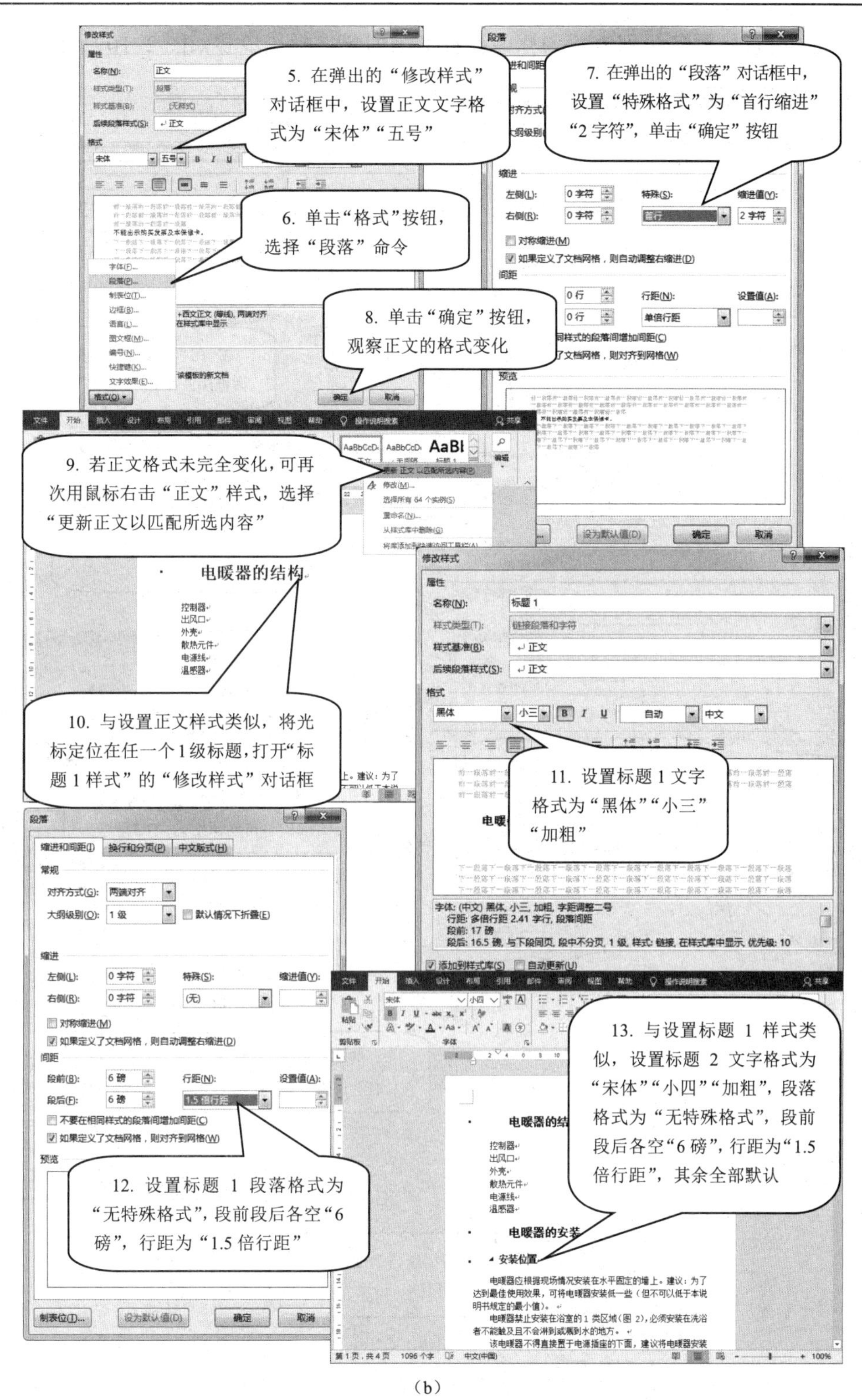

(b)

图 2-9　修改标题和正文样式（续）

步骤 5. 设置标题多级列表。为标题设置多级列表，操作步骤如图 2-10 所示。

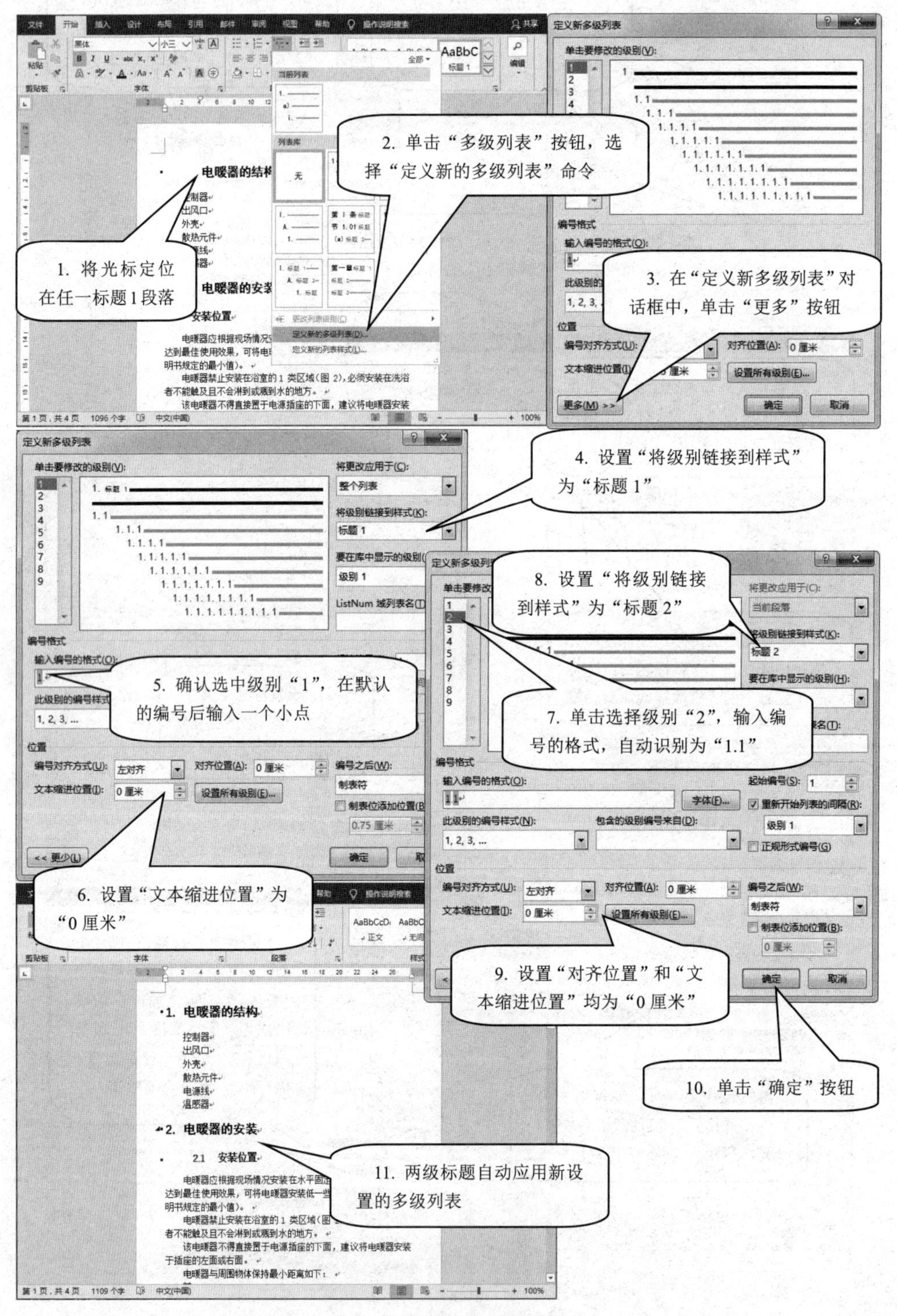

图 2-10　设置标题多级编号

步骤 6. 插入图片并添加题注。在正文中插入图片并添加题注，以第一张图片为例，具体操作如图 2-11 所示。

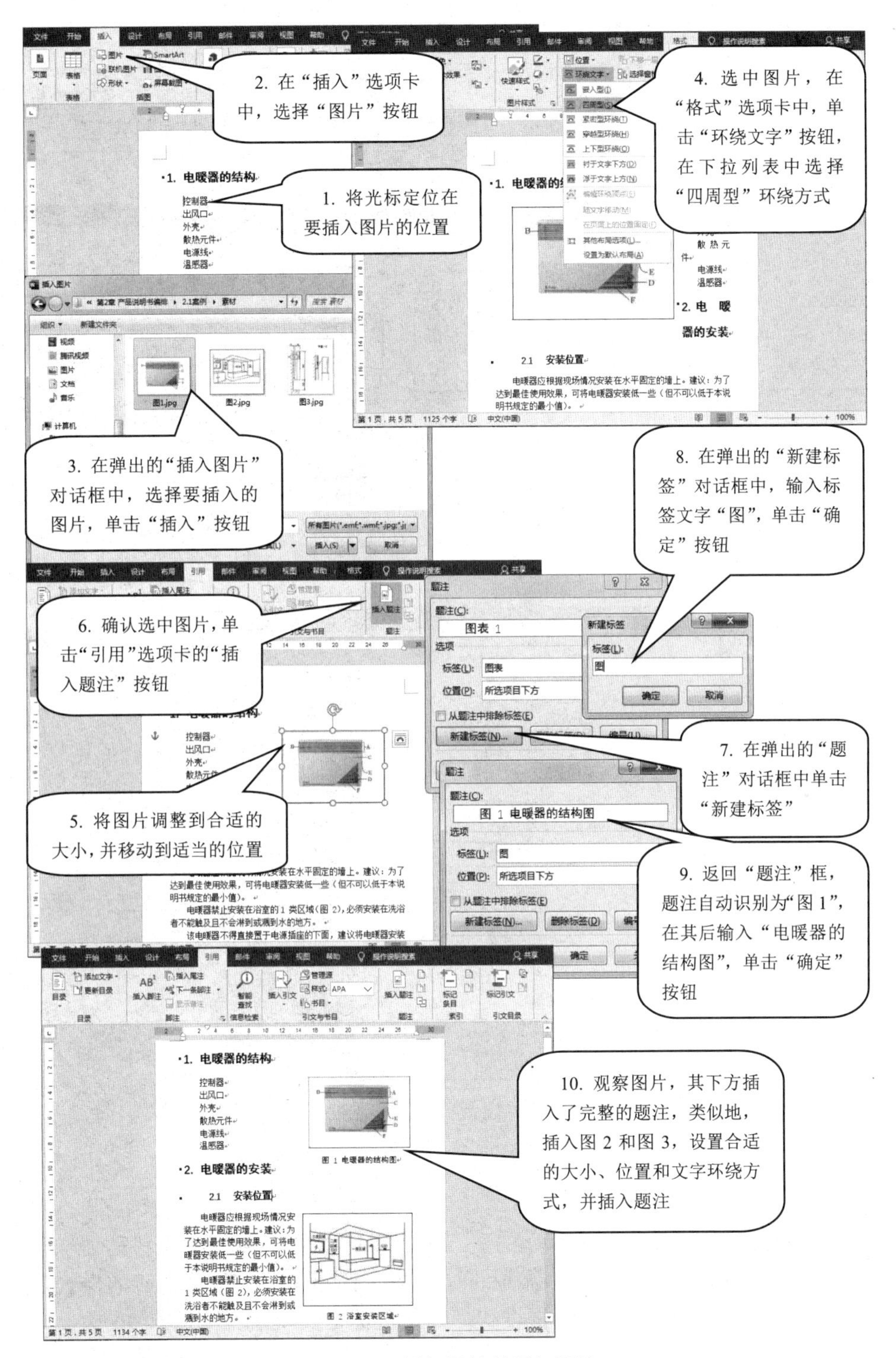

图 2-11　插入图片并添加题注

步骤 7. 设置项目符号或编号。为部分说明事项添加项目符号或编号，具体操作如图 2-12 所示。

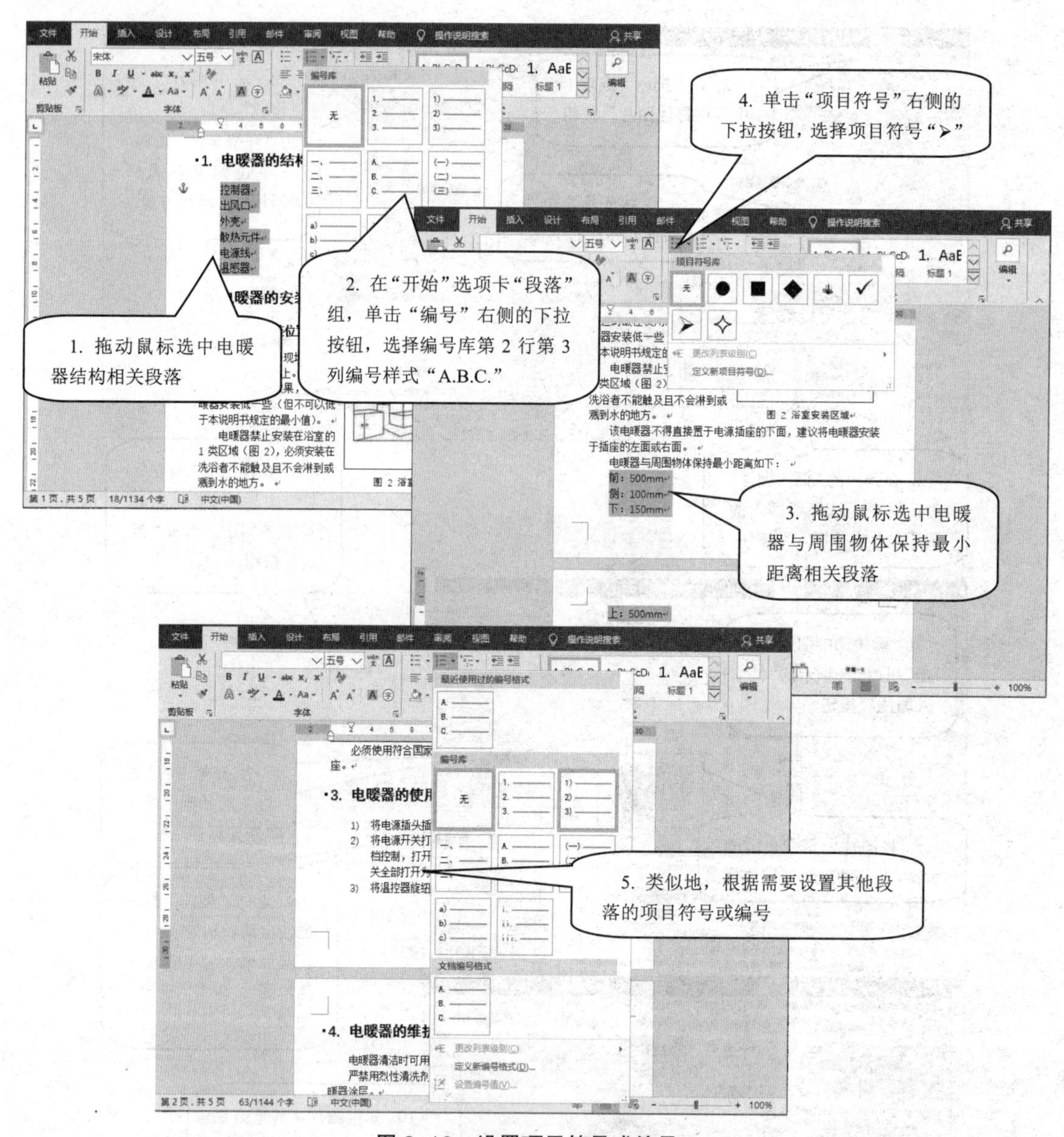

图 2-12　设置项目符号或编号

职场经验

1. 在大纲视图中，如果要调整标题的上下位置，可以单击 ▲ ▼ 实现移动。

2. 在大纲视图中设置纲目结构，添加正文内容，标题和正文使用相应的样式，需要修改其格式时，可以通过样式修改对话框设置，方便快捷地实现统一修改。

3. 在设置标题样式、多级列表、项目符号、编号或段落、文字格式时，均可使用格式

刷将格式快速复制到其他标题、段落、文字。

职场延伸

1. 打开“2.1 素材”文件夹中“延伸”文件夹，在大纲视图中建立如图 2-13 所示的“上海世博会”简介的纲目结构，添加正文内容。

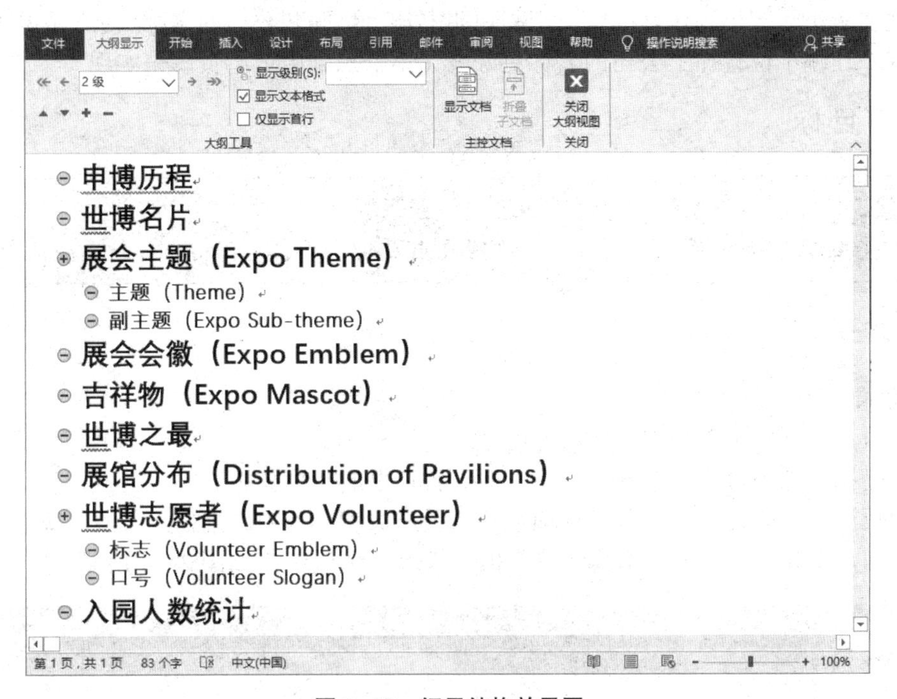

图 2-13　纲目结构效果图

2. 设置正文和标题样式，修改表格文字格式。（效果参见“素材”文件夹中样稿）

3. 设置标题多级列表和相应段落的编号和项目符号，注意修改段落缩进。（效果参见“素材”文件夹中样稿）

4. 在文档中插入图片，设置合适的大小和位置，并为其中的图片、表格、SmartArt 图形、图表等设置题注。（效果参见“素材”文件夹中样稿）

学习评价

本节内容学习已经结束，你都学会了吗？给自己评个分吧！

评分内容	分值	自评分	评分细则
“学习准备”掌握情况	100		1. 能独立完成：80～100 分 2. 能在老师和同学的帮助下完成：60～80 分 3. 不能完成：0～60 分
“学习案例”操作情况	100		
“职场延伸”任务操作情况	100		
合计	300		

2.2　特殊的页眉页脚编辑

职场情境

经理要求小杨把已制作好的每页产品说明书加上页码和公司的名称，使产品说明书整体更加完整。在哪个位置加上公司的名称更好呢？小杨想到用页眉页脚来实现。

学习目标

◆ **相关理论知识点：** 理解页眉页脚和页码，分隔符

◆ **相关技能知识点：** 插入页眉页脚，设置页眉页脚格式、页码格式，设置分隔符

学习准备

1. 页眉页脚、页码的设置

页眉页脚分别指页面的顶部和底部区域。

页码是指文档中每个页面的编号，一般设置在页眉和页脚中。

页眉页脚、页码位于“插入”选项卡的“页眉页脚”组中。当插入页眉页脚或页码时，功能区会自动切换到“页眉和页脚工具”的“设计”选项卡，如图 2-14 所示。

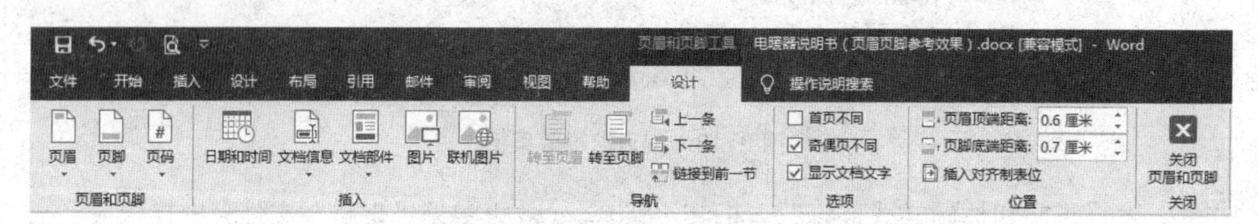

图 2-14 “页眉和页脚工具”的“设计”选项卡

- “页眉和页脚”组：通过“页眉和页脚”组可以选择预定义的页眉页脚、页码格式，也可以自定义页眉页脚、页码格式。
- “插入”组：通过“插入”组可以在页眉页脚处插入各类对象，如日期、文档标题、图片、剪贴画等。
- “导航”组：通过“导航”组可以快速在各个节的页眉和页脚之间切换，取消“链接到前一条页眉”选项，可以为不同的节设置不同的页眉和页脚。
- “选项”组：勾选“首页不同”选项可以为首页设置单独的页眉页脚，勾选“奇偶页不同”选项可以在奇偶页设置不同的页眉页脚，勾选“显示文档文字”选项可以在编辑页眉页脚时，显示文档的内容。
- “位置”组：可以设置页眉页脚距离页面顶端和底端的距离。
- “关闭”组：通过单击“关闭页眉和页脚”退出页眉页脚的编辑状态。

2. 分隔符的设置

分隔符主要用于文档中段落与段落之间、节与节之间的分隔，文档中的分隔符包括“分

页符”、“分栏符”和“分节符”等。单击“页面布局”|“页面设置”|“分隔符”按钮，弹出下拉列表，如图 2-15 所示。

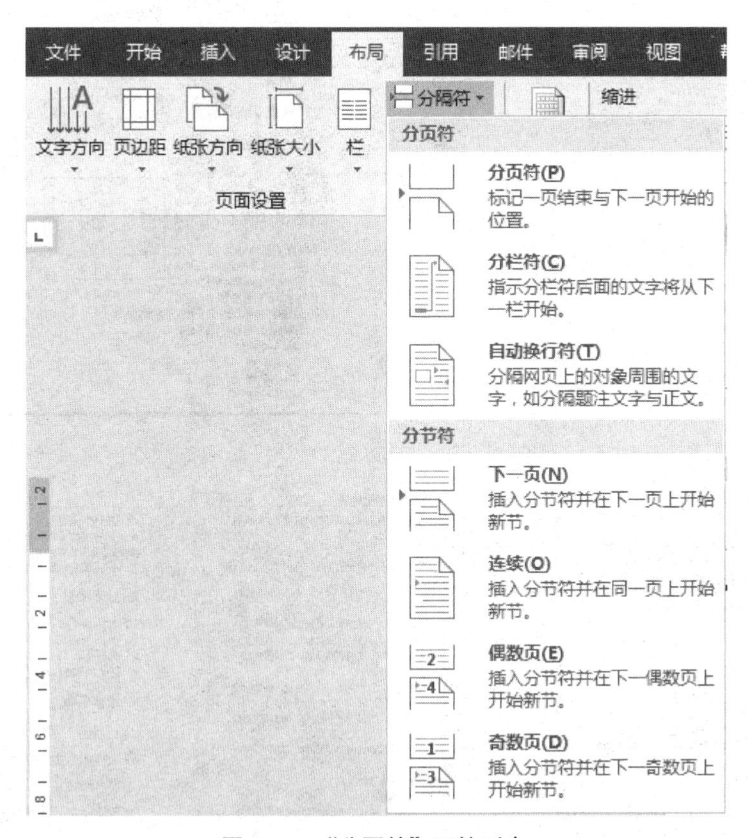

图 2-15 “分隔符”下拉列表

- “分页符”：用于把分页符后面的内容移到下一页中。
- “分节符”：用于一个“节”的结束符号，若一个文档需要在一页之内或多页之间采用不同的版面布局，只需插入“分节符”将文档分成几“节”，然后根据需要设置每“节”不同的格式，如不同的页眉页脚等。

“分节符”中的“下一页”表示将当前光标所在位置下的全部内容移到下一页面上，类似于分页符的效果；“连续”表示分节符以后的内容可以排成与前面不同的格式，但不转到下一页，而是直接从本页分节符位置开始；选用“偶数页”或“奇数页”时，光标所在位置以后的内容会转移到下一个偶数页或奇数页上。

学习案例

【案例展示】

通过本案例的学习熟悉页眉页脚、分隔符的功能，学会使用特殊的页眉页脚和页码的设置，分隔符的设置，最终效果如图 2-16 所示。

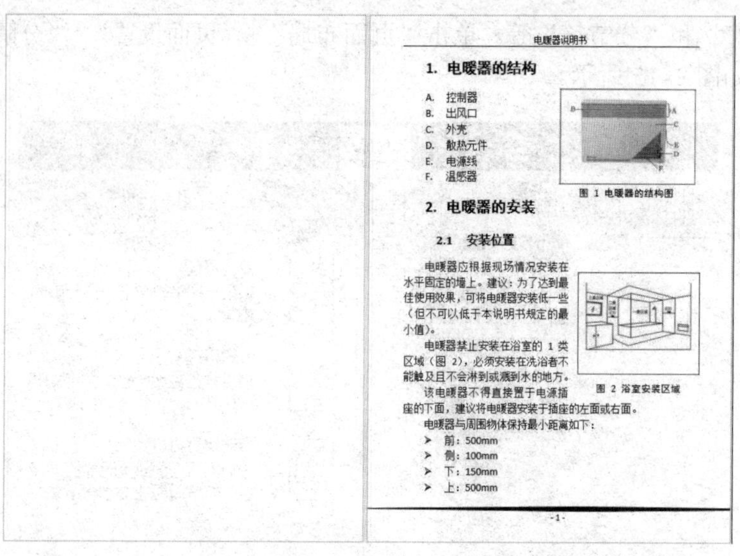

电暖器说明书

1. 电暖器的结构

A. 控制器
B. 出风口
C. 外壳
D. 散热元件
E. 电源线
F. 温感器

图 1 电暖器的结构图

2. 电暖器的安装

2.1 安装位置

电暖器应根据现场情况安装在水平固定的墙上。建议：为了达到最佳使用效果，可将电暖器安装低一些（但不可以低于本说明书规定的最小值）。

电暖器禁止安装在浴室的 1 类区域（图 2），必须安装在洗浴者不能触及且不会淋到或溅到水的地方。

图 2 浴室安装区域

该电暖器不得直接置于电源插座的下面，建议将电暖器安装于插座的左面或右面。

电暖器与周围物体保持最小距离如下：

➢ 前：500mm
➢ 侧：100mm
➢ 下：150mm
➢ 上：500mm

-1-

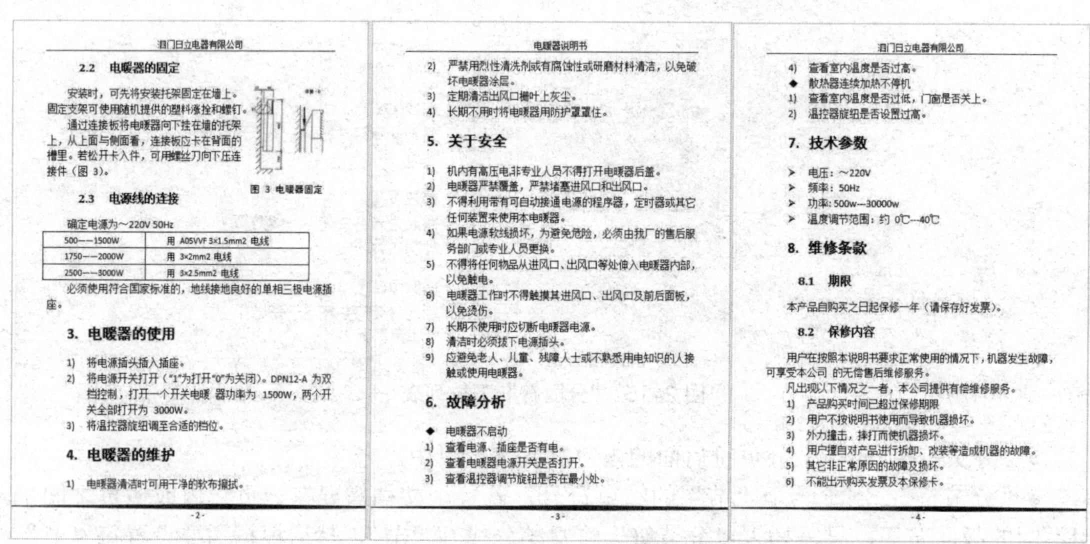

泗门日立电器有限公司

2.2 电暖器的固定

安装时，可先将安装托架固定在墙上。固定支架可使用随机提供的塑料涨拴和螺钉。

通过连接板将电暖器向下挂在墙的托架上，从上面与侧面看，连接板应卡在背面的槽里。若松开卡入件，可用螺丝刀向下压连接件（图 3）。

图 3 电暖器固定

2.3 电源线的连接

确定电源为～220V 50Hz

500——1500W	用 A05VVF 3×1.5mm2 电线
1750——2000W	用 3×2mm2 电线
2500——3000W	用 3×2.5mm2 电线

必须使用符合国家标准的，地线接地良好的单相三极电源插座。

3. 电暖器的使用

1) 将电源插头插入插座。
2) 将电源开关打开（"1"为打开"0"为关闭）。DPN12-A 为双档控制，打开一个开关电暖 器功率为 1500W，两个开关全部打开为 3000W。
3) 将温控器旋钮调至合适的档位。

4. 电暖器的维护

1) 电暖器清洁时可用干净的软布擦拭。

-2-

电暖器说明书

2) 严禁用烈性清洗剂或有腐蚀性或研磨材料清洁，以免破坏电暖器涂层。
3) 定期清洁出风口栅叶上灰尘。
4) 长期不用时将电暖器用防护罩罩住。

5. 关于安全

1) 机内有高压电非专业人员不得打开电暖器后盖。
2) 电暖器严禁覆盖，严禁堵塞进风口和出风口。
3) 不得利用带有可自动接通电源的程序器，定时器或其它任何装置来使用本电暖器。
4) 如果电源软线损坏，为避免危险，必须由我厂的售后服务部门或专业人员更换。
5) 不得将任何物品从进风口、出风口等处伸入电暖器内部，以免触电。
6) 电暖器工作时不得触摸其进风口、出风口及前后面板，以免烫伤。
7) 长期不使用时应切断电暖器电源。
8) 清洁时必须拔下电源插头。
9) 应避免老人、儿童、残障人士或不熟悉用电知识的人接触或使用电暖器。

6. 故障分析

◆ 电暖器不启动
1) 查看电源、插座是否有电。
2) 查看电暖器电源开关是否打开。
3) 查看温控器调节旋钮是否在最小处。

-3-

泗门日立电器有限公司

4) 查看室内温度是否过高。
◆ 散热器连续加热不停机
1) 查看室内温度是否过低，门窗是否关上。
2) 温控器旋钮是否设置过高。

7. 技术参数

➢ 电压：～220V
➢ 频率：50Hz
➢ 功率：500w--30000w
➢ 温度调节范围：约 0℃--40℃

8. 维修条款

8.1 期限

本产品自购买之日起保修一年（请保存好发票）。

8.2 保修内容

用户在按照本说明书要求正常使用的情况下，机器发生故障，可享受本公司 的无偿售后维修服务。

凡出现以下情况之一者，本公司提供有偿维修服务。
1) 产品购买时间已超过保修期限
2) 用户不按说明书使用而导致机器损坏。
3) 外力撞击，摔打而使机器损坏。
4) 用户擅自对产品进行拆卸、改装等造成机器的故障。
5) 其它非正常原因的故障及损坏。
6) 不能出示购买发票及本保修卡。

-4-

图 2-16　学习案例效果图

【案例分解】（图 2-17）

图 2-17　具体实施步骤

【操作步骤】

步骤 1. 显示编辑标记。打开 2.1 节学习案例中编辑好的"电暖器说明书.docx"，为方便分页和分节操作，设置显示编辑标记和正常比例多页显示效果，具体操作如图 2-18 所示。

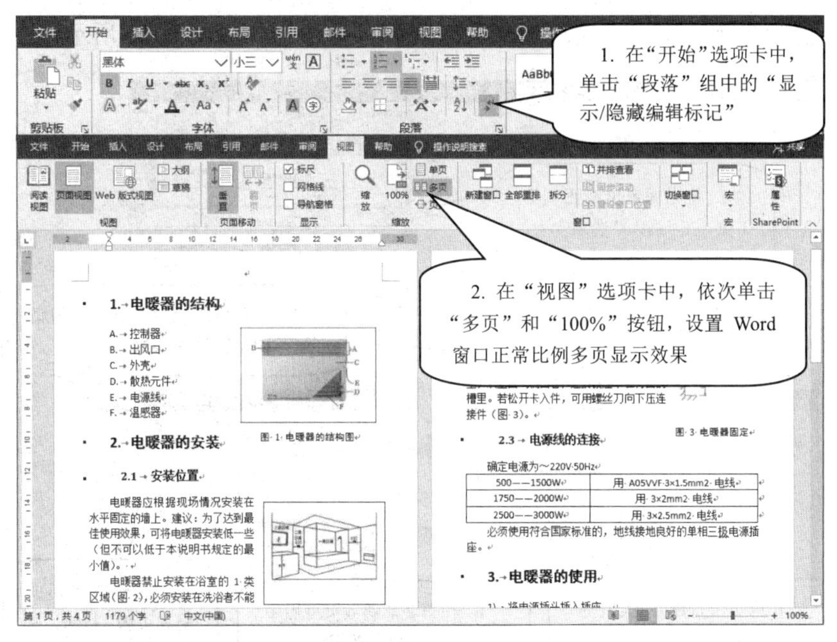

图 2-18　设置显示编辑标记

步骤 2. 插入空白页并分节。在文档开头插入“下一页”分节符，插入一张空白页（放目录用），并使其和第二页分成两节，具体操作如图 2-19 所示。

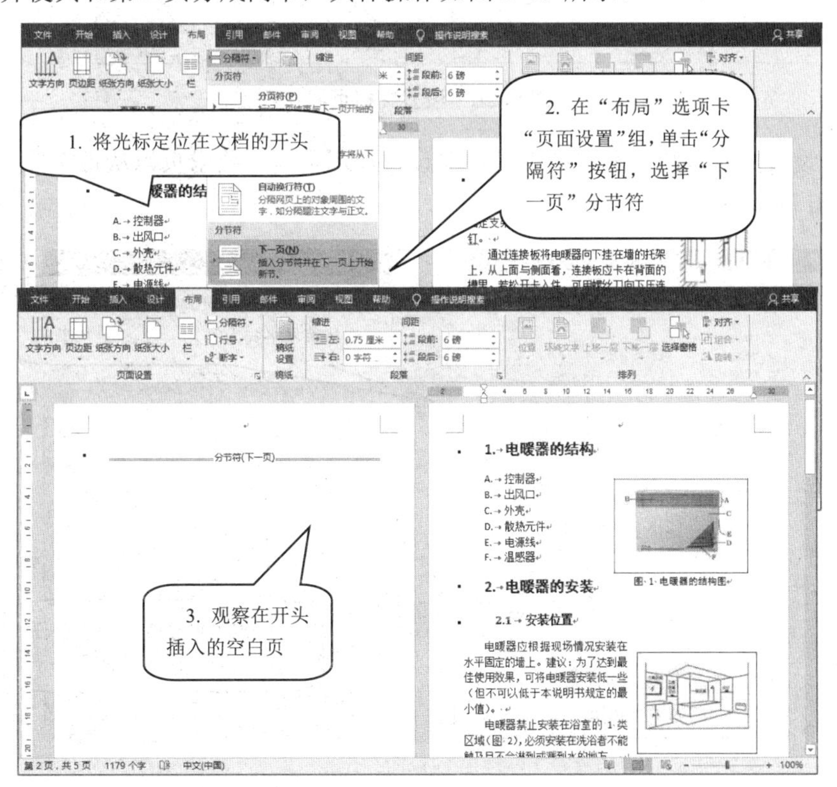

图 2-19　插入“下一页”分节符

步骤 3. 设置文档页眉。为文档添加页眉内容，具体操作如图 2-20 所示。

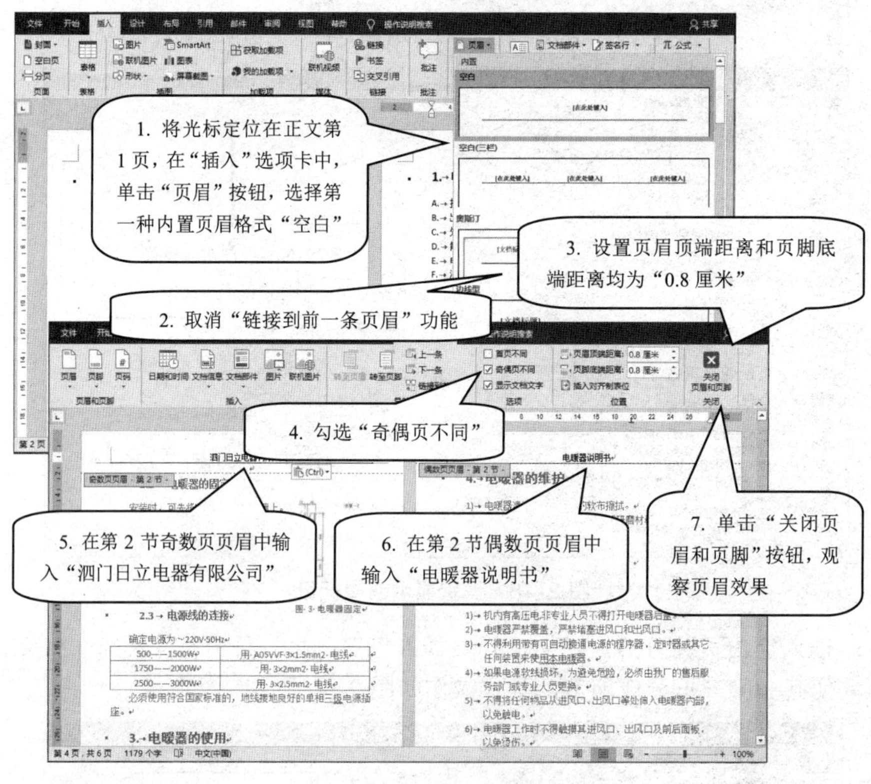

图 2-20　设置文档页眉

步骤 4. 设置文档页脚。在文档页脚位置设置显示页码，要求页码从正文页开始显示，具体操作如图 2-21 所示。

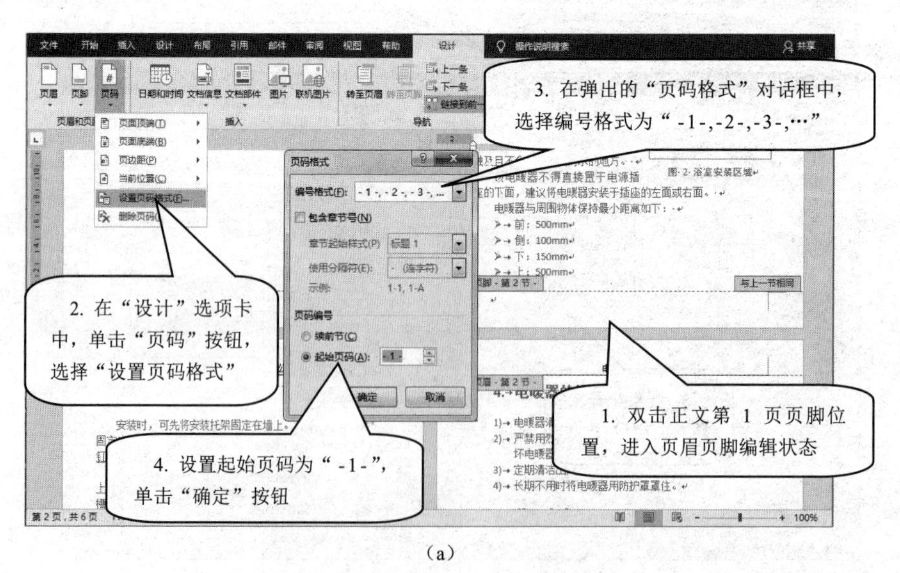

（a）

图 2-21　设置文档页脚

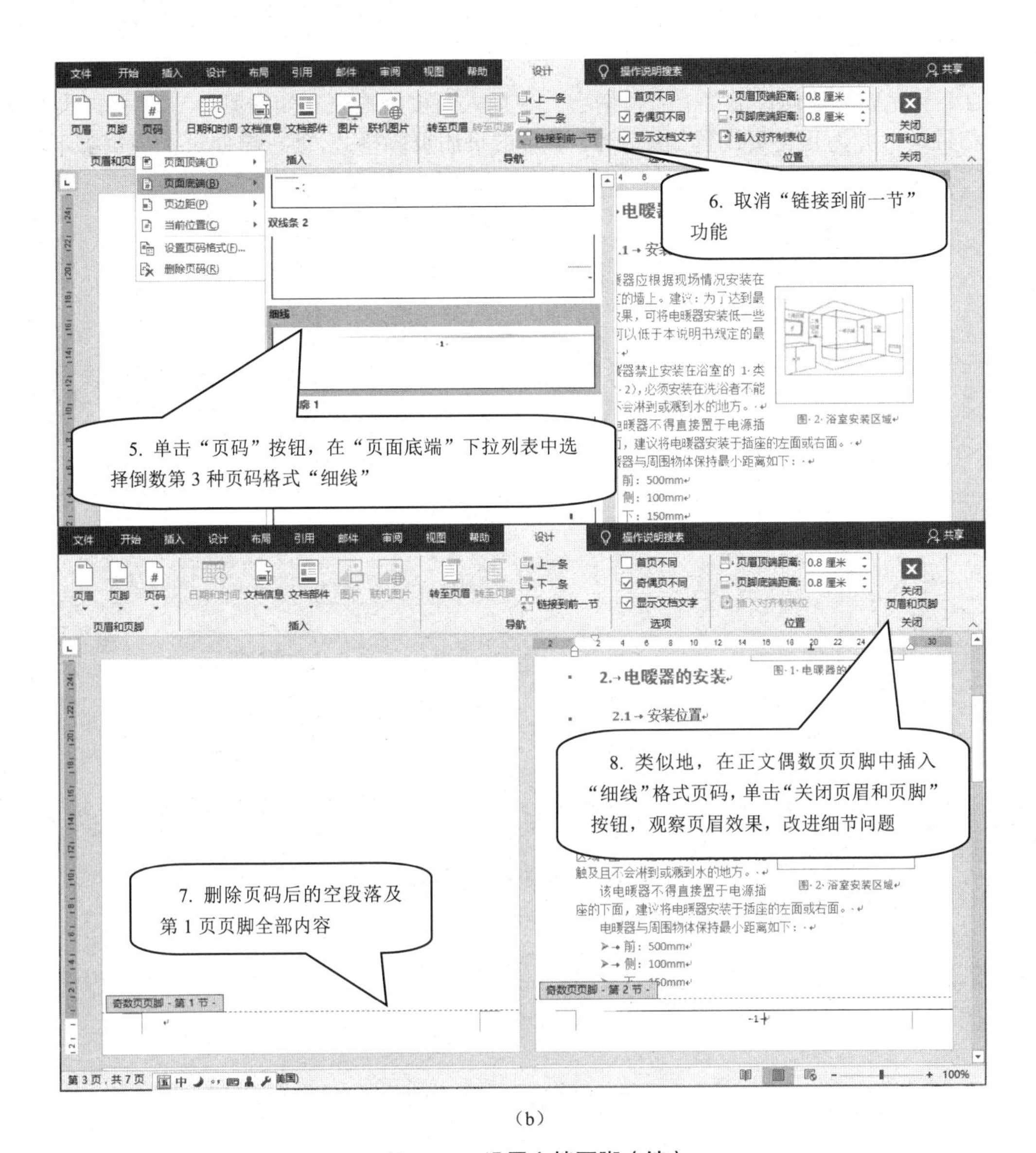

（b）

图 2-21　设置文档页脚（续）

职场经验

1. 分页符、分节符等默认都属于隐藏的编辑标记，通过单击“开始”选项卡“段落”组中的“显示/隐藏编辑标记按钮”可以设置显示或隐藏编辑标记。

2. 通过插入分节符，可以将文档分成若干个节，不同的节可以设置不同的页面格式和页眉页脚等。

3. 页码不一定放在页脚的位置，单击“页码”按钮，可以选择页码放在页面顶端，页面底端或页边距。

职场延伸

为2.1节完成的延伸作品“上海世博会”中插入两页空白页（同属第1节，用于后续设置封面和目录），并为正文页设置如图2-22所示的页眉页脚格式，要求奇偶页页眉页脚不同。

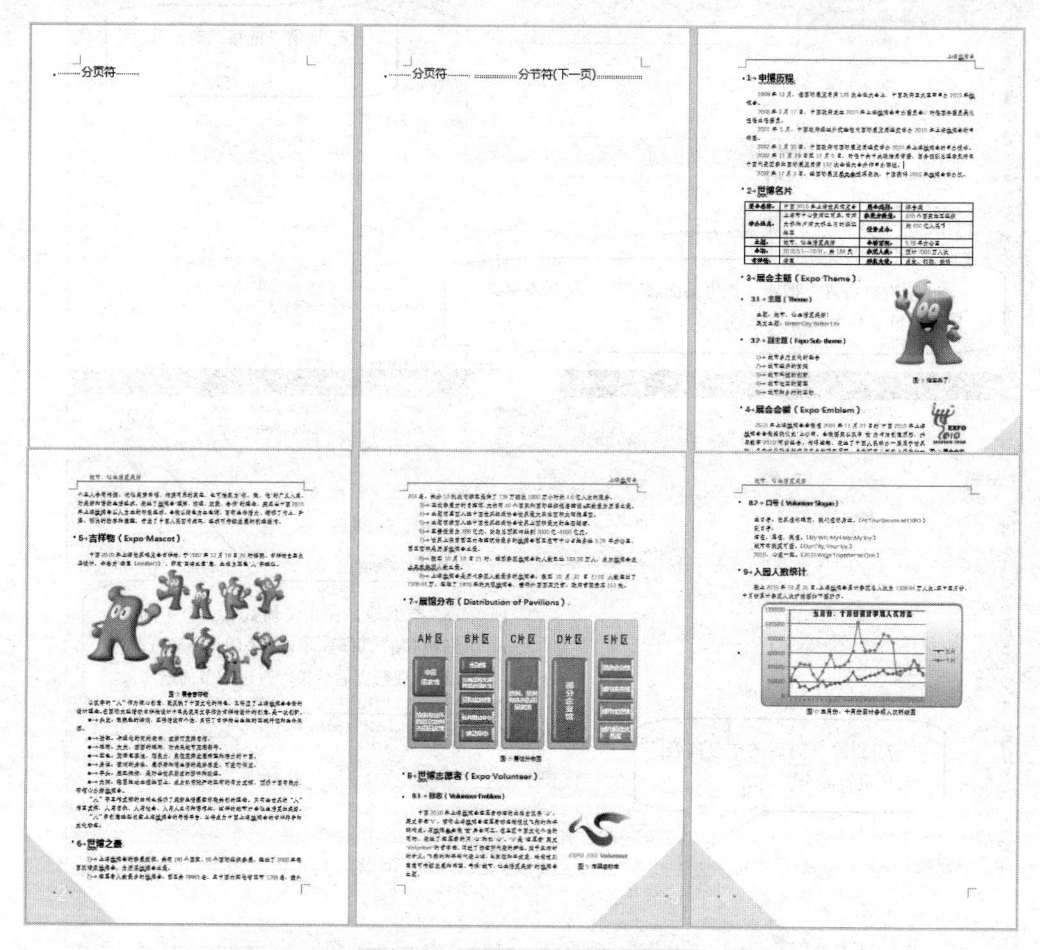

图2-22　页眉页脚设置效果图

学习评价

本节内容学习已经结束，你都学会了吗？给自己评个分吧！

评分内容	分值	自评分	评分细则
“学习准备”掌握情况	100		1. 能独立完成：80～100分 2. 能在老师和同学的帮助下完成：60～80分 3. 不能完成：0～60分
“学习案例”操作情况	100		
“职场延伸”任务操作情况	100		
合计	300		

2.3　目录制作与修改

职场情境

小杨已经把电暖器的说明书正文制作好，接下来要给说明书加个目录，以便消费者在阅读说明书时可以快速找到相应的内容，有没有快速建立目录的方法呢？

学习目标

◆ **相关理论知识点：** 理解目录和标题样式
◆ **相关技能知识点：** 利用“目录”组进行目录的创建、修改与更新设置

学习准备

1. 什么是目录

简单地说目录就是文档中各级标题的列表，通常位于文章首页之前。目录的作用在于，方便阅读者快速地检阅或定位到感兴趣的内容，同时也有助于了解文章的结构。

2. 目录的制作

目录的制作可通过“引用”选项卡中的“目录”组完成，如图 2-23 所示。

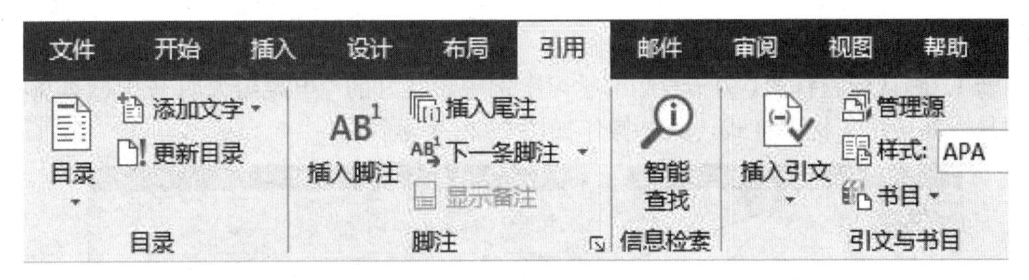

图 2-23　“引用”选项卡

● “目录”：单击“目录”按钮，可以选择不同的目录样式，还可以“自定义目录”或“删除目录”。

● “更新目录”：当目录相关内容有变化时，单击“更新目录”可以及时对目录进行更新操作。

学习案例

【案例展示】

为已经制作好的电暖器说明书添加目录并设置目录样式，最终效果如图 2-24 所示。

目　录

1. **电暖器的结构** .... - 1 -
2. **电暖器的安装** .... - 1 -
   2.1　安装位置 .... - 1 -
   2.2　电暖器的固定 .... - 2 -
   2.3　电源线的连接 .... - 2 -
3. **电暖器的使用** .... - 2 -
4. **电暖器的维护** .... - 3 -
5. **关于安全** .... - 3 -
6. **故障分析** .... - 3 -
7. **技术参数** .... - 4 -
8. **维修条款** .... - 4 -
   8.1　期限 .... - 4 -
   8.2　保修内容 .... - 4 -

图 2-24　目录效果图

【案例分解】（图 2-25）

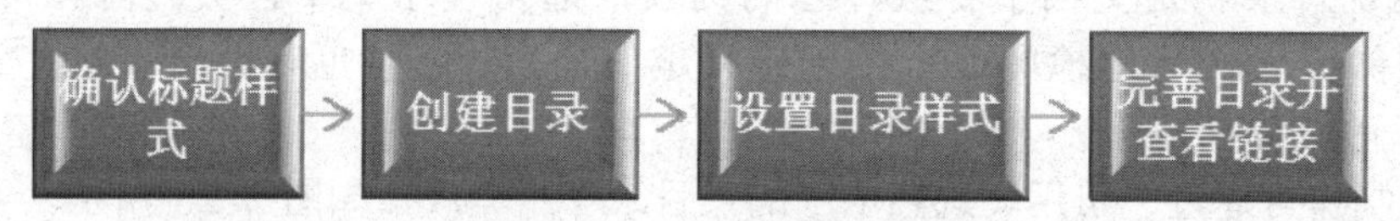

图 2-25　具体操作步骤

【操作步骤】

步骤 1. 确认标题样式。打开 2.2 节学习案例中设置好的“电暖器说明书.docx”，确认各级标题是否都应用了标题样式，具体操作如图 2-26 所示。

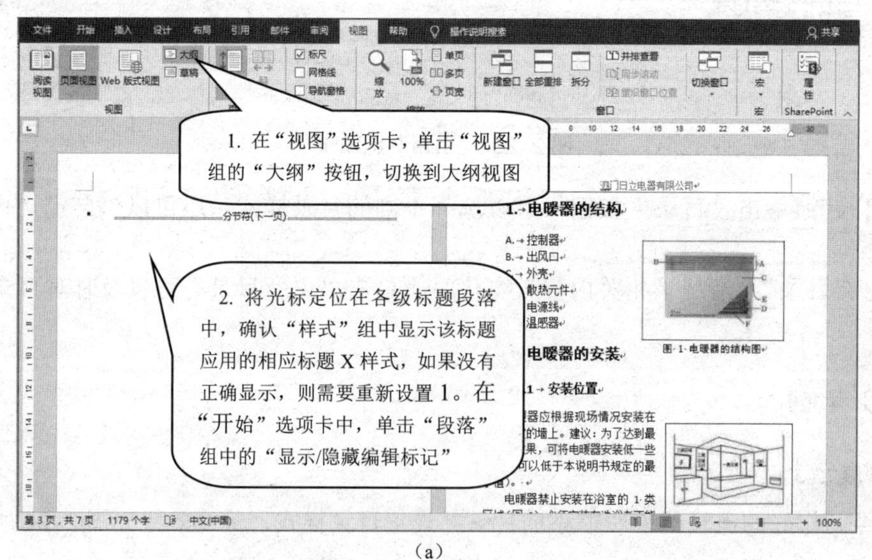

（a）

图 2-26　确认标题样式

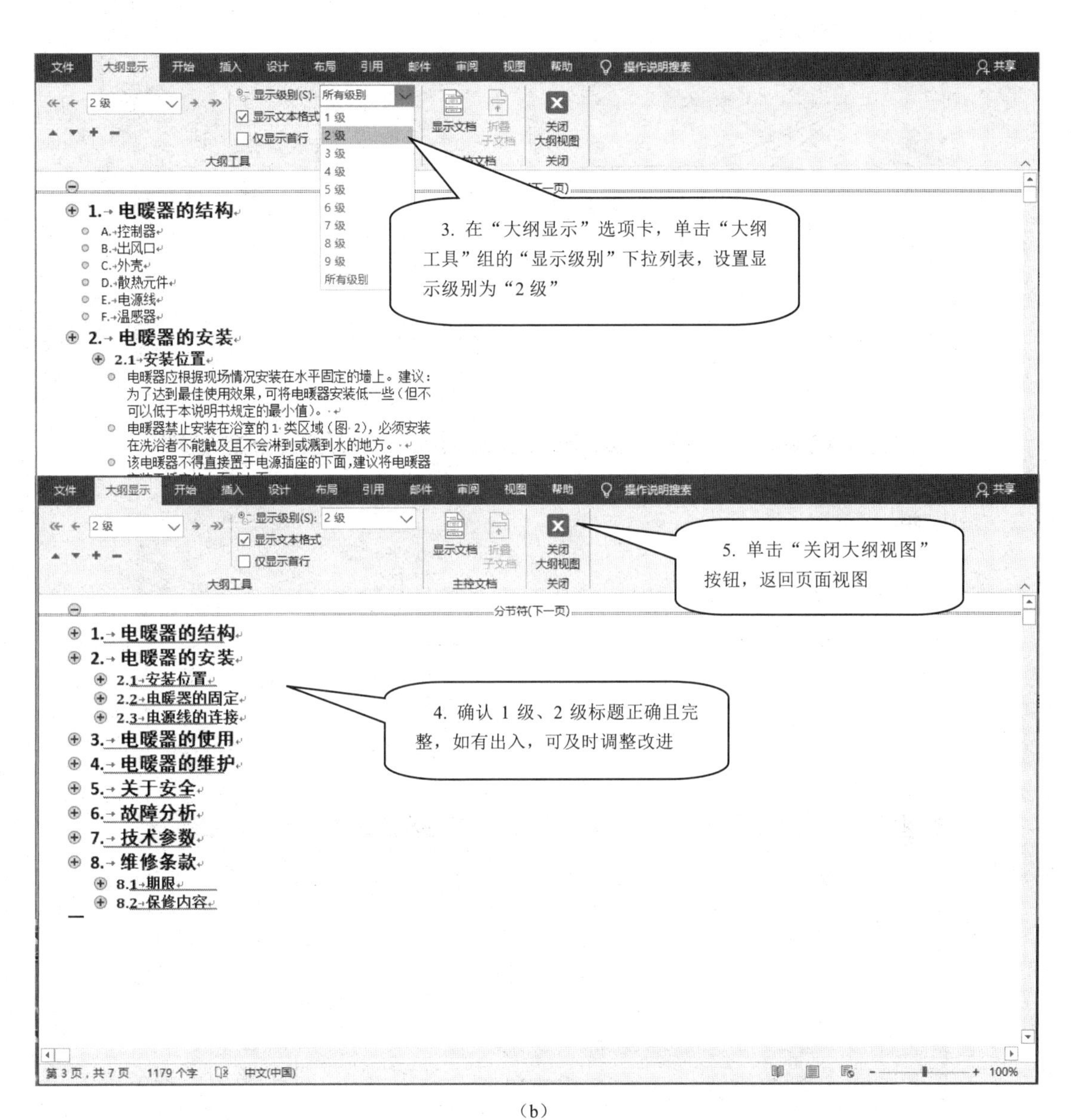

（b）

图 2-26　确认标题样式（续）

步骤 2. 创建目录。为文档创建目录，具体操作如图 2-27 所示。

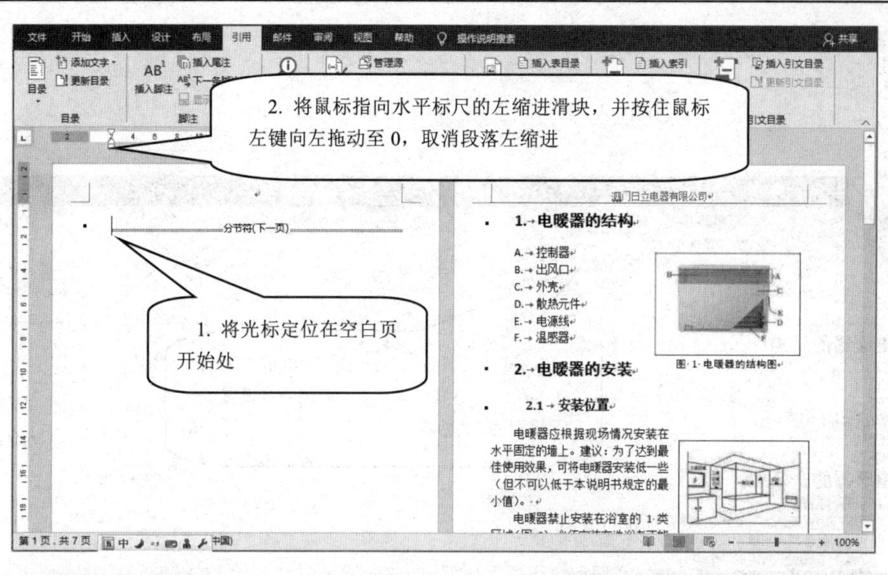

2. 将鼠标指向水平标尺的左缩进滑块，并按住鼠标左键向左拖动至0，取消段落左缩进
1. 将光标定位在空白页开始处

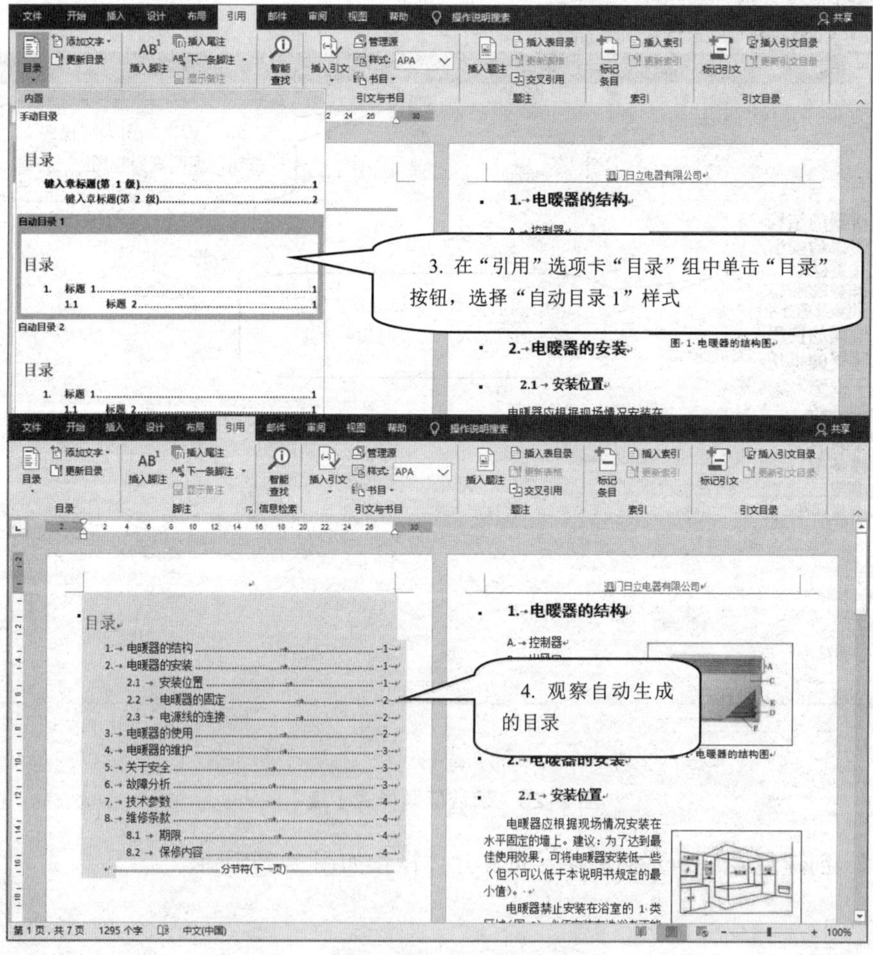

3. 在“引用”选项卡“目录”组中单击“目录”按钮，选择“自动目录1”样式
4. 观察自动生成的目录

图 2-27　创建目录

步骤 3. 设置目录样式。目录格式有些许不满意的地方，可通过设置目录样式统一修改，具体操作如图 2-28 所示。

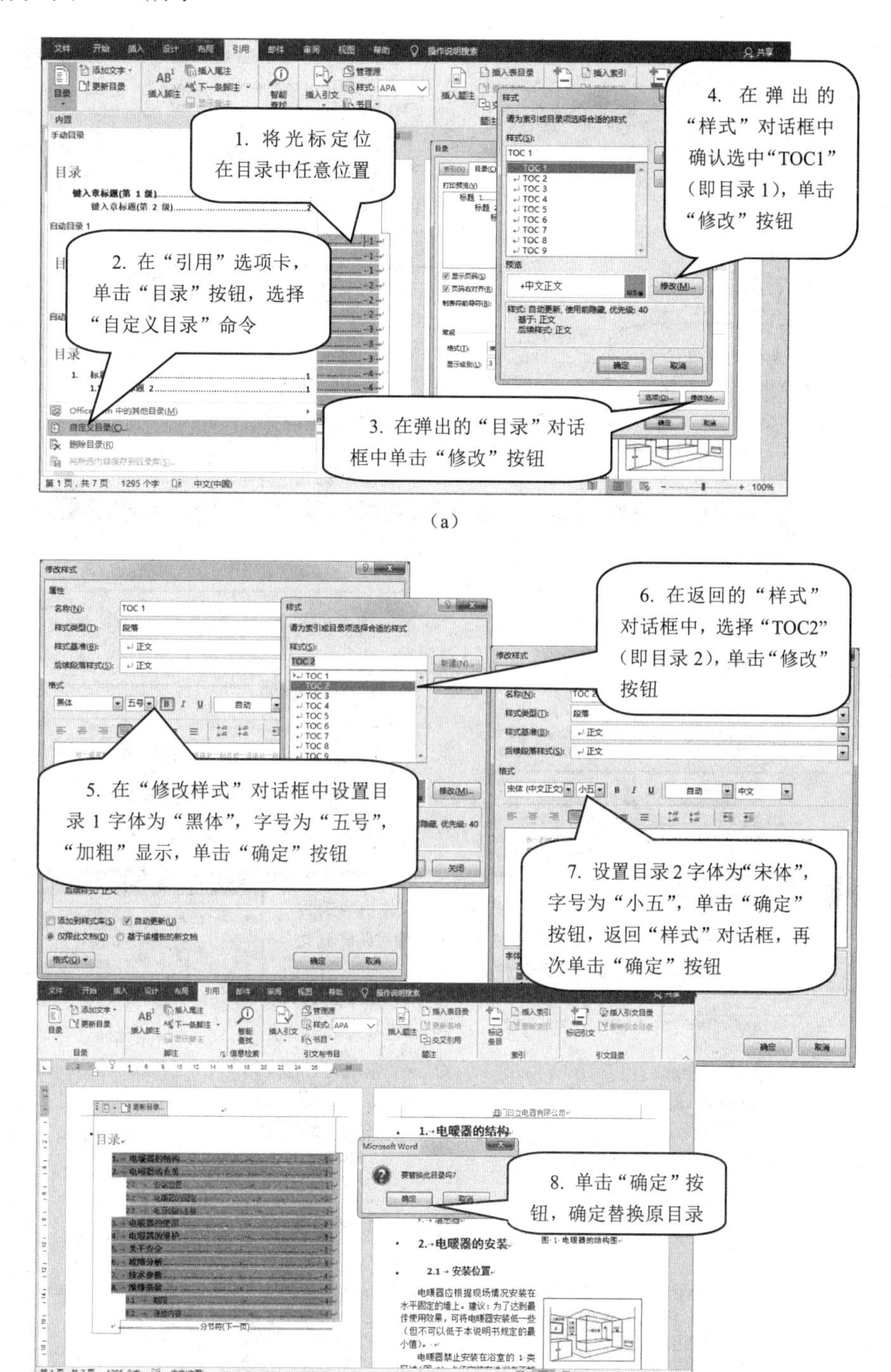

（a）

（b）

图 2-28　设置目录样式

步骤 4. 完善目录并查看链接。设置“目录”两字居中对齐，然后查看目录链接，具体操作如图 2-29 所示。

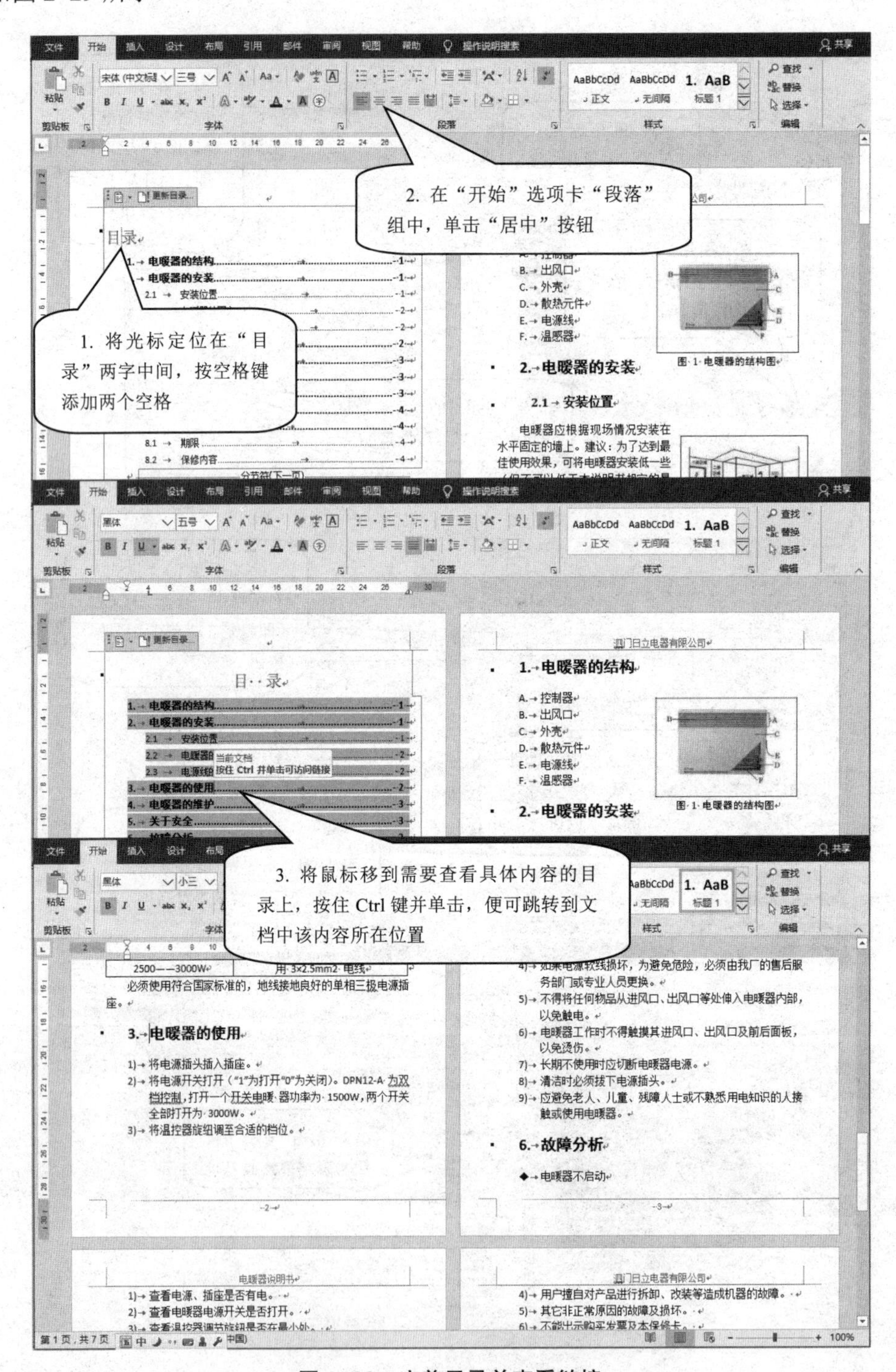

图 2-29　完善目录并查看链接

职场经验

目录制作完成后，修改文档标题，或修改正文内容导致页码变化，可通过更新目录，确保目录正确无误，具体操作如图 2-30 所示。

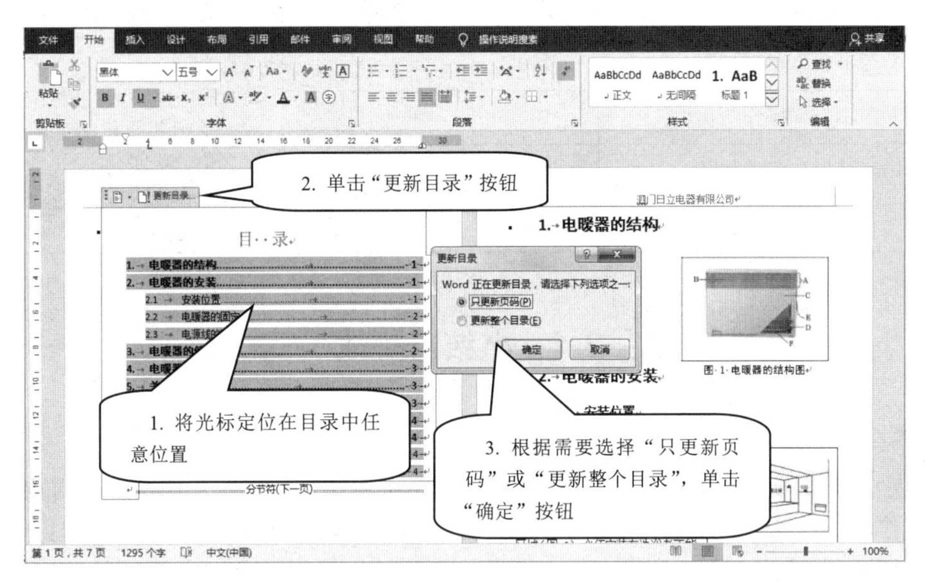

图 2-30　更新目录

职场延伸

打开 2.2 节“素材”文件夹中延伸作品“上海世博会.docx”，制作如图 2-31 的目录效果图。

目　录

1　**申博历程** .... - 1 -

2　**世博名片** .... - 1 -

3　**展会主题（Expo Theme）** .... - 1 -

　3.1　主题（Theme） .... - 1 -

　3.2　副主题（Expo Sub-theme） .... - 1 -

4　**展会会徽（Expo Emblem）** .... - 1 -

5　**吉祥物（Expo Mascot）** .... - 2 -

6　**世博之最** .... - 2 -

7　**展馆分布（Distribution of Pavilions）** .... - 3 -

8　**世博志愿者（Expo Volunteer）** .... - 3 -

　8.1　标志（Volunteer Emblem） .... - 3 -

　8.2　口号（Volunteer Slogan） .... - 4 -

9　**入园人数统计** .... - 4 -

图 2-31　目录效果图

学习评价

本节内容学习已经结束，你都学会了吗？给自己评个分吧！

<table>
<tr><th>评分内容</th><th>分值</th><th>自评分</th><th>评分细则</th></tr>
<tr><td>“学习准备”掌握情况</td><td>100</td><td></td><td rowspan="4">1. 能独立完成：80～100 分
2. 能在老师和同学的帮助下完成：60～80 分
3. 不能完成：0～60 分</td></tr>
<tr><td>“学习案例”操作情况</td><td>100</td><td></td></tr>
<tr><td>“职场延伸”任务操作情况</td><td>100</td><td></td></tr>
<tr><td>合计</td><td>300</td><td></td></tr>
</table>

2.4　小结与挑战

【本章小结】

本章主要介绍公司产品说明书的编排，包括文档纲目结构制作、特殊的页眉页脚编辑、目录的制作与修改等，其中包含大纲视图、样式、多级列表、题注、页眉页脚和页码、分隔符、目录等知识点。

1. 文档纲目结构制作：利用大纲视图设置文档纲目结构，添加正文内容，应用样式分别统一修改标题和正文格式，为标题设置多级列表，在文档中插入图片，并添加题注，使说明书文档结构清晰，内容完整，格式规范。

2. 特殊的页眉页脚编辑：通过插入分节符将文档分成若干个节，为说明书文档设置奇偶页不同的页眉页脚，添加页码。

3. 目录的制作与修改：为说明书文档制作目录，并设置目录样式。

【自我挑战】

1. 为电暖器说明书设计制作一个封面，可利用 Word 提供的封面模板制作，也可自行设计制作。

2. 打开“2.4 小结与挑战”文件夹中的“2.4 文字素材”，对照“2.4 说明书参考效果”，利用本章所学的知识点编写 SJT-KMCHD 电梯控制系统使用说明书，使其条理清晰，结构完整，格式规范。

第 3 章　公司常用表格制作

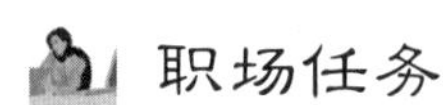

职场任务

员工档案资料表的制作

员工个人信息表的制作

销售总结月报表的制作

各类报表打印

3.1　员工档案资料表制作

职场情境

近年来，余姚泗门日立电器有限公司发展迅速，员工人数越来越多，为更加方便有效地管理员工档案，总经理要求小杨把员工基本信息整理成电子档案，方便信息化管理，小杨欣然接受，用 Excel 快速圆满地完成了任务。

学习目标

◆ **相关理论知识点：** 设置单元格自定义数字格式，对多个单元格快速输入相同内容

◆ **相关技能知识点：** 准确快速地录入各类表格内容

学习准备

1. 快速输入数据的几种方法

（1）当输入的数据有规律时，可使用拖动填充柄的方法快速填充数据。填充柄是位于选定区域右下角的小黑方块。可以用鼠标拖动填充柄完成序列填充。

（2）当输入的数据区域连续且内容相同时，拖动填充柄可完成数据的填充。

（3）当输入的数据区域不连续且内容相同时，按 Ctrl 键选定要输入相同数据的多个单元格区域，输入需要输入的信息（可以是文本，也可以是数值或公式），然后按组合键 Ctrl+Enter，那么所选区域的所有单元格中就都输入相同信息。

2. 自定义数字格式设置

当输入的大量数据中部分内容是重复的，如家庭住址都是“余姚市 XXX”时，其中“余

姚市”是重复的部分，这种情况可通过“自定义”单元格格式的方法解决。选中需要添加的单元格区域，右击鼠标选择“设置单元格格式”或按组合键 Ctrl+1，打开“设置单元格格式”对话框，在“数字”选项卡中，选中“自定义”格式，具体操作如图 3-1 所示。

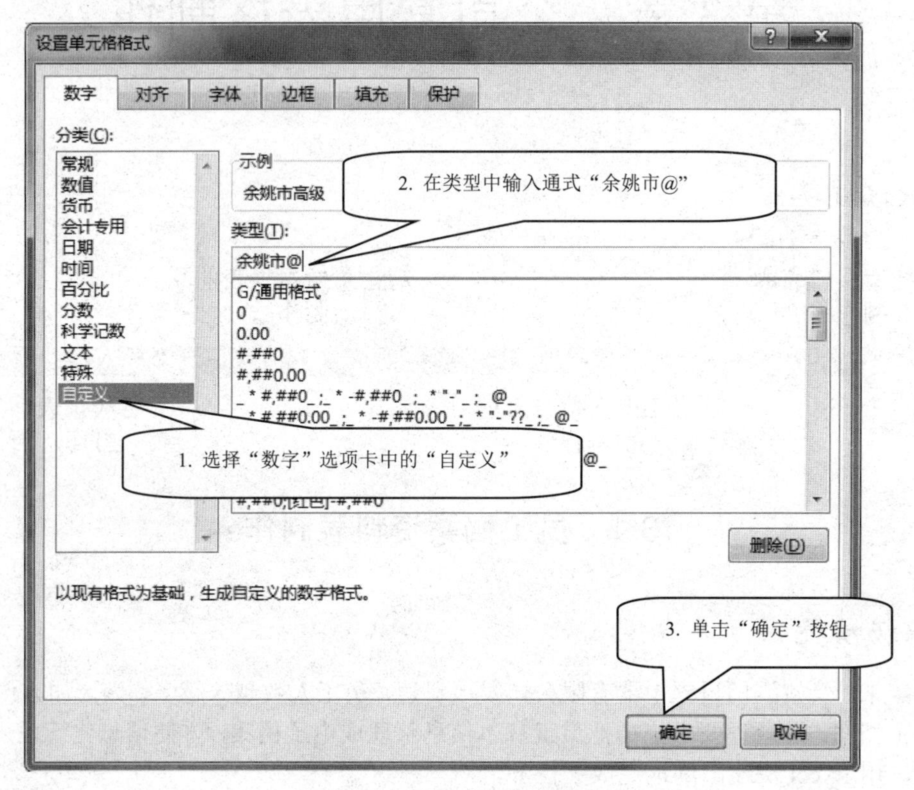

图 3-1　设置自定义数字格式

如此设置好后，在选中的单元格中输入文本按回车键后，“余姚市”自动加为前缀。其中“@”表示后面所加内容为文本，“#”表示后面所加内容为数字。

3. 数字文本的输入

当需要把输入的数字作为文本内容显示时，可以通过下述两种方法实现。

（1）先输入一个英文标点符号状态下的“ ’ ”，然后输入数字，数字即转换成文本格式。特别是输入的数字以“0”打头，如“001，002”等。

（2）选定单元格或单元格区域，右击鼠标选择“设置单元格格式”或按组合键 Ctrl+1，打开“设置单元格格式”对话框，在“数字”选项卡中选中“文本”格式，单击“确定”按钮即可。

学习案例

【案例展示】

本案例主要通过制作如图 3-2 所示的员工信息表学习自定义数字格式设置、准确快速录入数据的能力。

员工档案资料表									
编号	姓名	性别	出生年月	学历	职称	联系地址	联系电话	E-mail	备注
AS0001	左代	男	1980年7月5日	大学	高级	吉林长春	1339***2	暂无	
AS0002	工进	女	1981年6月15日	大学	中级	新疆库尔勒	1349***3	暂无	
AS0003	杨柳书	女	1978年4月30日	大学	高级	上海南京路	1339***4	暂无	
AS0004	任小义	女	1975年10月12日	大学	高级	上海南京路	1329***5	暂无	
AS0005	刘诗琦	男	1983年7月5日	大学	高级	上海南京路	1399***6	暂无	
AS0006	袁中星	男	1972年9月1日	大学	高级	上海南京路	1339***7	暂无	
AS0007	邢小勤	男	1968年9月18日	大专	初级	上海南京路	1379***8	暂无	
AS0008	代敏浩	男	1980年7月9日	大专	初级	北京人民路	1389***9	暂无	
AS0009	陈晓龙	男	1986年10月10日	研究生	高级	重庆解放碑	1369***10	暂无	
AS0010	杜春梅	女	1972年6月15日	研究生	高级	江苏无锡	1339***11	暂无	
AS0011	董弦韵	男	1982年4月29日	研究生	高级	浙江京华	1359***12	暂无	
AS0012	白丽	女	1982年4月30日	研究生	高级	厦门	1339***13	暂无	
AS0013	陈娟	女	1982年5月1日	大学	中级	暂无	1339***14	暂无	
AS0014	杨丽	女	1982年5月2日	大学	中级	暂无	1339***15	暂无	
AS0015	邓华	男	1980年9月16日	大学	中级	四川西昌	1319***16	暂无	
AS0016	陈玲玉	女	1982年5月4日	大学	中级	重庆朝天门	1339***17	暂无	

图 3-2　员工档案资料表

【案例分解】（图 3-3）

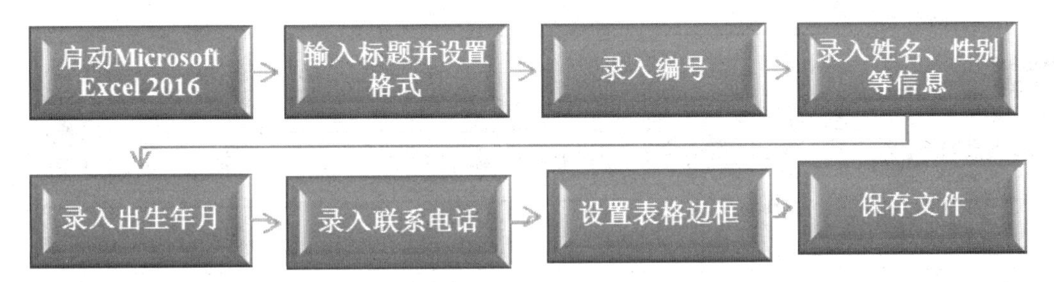

图 3-3　具体实施步骤

【操作步骤】

步骤 1. 启动 Microsoft Excel 2016。具体操作如图 3-4 所示。

图 3-4　启动 Microsoft Excel 2016

步骤 2. 输入标题并设置格式。在打开的空白工作表中输入标题并设置格式，具体操作如图 3-5 所示。

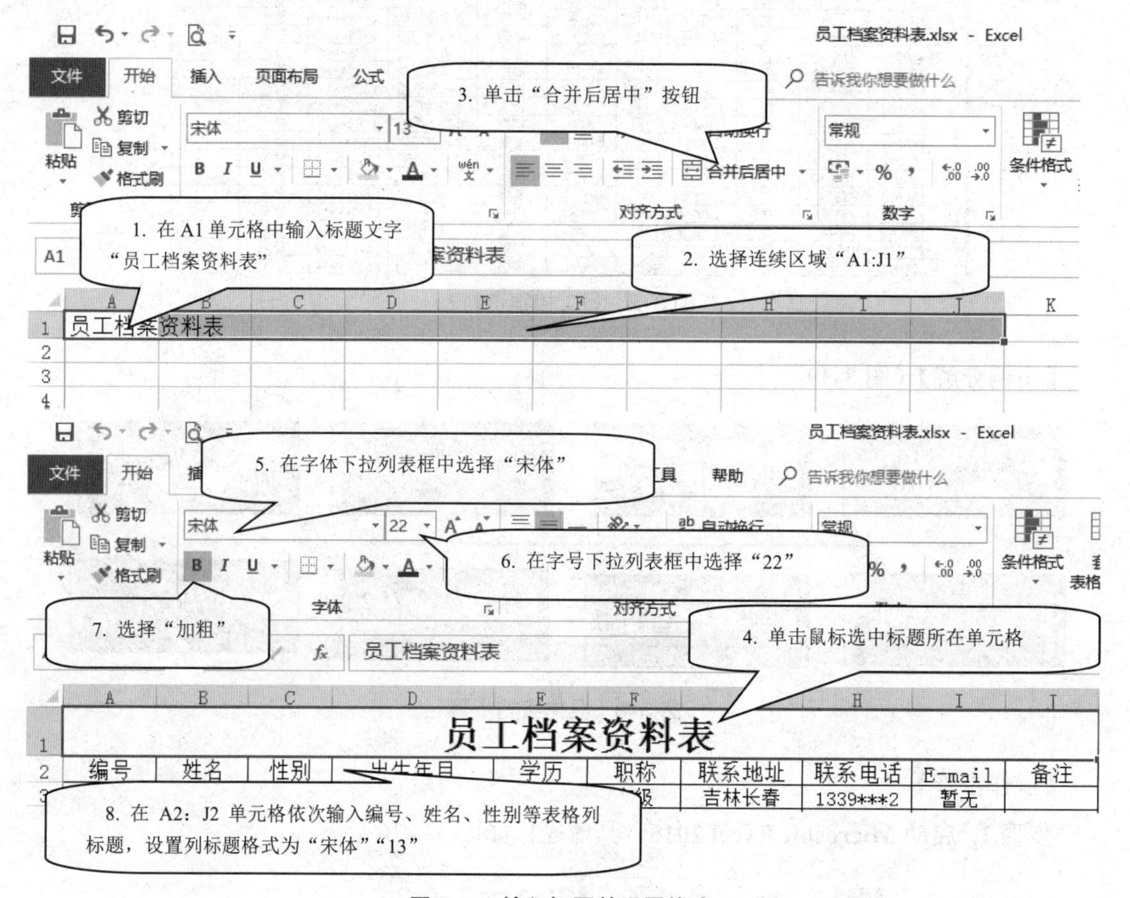

图 3-5　输入标题并设置格式

步骤 3. 录入编号。观察编号为有规律的数据，可以拖动填充柄快速填充，操作如图 3-6 所示。

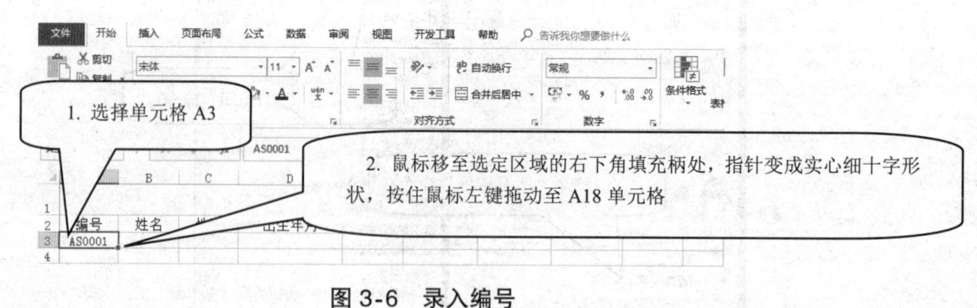

图 3-6　录入编号

观察员工信息表，其中 E-mail 内容都是“暂无”，内容相同且区域连续，可使用填充柄完成复制工作。

步骤 4. 录入姓名、性别等信息。录入性别时，可使用快速输入数据的第三种方法快速

输入相同内容，操作如图 3-7 所示。

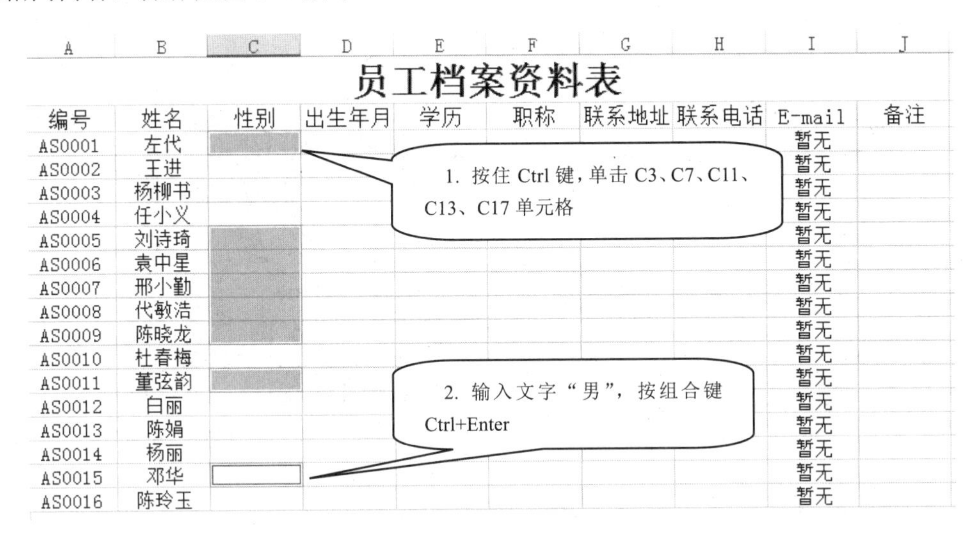

图 3-7　录入姓名、性别

用同样的方法，输入性别“女”，并完成学历、职称、联系地址的录入，表格资料详见图 3-2。

步骤 5. 录入出生年月。这一列数据是日期类型，格式为“*年*月*日”形式，操作如图 3-8 所示。

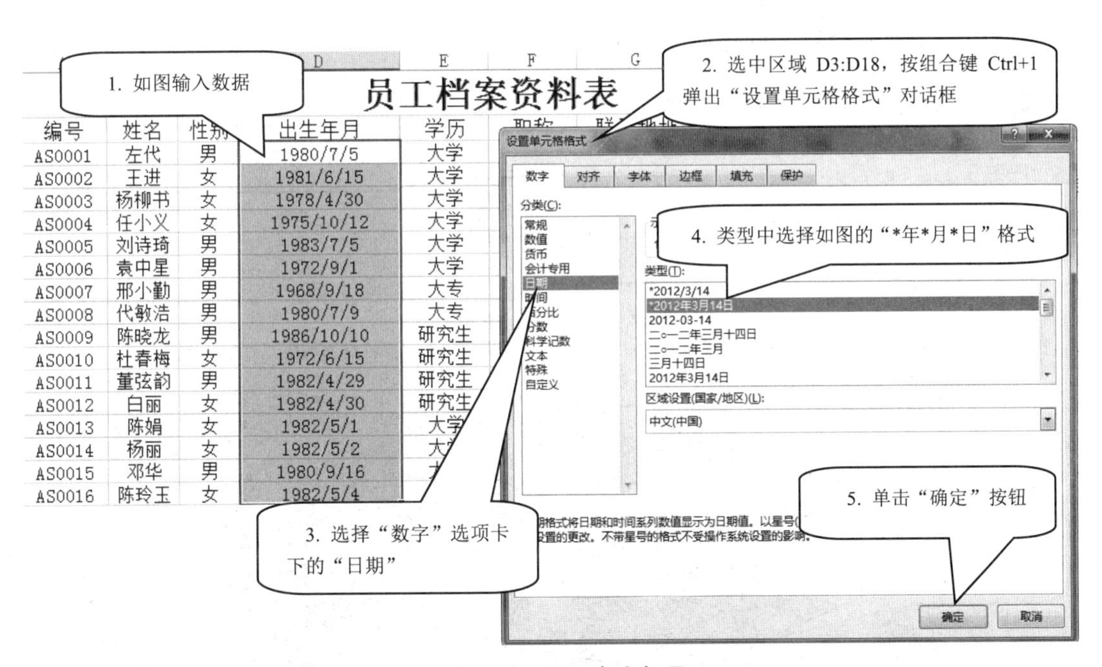

图 3-8　录入出生年月

步骤 6. 录入联系电话。观察联系电话，都是以“13”打头，可设置自定义数字格式的

方法快速完成录入，操作如图 3-9 所示。

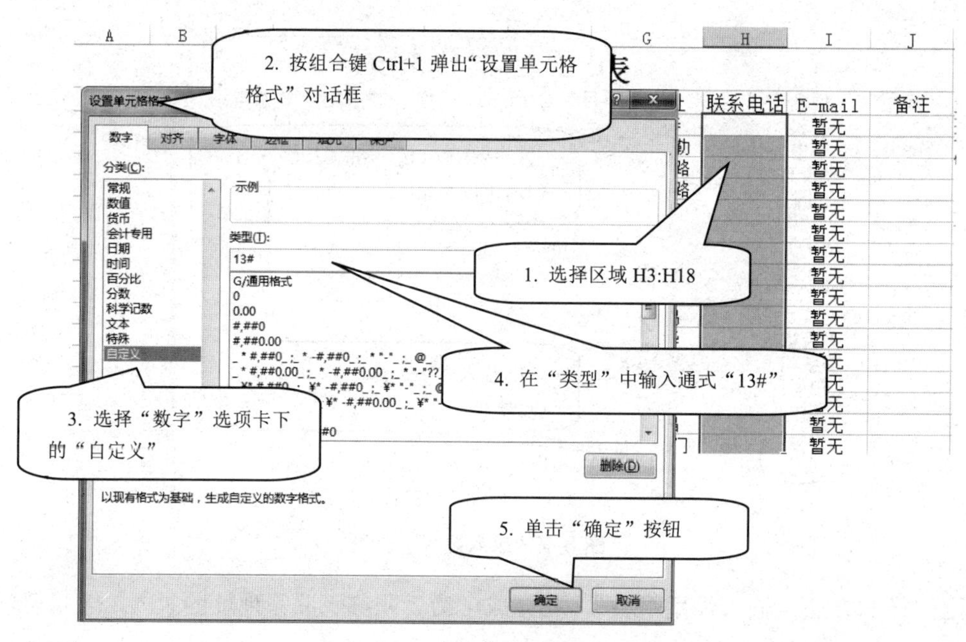

图 3-9　自定义数字格式

如此设置好后，在区域 H3:H18 中输入“13”后面的数字，按回车键后，数字“13”自动加为前缀。

步骤 7. 设置表格边框。操作如图 3-10 所示。

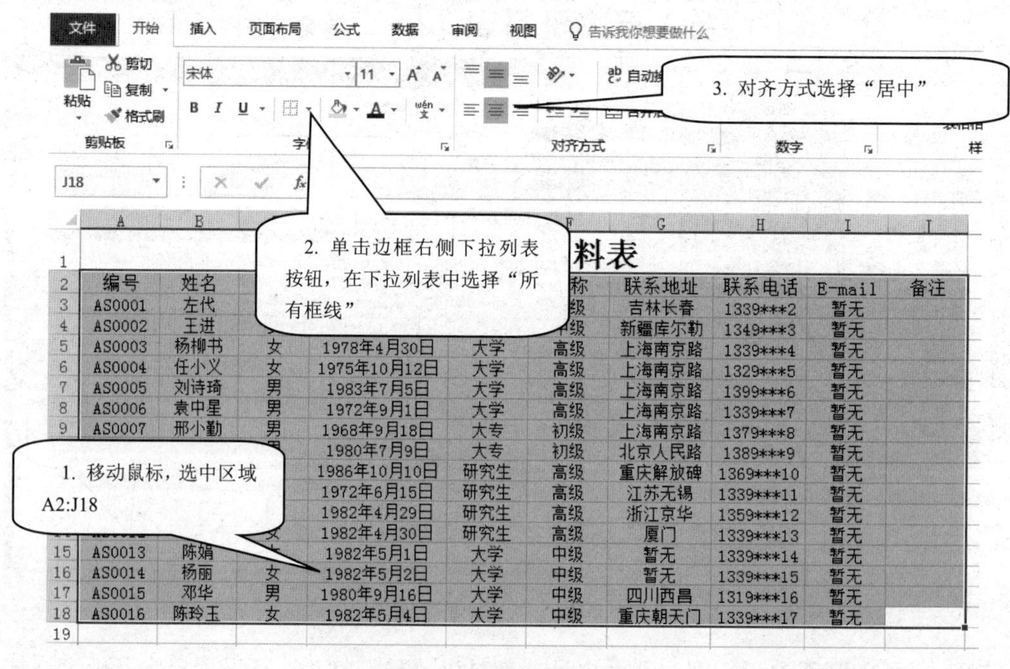

图 3-10　设置表格边框

步骤 8. 保存文件。保存文件名为“员工档案资料表. xlsx”并关闭文件，操作如图 3-11 所示。

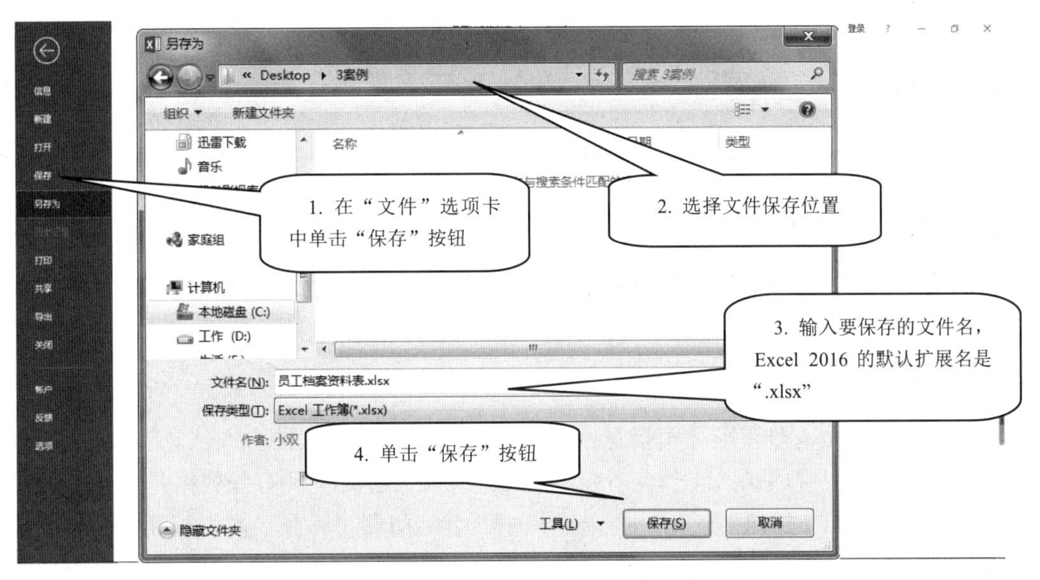

图 3-11　保存 Excel 文件

职场经验

1. 设置单元格格式可以事先设定，也可以在输入内容后设定。

2. 在设置自定义单元格数字格式时，其中的文本如“余姚市”两侧的引号要在英文标点符号状态下输入，也可以省略。

职场延伸

利用所学知识制作如图 3-12 所示的企业客户信息管理表。

	A	B	C	D	E	F	G	H
1	企业客户信息管理表							
2	编号	客户名称	主要负责人	地址	邮编	联系电话	经营范围	合作信誉
3	0001	余姚华峰食品有限公司	李正华	余姚市世纪南路12号	315400	0574-64514151	特色食品	优
4	0002	余姚名乐音像有限公司	李旭合	余姚市沙坡1号	315400	0574-54954798	音像制品	良
5	0003	余姚巨人文化有限公司	宋自娱	余姚市四明路33号	315400	0574-48795216	图书	良
6	0004	余姚针织九厂	海大富	余姚市世纪大道99号	315400	0574-36547812	服装饰品	优
7	0005	余姚华夏体育用品公司	江大裕	余姚市三里屯29号	315400	0574-54074897	体育用品	良
8	0006	余姚普太食品有限公司	贝海月	余姚市滨江大道8号	315400	0574-62315487	特色食品	优
9	0007	余姚国力有限公司	夏学艺	余姚市解放路45号	315400	0574-32156498	特色食品	良
10	0008	余姚风月贸易有限公司	曹月	余姚市建设路56号	315400	0574-47853269	化妆品	优
11	0009	余姚实际文化出版社	贺华思	余姚市南京路78号	315400	0574-23654789	图书	优

图 3-12　企业客户信息管理表

学习评价

本节内容学习已经结束，你都学会了吗？给自己评个分吧！

评分内容	分值	自评分	评分细则
“学习准备”掌握情况	100		1. 能独立完成：80～100分 2. 能在老师和同学的帮助下完成：60～80分 3. 不能完成：0～60分
“学习案例”操作情况	100		
“职场延伸”任务操作情况	100		
合计	300		

3.2 员工个人信息表的制作

职场情境

最近，泗门日立电器有限公司信息部系统升级，需要把员工的个人信息转成电子档案。总经理要求小杨尽快完成录入工作，小杨用Excel录入信息时发现有些数据是在几个固定值中选择其中一个，如“部门”一列只要选择其中一个部门即可。在多次尝试摸索中，小杨找到了一个很好的解决办法，即创建一个包含需要数据的下拉列表框供选择，这样既提高了工作效率，又能保证输入准确无误。

学习目标

◆ **相关理论知识点：**了解什么是数据有效性、什么是批注
◆ **相关技能知识点：**掌握如何在表格中制作下拉列表和插入批注的操作

学习准备

1. 数据验证

设置数据验证可以更好地约束单元格区域中的数值，防止在单元格中输入无效数据，比如设置数值的输入范围，文本长度等，还可以在指定的下拉列表值中选择输入。

“数据验证”选项位于“数据”选项卡“数据工具”组中，如图3-13所示。

“数据验证”对话框由“设置”“输入信息”“出错警告”“输入法模式”四个选项卡组成，如图3-13所示。

- “设置”选项卡：通过“验证条件”设置可对单元格数值进行条件约束，可以设置“整数”“小数”“序列”“时间”“日期”等条件。
- “输入信息”选项卡：选定单元格时可显示输入的信息，相当于提示信息。由“标题”“输入信息”组成。
- “出错警告”选项卡：由“样式”“标题”“错误信息”组成。输入无效数据时显示出错警告，与“设置”选项卡中的“验证条件”结合。

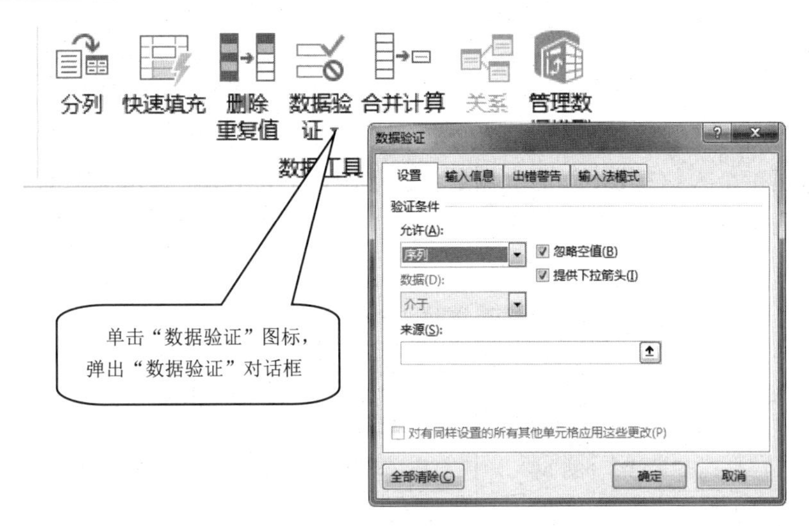

图 3-13　“数据工具”组和“数据验证”对话框

2. 使用批注

使用批注可以对单元格内容进行解释或说明，“批注”组位于“审阅”选项卡的中部，如图 3-14 所示。

选中单元格区域，单击“新建批注”即可插入批注；插入批注后，“新建批注”变为“编辑批注”，如果对批注内容不满意，可编辑批注。单击“显示所有批注”则显示该工作簿中的所有批注；若要使有些批注显示，某些不显示可单击“显示/隐藏批注”进行设置。

若要修改批注格式，可选中批注编辑框右击鼠标，打开“设置批注格式”对话框，进行“字体”“字号”“字形”“颜色”等格式的设置，如图 3-15 所示。

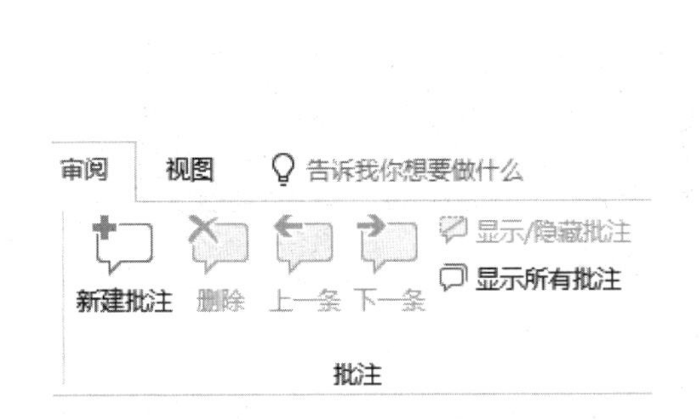

图 3-14　“批注”组

图 3-15　设置批注格式

学习案例

【案例展示】

通过制作员工个人信息表，学习利用数据验证制作下拉列表，提示信息的方法以及批注的使用，如图 3-16 所示。

图 3-16　员工个人信息表

【案例分解】（图 3-17）

图 3-17　具体实施步骤

【操作步骤】

步骤 1. 输入表格内容。启动 Microsoft Excel 2016，在 Sheet1 工作表中输入如图 3-18 所示的表格内容。

	A	B	C	D	E	F	G	H	I
1		泗门日立电器有限公司员工个人信息表							
2		部门		到岗时间			填表时间		
3		姓名		性别		出生年月		照片	
4		民族		籍贯		政治面貌			
5		职务		身份证号					
6		健康状况		婚姻状况		血型			
7		最高学历		所学专业		毕业院校			
8		现住地址				联系电话			
9		学习或培训经	起始时间	学校/培训单位		专业/培训内容		文凭/培训证书	
10									
11									
12									
13									
14									
15		工作经历及业	起始时间	单位名称		所在岗位		业绩	
16									
17									
18									
19									
20									
21		技能/特长							
22		在职表现							
23		求职意向							

图 3-18　员工个人信息表表格内容

步骤 2. 表格格式设置。具体操作如图 3-19 所示。

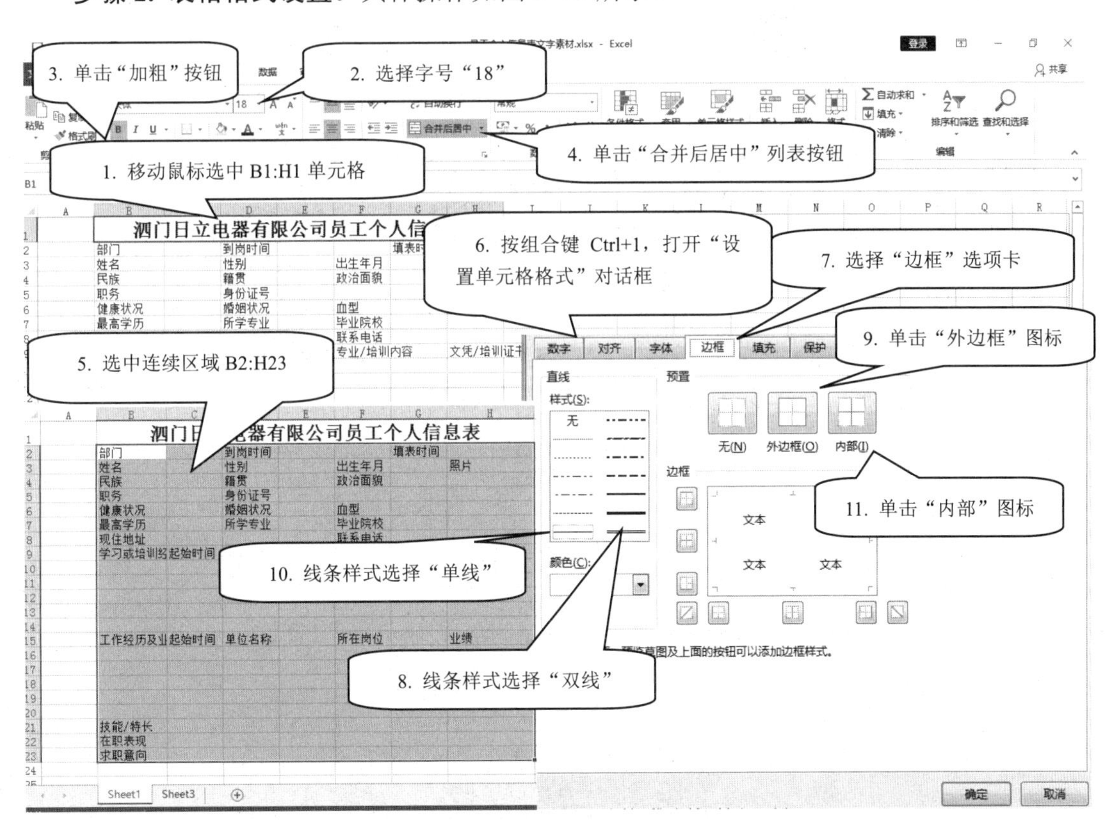

(a)

图 3-19　表格格式设置

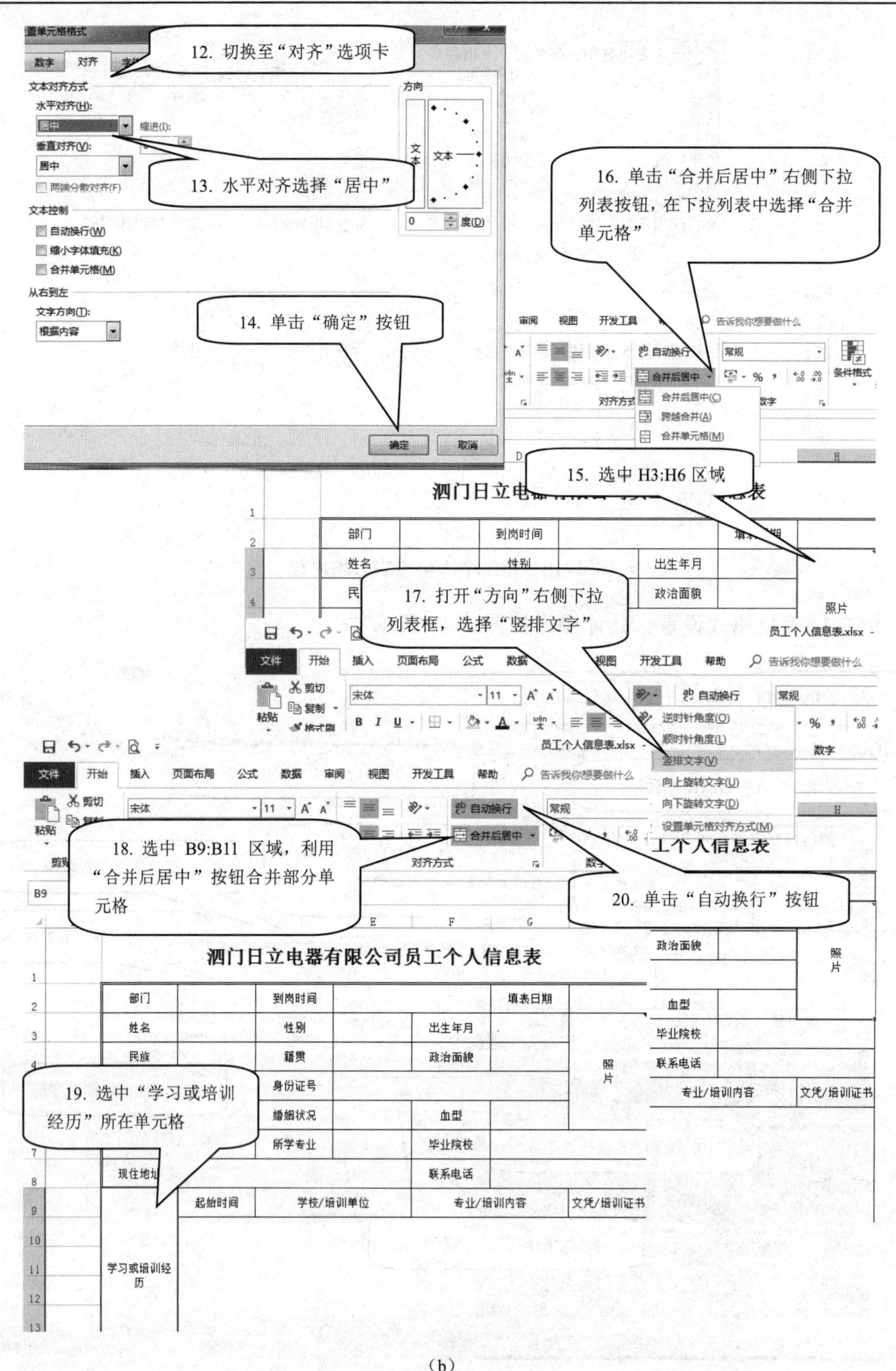

（b）

图 3-19　表格格式设置（续）

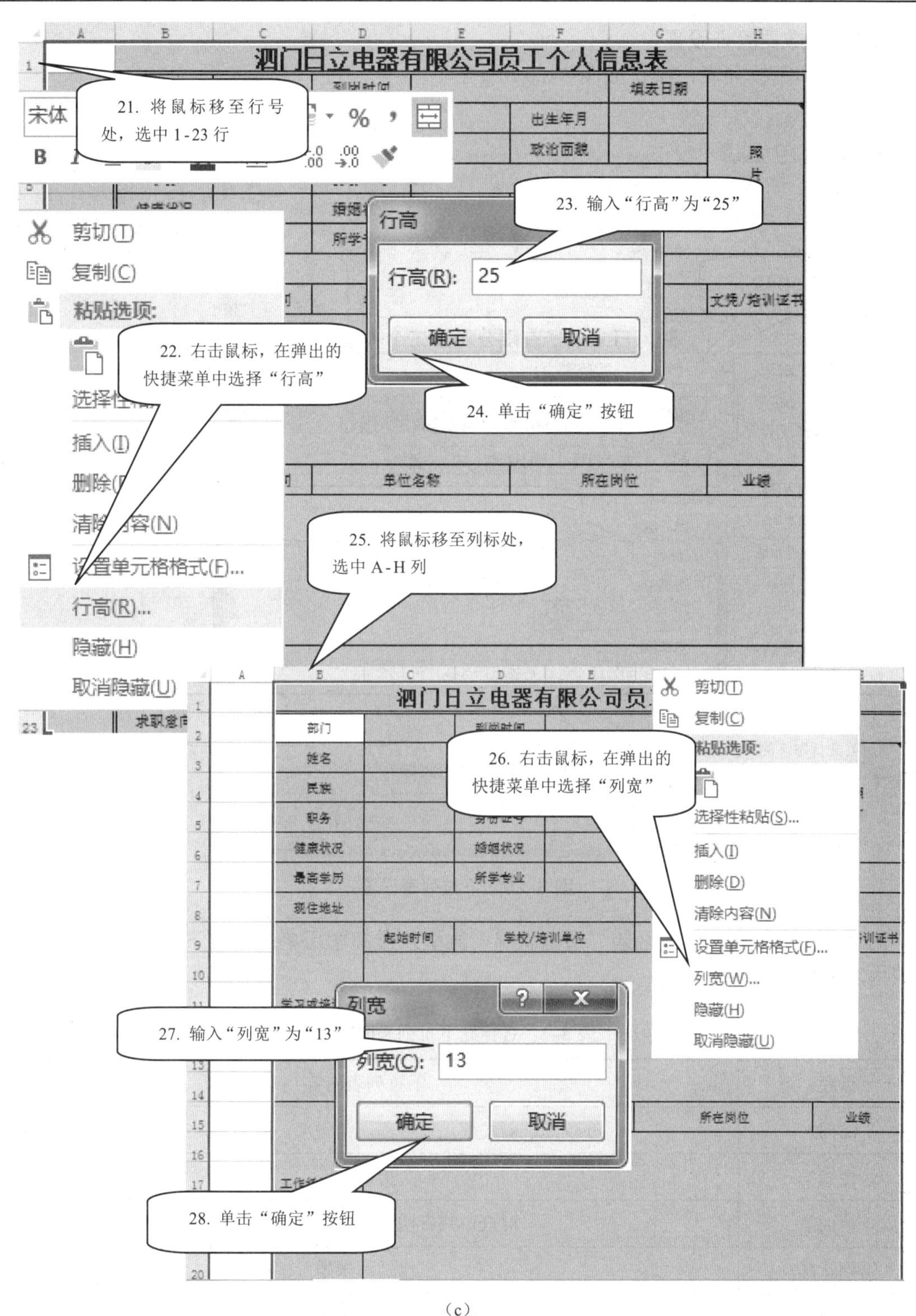

(c)

图 3-19　表格格式设置（续）

步骤 3. 数据验证设置。

（1）制作下拉列表，操作如图 3-20 所示。

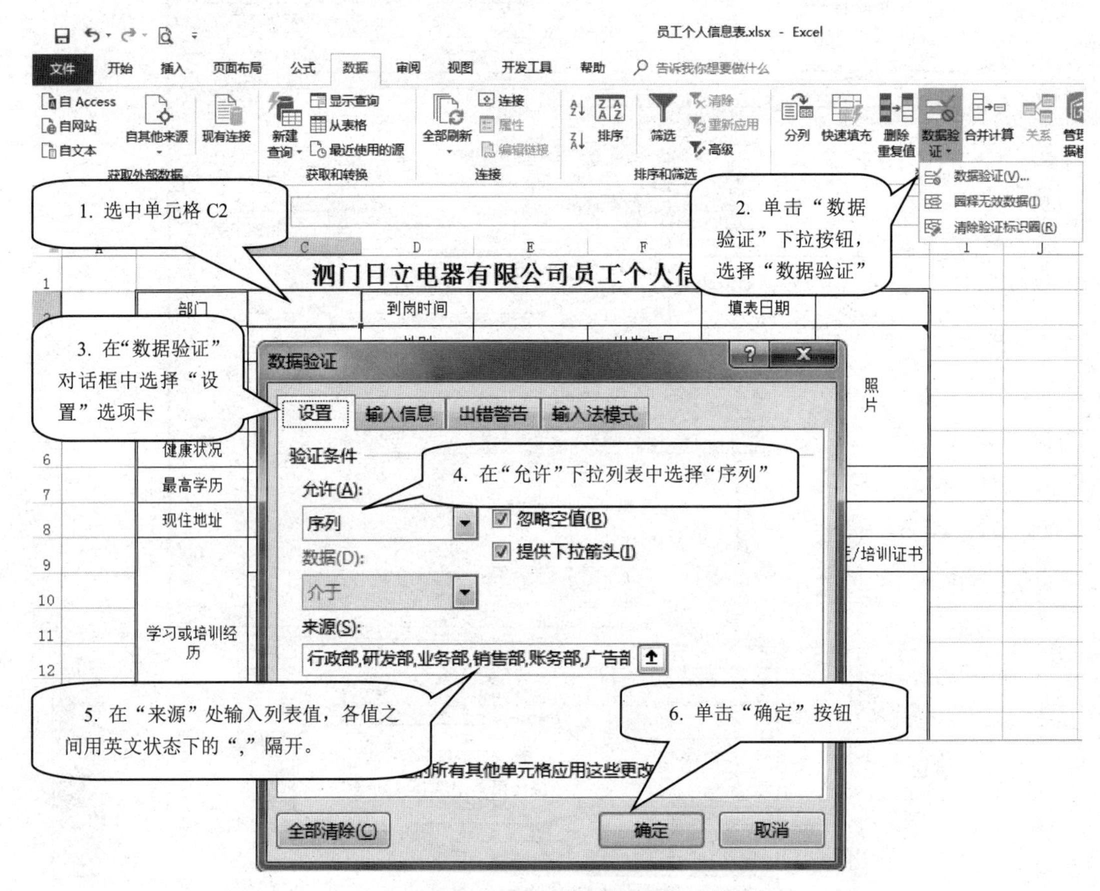

图 3-20　下拉列表设置

同理，完成性别、政治面貌、婚姻状况、血型及最高学历单元格的下拉列表制作。下拉列表内容如表 3-1 所示。

表 3-1　各标题下拉列表内容

标题	下拉列表内容
部门	行政部，研发部，业务部，销售部，财务部，广告部
性别	男，女
政治面貌	群众，共青团员，共产党员，其他
婚姻状况	已婚，未婚
血型	A 型，B 型，AB 型，O 型
最高学历	初中，高中，中专，专科，本科，硕士，博士

（2）设置输入提示信息，操作如图 3-21 所示。

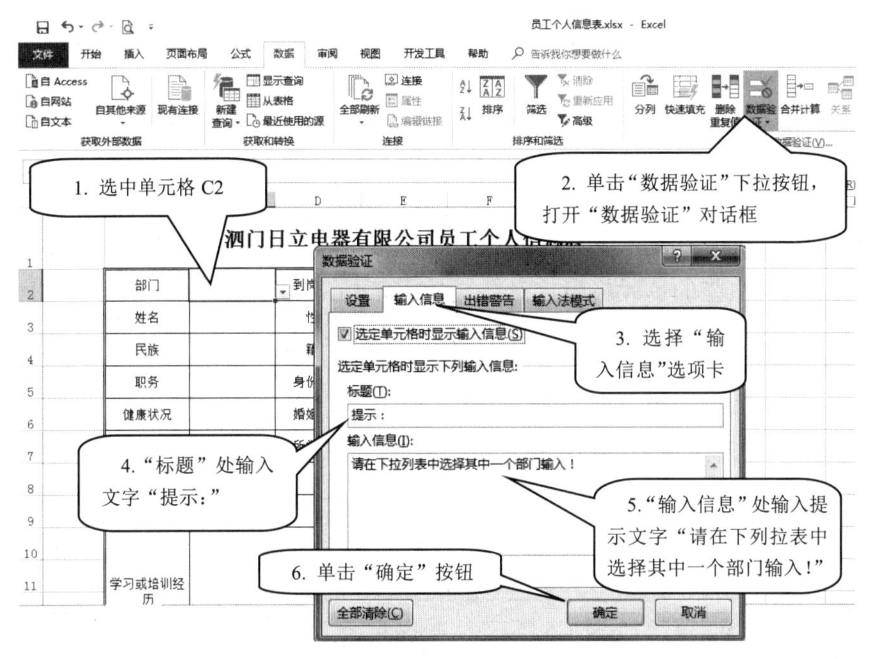

图 3-21　设置输入信息

步骤 4. 使用批注。

使用批注对照片的尺寸进行说明，操作如图 3-22 所示。

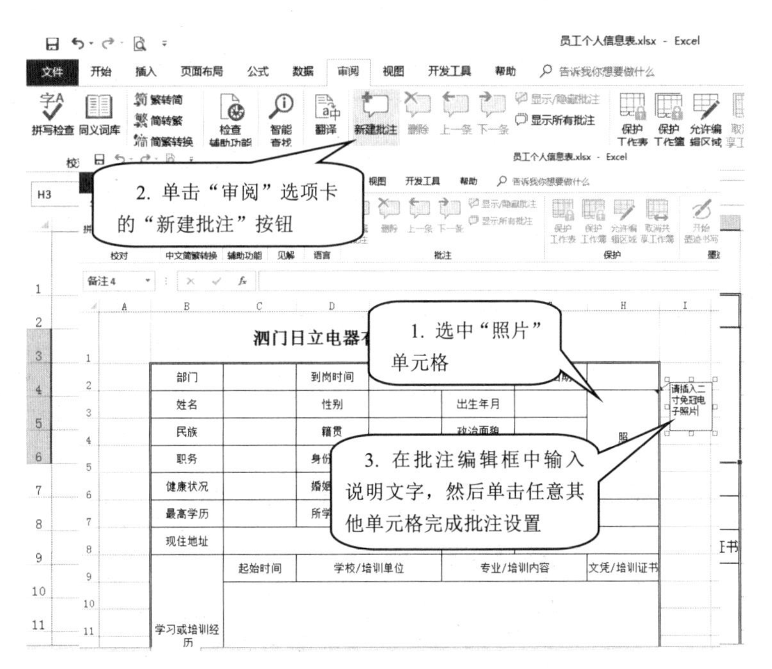

图 3-22　使用批注

职场经验

1.“数据验证”对话框中的“输入信息”也能制作类似于批注的说明性文字，两者可通用。

2. 制作下拉列表时，在“数据验证”对话框的“设置”选项卡中，“来源”处中可以手工输入数据，也可以单击右侧的“单元格区域选择”按钮 来源(S): ，选择单元格区域。如果数据来源是通过“单元格区域选择”按钮完成，当单元格区域内容发生变化或丢失时，相应的下拉列表内容也会发生变化。

3. 可设置填写血型的单元格自定义格式为“@型”。

职场延伸

制作如图 3-23 所示的家政服务员个人档案表。要求插入如图 3-23 所示的批注，性别、文化程度、婚否、政治面貌等信息能通过下拉列表输入，身份证号码填写框数据验证设为文本长度 18 位，出错时弹出如图 3-24 所示的出错警告框。

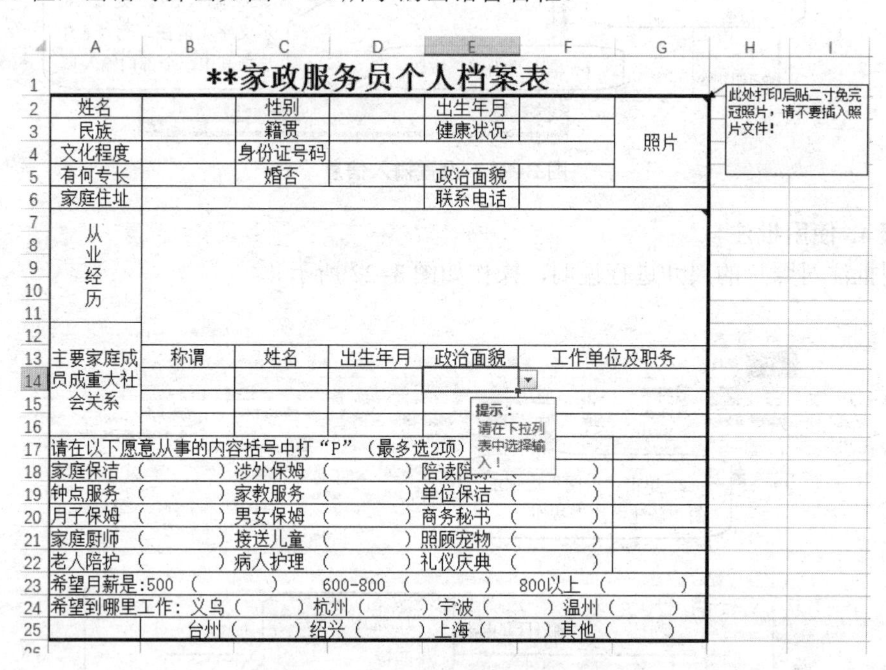

**家政服务员个人档案表

姓名		性别		出生年月		照片
民族		籍贯		健康状况		
文化程度		身份证号码				
有何专长		婚否		政治面貌		
家庭住址				联系电话		
从业经历						
主要家庭成员成重大社会关系	称谓	姓名	出生年月	政治面貌	工作单位及职务	
请在以下愿意从事的内容括号中打“P”（最多选2项）						
家庭保洁（	）涉外保姆（	）陪读陪…	（	）		
钟点服务（	）家教服务（	）单位保洁（		）		
月子保姆（	）男女保姆（	）商务秘书（		）		
家庭厨师（	）接送儿童（	）照顾宠物（		）		
老人陪护（	）病人护理（	）礼仪庆典（		）		
希望月薪是:500（	）	600-800（	）	800以上（	）	
希望到哪里工作：义乌（	）杭州（	）宁波（	）温州（	）		
	台州（	）绍兴（	）上海（	）其他（	）	

图 3-23　家政服务员个人档案表

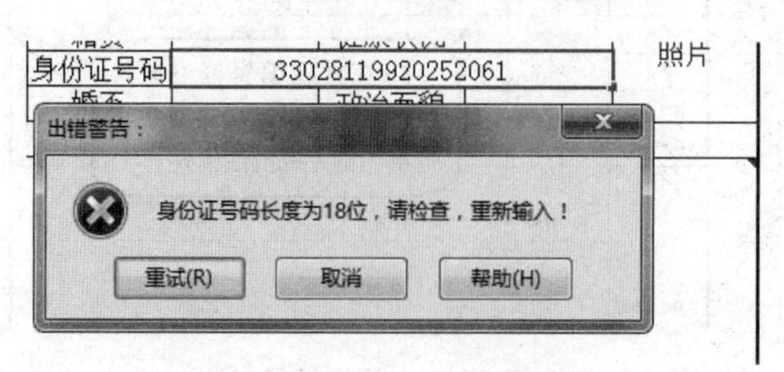

图 3-24　出错信息设置

学习评价

本节内容学习已经结束，你都学会了吗？给自己评个分吧！

评分内容	分值	自评分	评分细则
“学习准备”掌握情况	100		1. 能独立完成：80～100 分 2. 能在老师和同学的帮助下完成：60～80 分 3. 不能完成：0～60 分
“学习案例”操作情况	100		
“职场延伸”任务操作情况	100		
合计	300		

3.3　销售总结月报表的制作

职场情境

短短几天时间，小杨已经能快速准确地录入表格内容，设置表格格式，完成员工资料表、个人信息表等人事类表格的制作，接下来小杨开始制作工资表、销售报表等一系列表格。这些表格结构相对简单，但是使用频率则高得多，几乎每月、每周、甚至每一天都要用到，为了不必每次都重新制作、修改表头、加上表格内容，小杨想到了用动态表头来实现。

学习目标

- **相关理论知识点：**了解 TODAY( )、MONTH( )、YEAR( ) 等日期函数的用途
- **相关技能知识点：**掌握动态表头的制作，以及斜线表头的绘制

学习准备

1. 常用日期函数的应用

函数是 Excel 预先定义的内置公式，由函数名、参数和小括号三个部分组成，小括号内部为参数，有多个参数时，用逗号隔开。

常用的日期函数如下。

- TODAY 函数：TODAY()，该函数不需要参数，用于返回当前系统日期，应用示例如图 3-25 所示。

	A	B	C
1	函数名	举例	运算结果
2	today	=TODAY()	2018/8/16

图 3-25　TODAY 函数

- MONTH 函数：MONTH（serial_number），serial_number 必须为一个日期值，其中包含着要查找的月份，用于返回以序列号表示的日期中的月份，应用示例如图 3-26 所示。

	A	B	C	D	E
1	函数名	举例	运算结果	备注	
2	today	=TODAY()	2018/8/16	计算机系统当天时间	
3		=month(C2)	8	C2单元格中日期的月份	
4	month	=month("2018/8/16")	8		

图 3-26　MONTH 函数

● YEAR 函数：YEAR（serial_number），serial_number 必须为一个日期值，其中包含要查找年份的日期，用于返回某日期对应的年份，应用示例如图 3-27 所示。

	A	B	C	D	E
1	函数名	举例	运算结果	备注	
2	today	=TODAY()	2018/8/16	计算机系统当天时间	
3		=year(C2)	2018	C2单元格中日期的年份	
4	year	=year("2018/8/16")	2018		

图 3-27　YEAR 函数

2. 连接符“&”

连接符“&”可以连接单元格的值，可以连接字符串的值，也可以连接字符串和单元格的值。连接字符串时给相应的字符串加上英文输入法状态下的双引号，应用示例如图 3-28 所示。

	A	B	C
1	单元格内容	示例	结果
2	小李的学号是	=A2&A3	小李的学号是12
3	12	="小李的学号是"&A3	小李的学号是12
4		=A2&"12"	小李的学号是12

图 3-28　连接符“&”应用示例

3. 绘制斜线表头

Excel 中绘制斜线表头，可以右击鼠标，在弹出的快捷菜单中选择“设置单元格格式”或按组合键 Ctrl+1，通过“设置单元格格式”对话框中的“边框”选项卡实现，如图 3-29 所示。

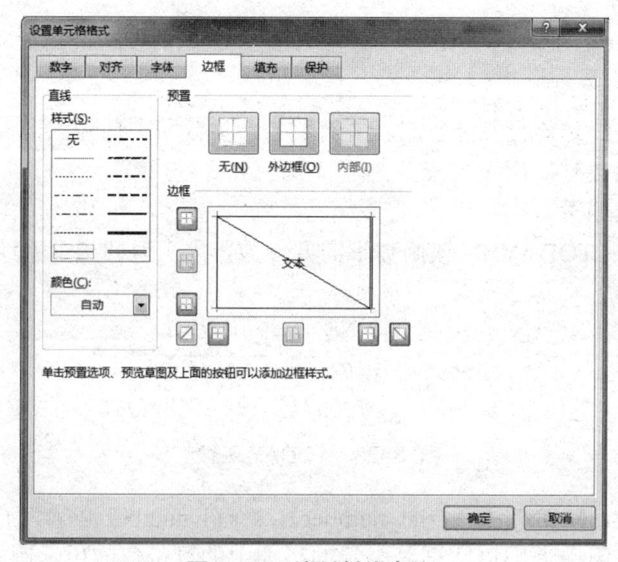

图 3-29　绘制斜线表头

学习案例

【案例展示】

利用函数和斜线表头制作公司的月销售工作总结，要求标题日期自动更新，表头为斜线表头，效果如图 3-30 所示。

	A	B	C	D	E	F	G	H
1	2018年5月份销售工作总结							
2	区 域：			业务员：			总结日期：	2018/5/24
3	周 次		一	二	三	四	五	总计
4	销售量	目 标						
5		实 际						
6	实 际 出 货 数							
7	访问店数	目 标						
8		实 际						
9	分销店数	目 标						
10		实 际						
11	订单	目 标						
12		实 际						
13	实销	目 标						
14		实 际						
15	核心售点订单	目 标						
16		实 际						
17	核心售点实销	目 标						
18		实 际						
19	产品陈列/POP	目 标						
20		实 际						
21	工作总结	问题点：						
22	备注：							
23	本表每月末填1次，并于下月4日与考勤表一起发传真给部门李安收。							

图 3-30　月销售工作总结

【案例分解】（图 3-31）

图 3-31　具体实施步骤

【操作步骤】

步骤 1. 动态标题制作。启动 Microsoft Excel 2016，在空白工作表 Sheet1 中制作动态标题，操作如图 3-32 所示。

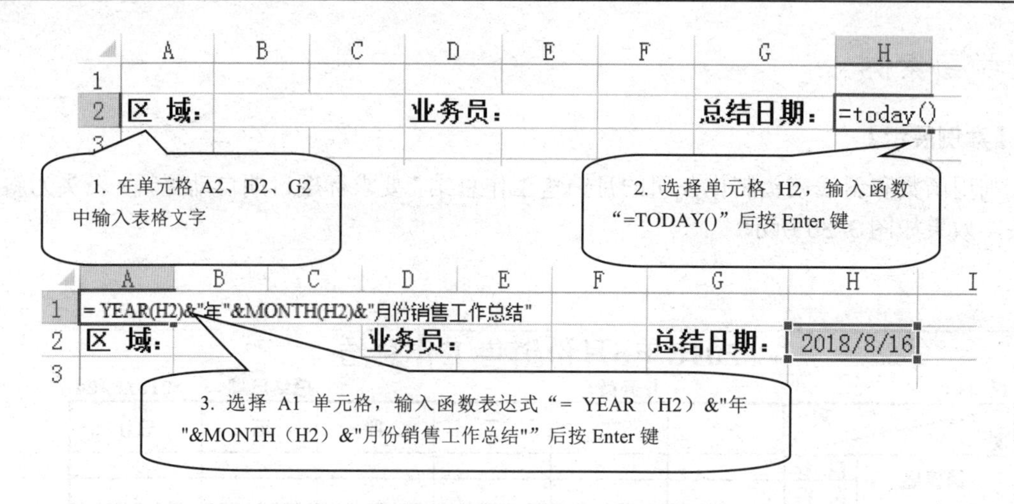

图 3-32　动态标题制作

步骤 2. 输入表格内容并设置格式。输入斜线表头之外的表格内容，并设置表格内容格式及边框等，操作如图 3-33 所示。

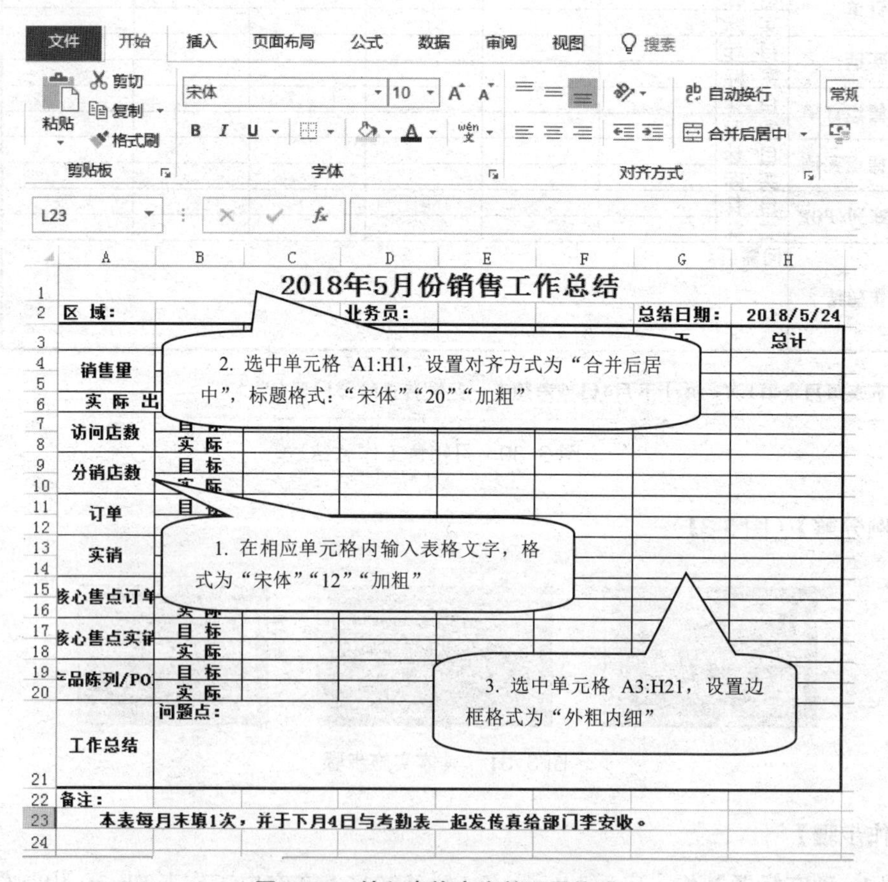

图 3-33　输入表格内容并设置格式

步骤 3. 绘制斜线表头。

（1）插入斜线表头，操作如图 3-34 所示。

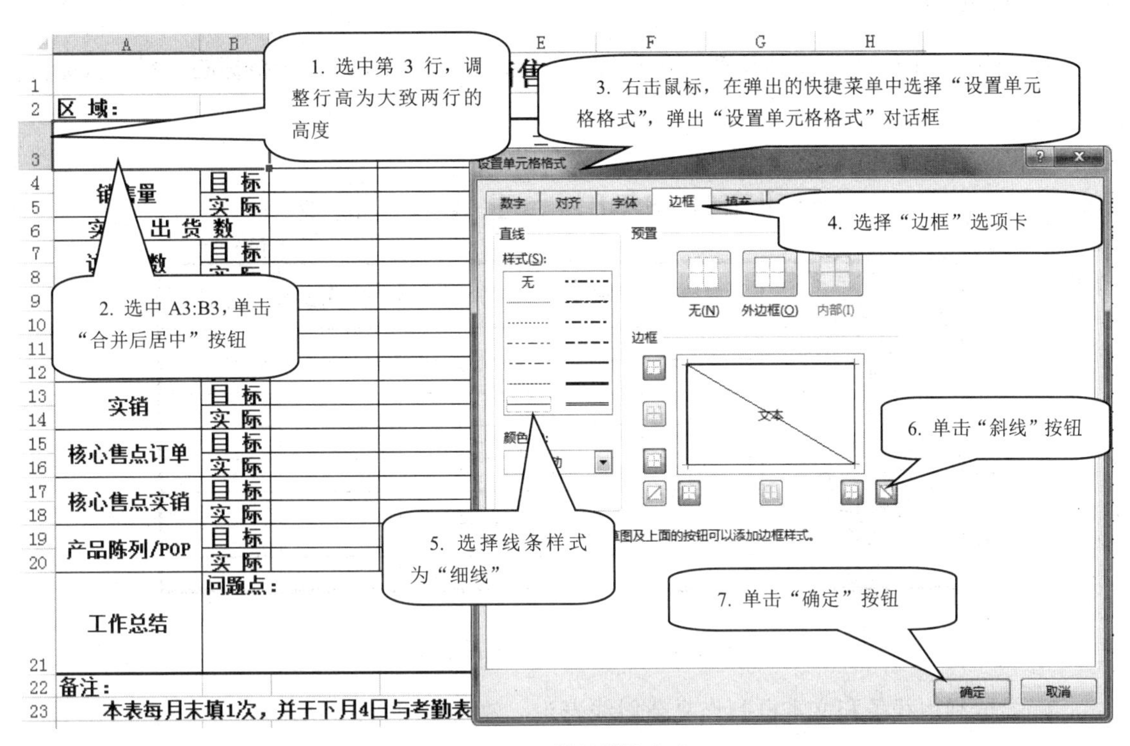

图 3-34　绘制斜线表头

（2）输入表头文字，输入表头文字“周次”和“项目”，操作如图 3-35 所示。

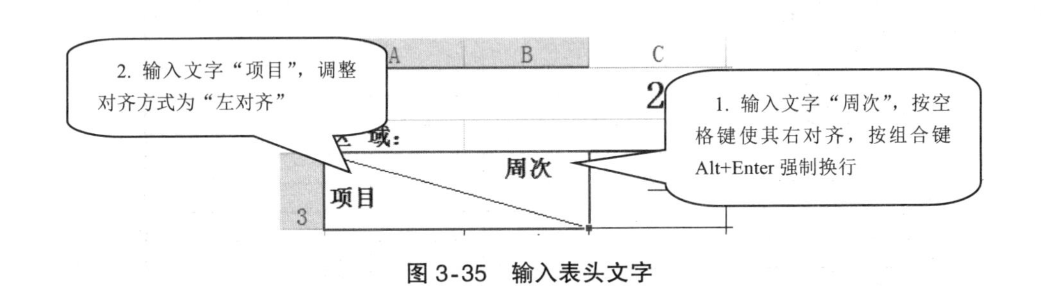

图 3-35　输入表头文字

职场经验

1. 插入函数的方法：① 知道函数名称和使用方法，可直接在编辑栏或单元格中输入函数；② 单击编辑栏处的 f_x 按钮或单击“公式”|“函数库”|“插入函数” f_x 按钮，在弹出的“插入函数”对话框中选择相应的函数，此方法可用于对函数名称或使用方法未知时。

2. 在斜线表头中输入文字，利用“Alt+Enter”组合键在单元格内强制换行，并结合光标和空格键对文字进行位置的调整。

3. 如果对某个函数的用法不是很清楚，可以在帮助中查看。

 职场延伸

1. 制作如图 3-36 所示的超市营业收入月报表，要求利用函数使表格标题中*年*月能自动更新。

**超市2018年8月营业收入月报表

（单位：元）

分店名称 收入项目	总部	分店1	分店2	分店3	总计
日用品销售					
手机销售					
服装销售					
化妆品销售					
箱包销售					
鞋帽销售					
其他					
合计					

图 3-36　超市营业收入月报表

2. 尝试利用线条和文本框制作复杂斜线表头，效果如图 3-37 所示。

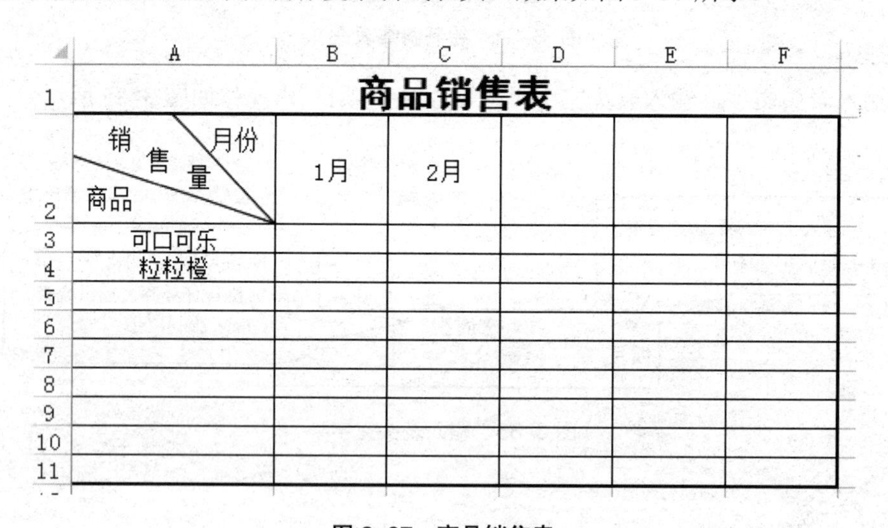

商品销售表

月份 销售量 商品	1月	2月			
可口可乐					
粒粒橙					

图 3-37　商品销售表

学习评价

本节内容学习已经结束，你都学会了吗？给自己评个分吧！

评分内容	分值	自评分	评分细则
“学习准备”掌握情况	100		1. 能独立完成：80～100 分 2. 能在老师和同学的帮助下完成：60～80 分 3. 不能完成：0～60 分
“学习案例”操作情况	100		
“职场延伸”任务操作情况	100		
合计	300		

3.4　各类报表打印

职场情境

最近经理要求小杨把前面整理的员工基本信息表打印出来，要求员工再仔细核对一下自己的信息，小杨自信满满地接受了任务。

学习目标

◆ **相关理论知识点：** 工作表页面设置，页眉页脚设置及打印标题、打印区域设置等

◆ **相关技能知识点：** 自定义页眉页脚，设置始终打印标题行

学习准备

1. 页面格式设置

打印工作表之前页面格式的设置很关键，可通过 Excel“页面布局”选项卡进行页面格式的设置，如图 3-38 所示。

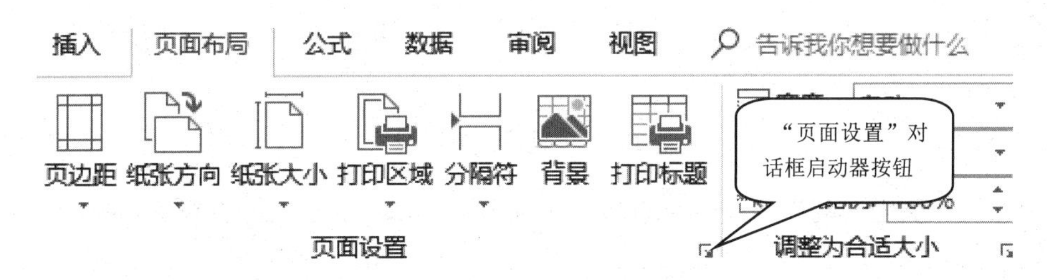

图 3-38　“页面布局”选项卡

“页面设置”组由“页边距”“纸张方向”“纸张大小”“打印区域”等组成，其中单击“打印区域”可以设置打印范围的大小，单击“打印标题”可以使每一页都显示标题，单击“背景”可以添加背景图片对打印的工作表进行美化。

也可以通过“页面设置”对话框对页面格式进行设置，如图 3-39 所示。

图 3-39 “页面设置”对话框

●“页面”选项卡：由“方向”“缩放”“纸张大小”“打印质量”“起始页码”五部分组成，通过该选项卡可以选择打印纸张的方向及大小等。

●“页边距”选项卡：调整打印内容在纸张中的位置。

●“页眉/页脚”选项卡：可插入系统提供的页眉页脚格式，也可以自定义页眉页脚格式。

●“工作表”选项卡：可对打印区域、打印标题以及网格线等进行设置。

2. 视图的选择

通过“视图”选项卡中的“工作簿视图”组选择不同的视图方式，也可以对工作表进行页面格式设置，如图 3-40 所示。

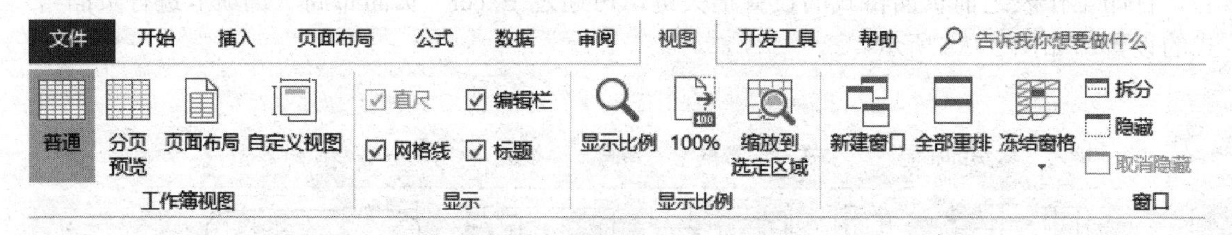

图 3-40 “视图”选项卡

其中通过“页面布局”视图可以直接自定义页眉页脚，通过“分页预览”视图可以拖动分页符调整打印工作表区域的大小。

学习案例

【案例展示】

本案例要求“员工基本情况记录表”打印时需有页眉页脚，每一张页面有标题，页面内容居中，保证第一张页面显示 33 条记录，最终打印效果如图 3-41 所示。

泗门日立电器员工基本情况记录表

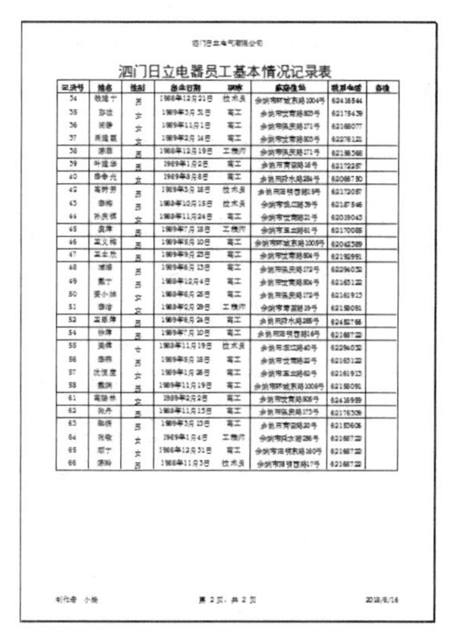

泗门日立电器员工基本情况记录表

图 3-41　员工基本情况打印稿

【案例分解】（图 3-42）

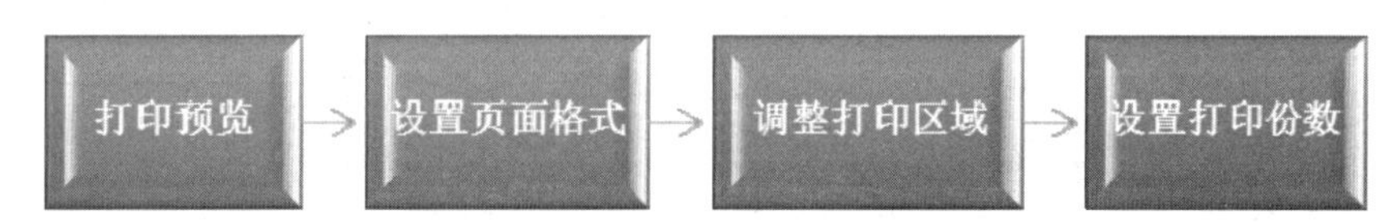

图 3-42　具体实施步骤

【操作步骤】

步骤 1. 打印预览。打开 3.4 节学习案例中的员工基本情况记录表工作簿，单击“文件”|“打印”，预览打印效果是否合理，操作如图 3-43 所示。

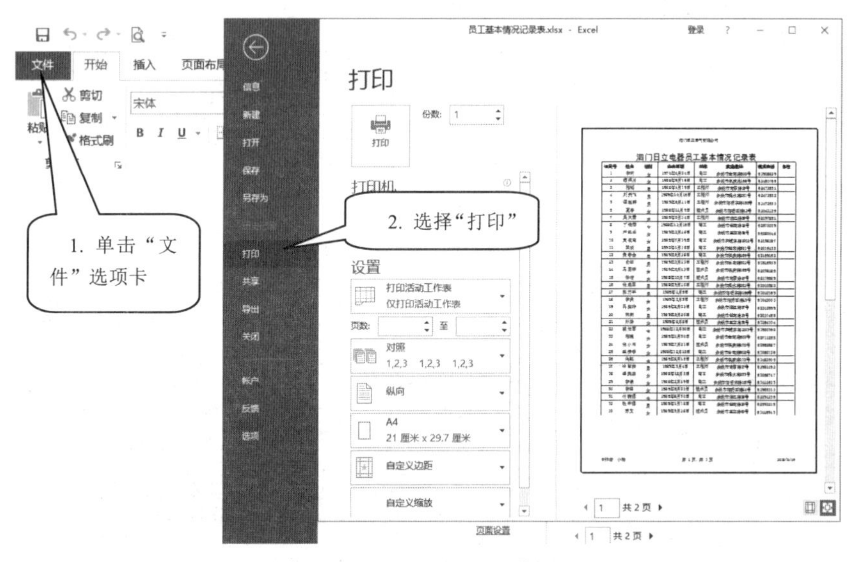

图 3-43　打印预览

从预览效果中可以看出效果不是很理想，页面内容不能完全显示。

步骤 2. 设置页面格式。

（1）纸张方向设置，操作如图 3-44 所示。

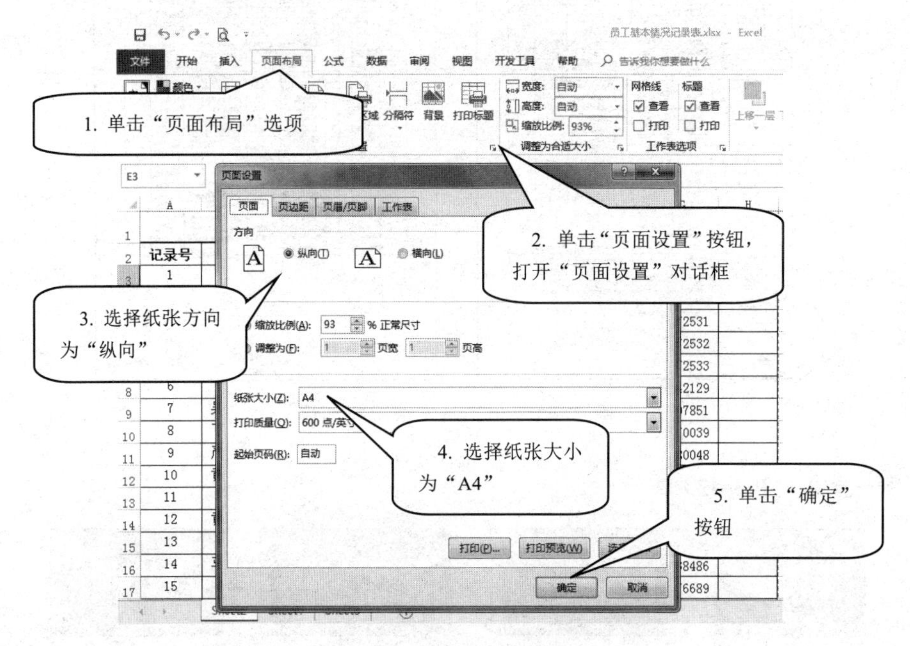

图 3-44　纸张方向设置

（2）页边距设置，操作如图 3-45 所示。

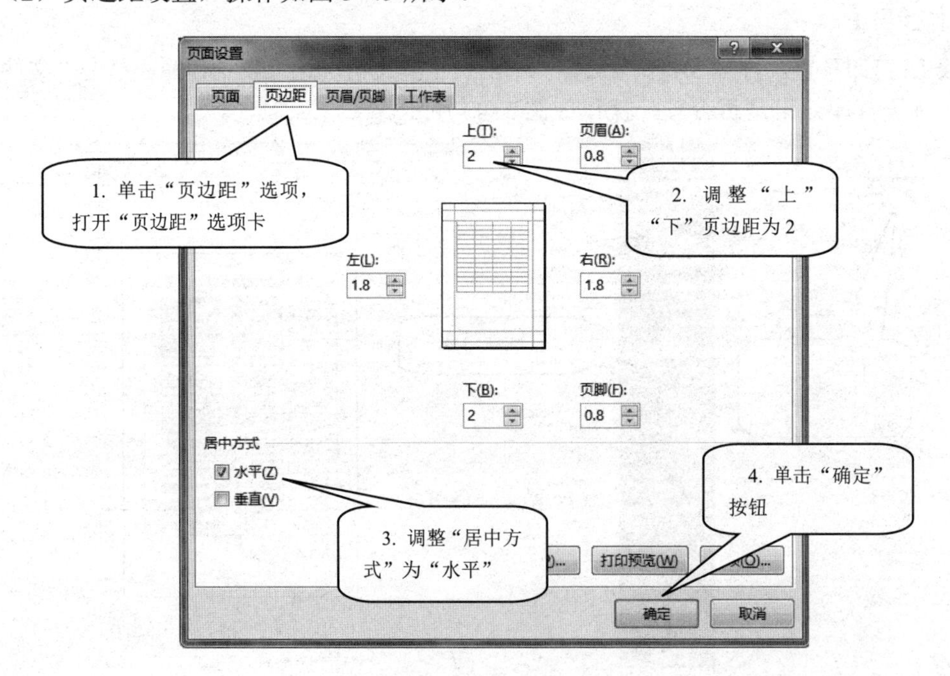

图 3-45　页边距设置

（3）添加页眉/页脚，操作如图 3-46 所示。

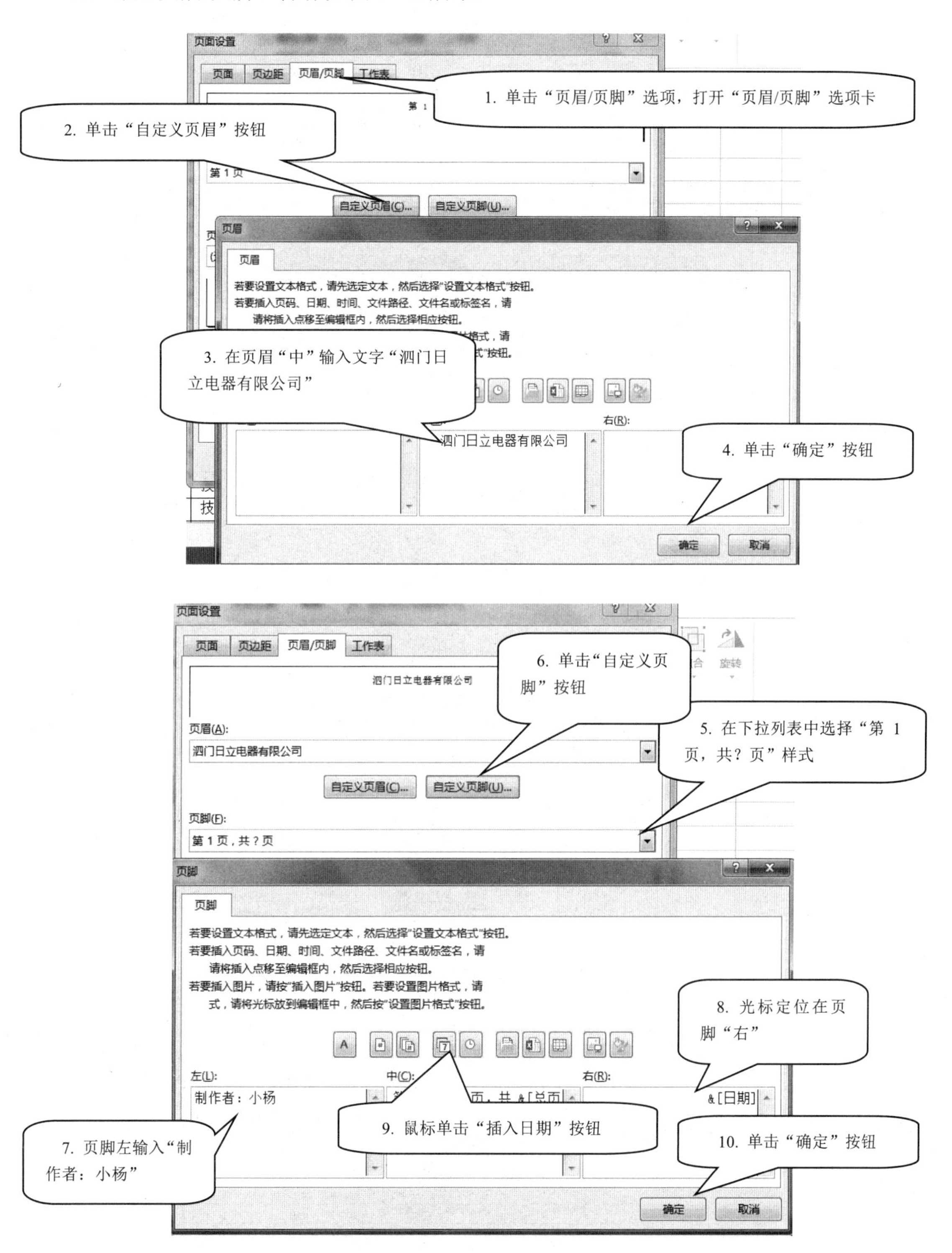

图 3-46　添加页眉/页脚

（4）设置始终打印标题行，操作如图 3-47 所示。

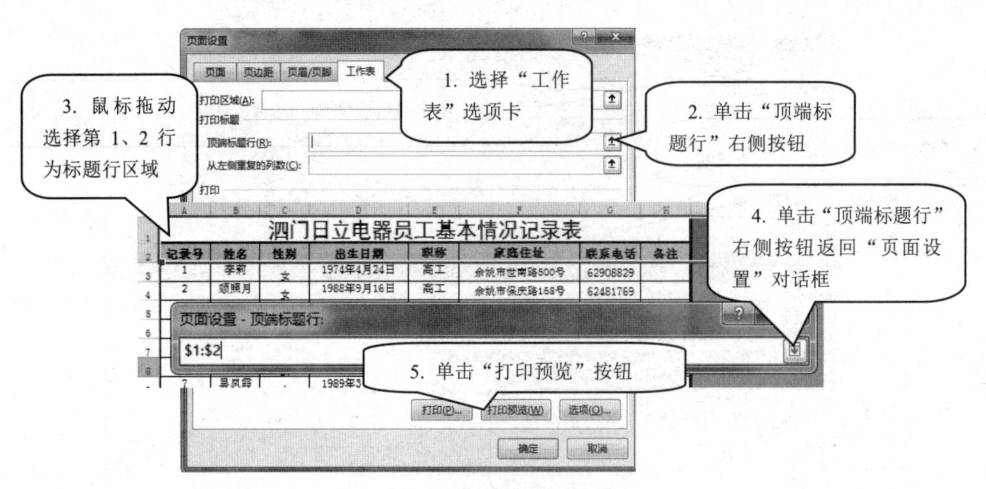

图 3-47　设置始终打印标题行

通过单击“打印预览”按钮预览打印效果，发现“备注”列超出打印范围，第一页打印内容过多。

步骤 3. 调整打印区域。

（1）调整行高为 25 像素。

（2）单击“视图”|“分页预览”进入分页预览视图模式，通过拖动“分页符”虚线调整打印区域，操作如图 3-48 所示。

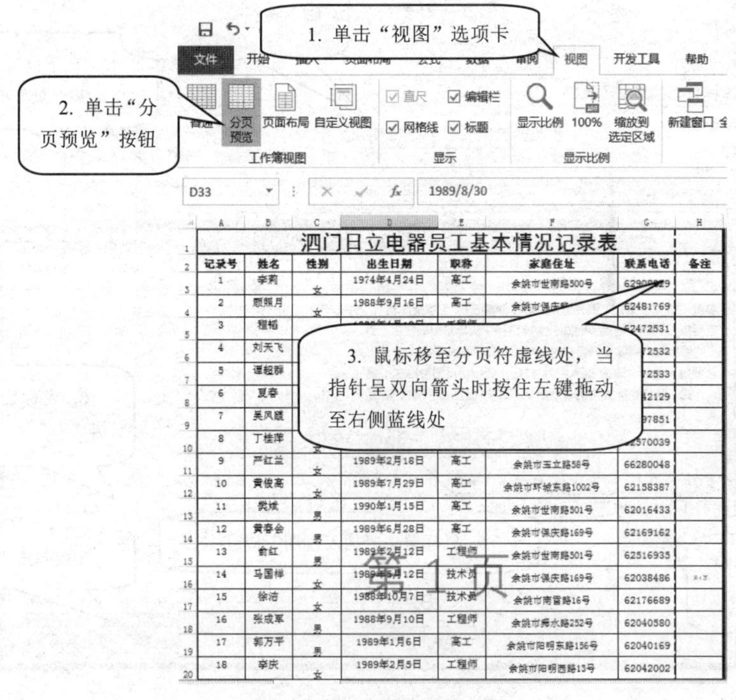

图 3-48　调整打印区域

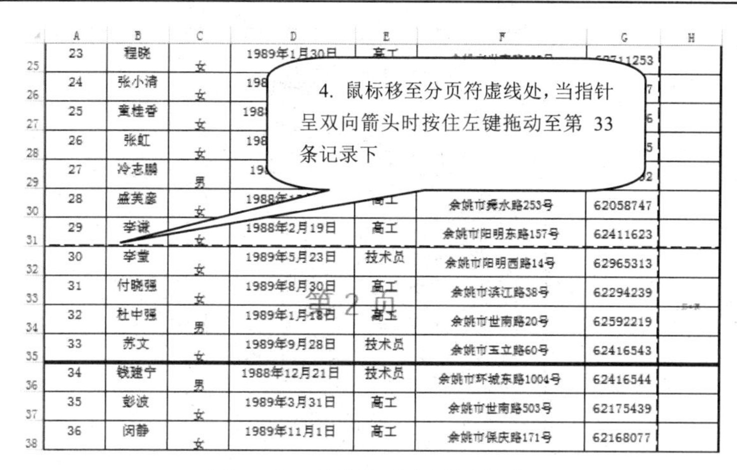

图 3-48　调整打印区域（续）

步骤 4. 设置打印份数。单击“文件”|“打印”预览打印效果。若不满意，进行相应调整；若满意，则设置打印的份数并打印，操作如图 3-49 所示。

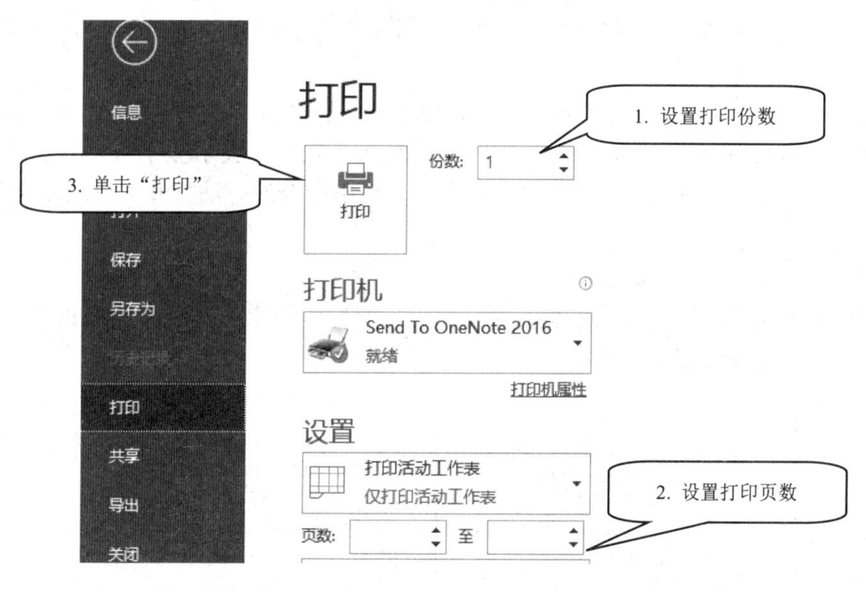

图 3-49　打印份数及页数设置

职场经验

1. 页边距也可以在打印预览时手工调整，通过单击打印预览界面的右下角“显示边距”按钮，预览页面出现一些虚线条，它们分别表示左、右、上、下页边位置。在代表页边距的虚线两端有小黑块，鼠标指针移到黑块（或虚线）上，指针呈双向箭头，沿着箭头方向移动黑块（或虚线）时相应的虚线就会随之移动，从而达到调整页边距的目的。在页面上端还有一些小黑块，它们表示各列的分界线，拖动它们可以调整各列的打印宽度，如图 3-50 所示。

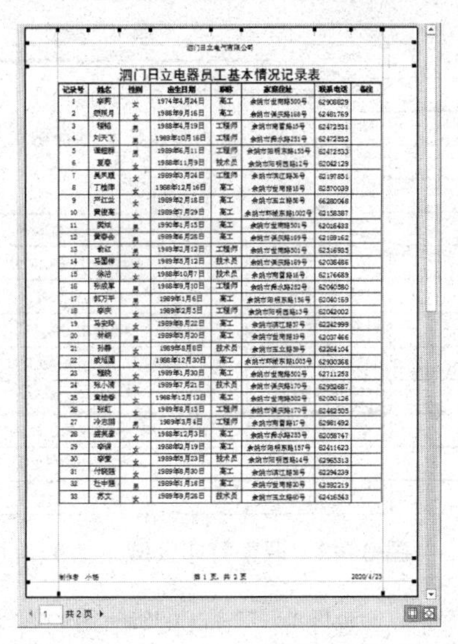

图 3-50　页边距调整

2. 通过“分页预览”视图分页符的调整可以保证每页打印的记录数相同，可以使打印效果更美观。

3. 通过“打印预览”界面切换到“页面设置”对话框时，切换到“工作表”选项卡，其中打印区域、顶端标题行、左端标题列等右侧均显示为灰色，表示呈不可用状态。若要使它们呈可用状态，必须用执行“文件”｜“页面布局”菜单命令的方法打开“页面设置”对话框。

职场延伸

参考本学习案例设置“职工基本情况记录表”的打印效果，要求有页眉页脚，第一页显示 40 条记录，效果如图 3-51 所示。

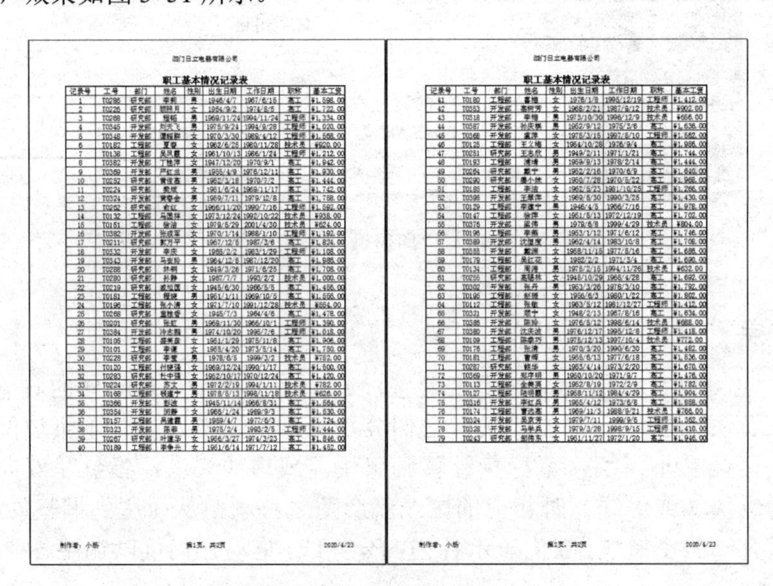

图 3-51　职工基本情况记录表

学习评价

本节内容学习已经结束，你都学会了吗？给自己评个分吧！

评分内容	分值	自评分	评分细则
“学习准备”掌握情况	100		1. 能独立完成：80～100 分 2. 能在老师和同学的帮助下完成：60～80 分 3. 不能完成：0～60 分
“学习案例”操作情况	100		
“职场延伸”任务操作情况	100		
合计	300		

3.5　小结与挑战

【本章小结】

本章主要介绍公司常用表格的制作，包括员工档案资料表、员工个人信息表、销售总结月报表，以及各类报表的打印等，其中包含快速输入数据、自定义数据格式、表格格式设置、数据有效性、常用日期函数的应用、绘制斜线表头、页面格式设置、打印区域调整等知识点。

1. 员工档案资料表的制作：归纳出档案资料表中的相似数据，利用快速输入数据的方法和自定义数据格式快速完成表格数据的输入。

2. 员工个人信息表：利用“数据验证”选项卡中的“设置”选项卡制作下拉列表，同时使用批注对一些表格内容进行解释，可使员工快速便捷地完成个人信息的输入。

3. 销售总结月报表：使用函数制作动态标题使月报表每月自动更新，可减少工作量。利用斜线表头使月报表框架更加清晰。

4. 各类报表的打印：综合使用页面格式设置，调整打印区域可打印出美观、清晰的各类工作报表。

【自我挑战】

1. 对照“3.5 素材”文件夹中的“挑战 1”素材，按照样稿快速完成表格数据的录入。

2. 打开“3.5 素材”文件夹中的“挑战 2”素材，添加动态标题“XX 公司*月员工工资汇总表”；根据批注提示完成下拉列表的制作，完成后删除所有批注；并打印该工资汇总表，保证汇总表的每一页有页眉和页脚，页眉为“XX 公司*月员工工资汇总表”，页脚为“制作者 XXX 第？页，共？页　　当前日期”，每页显示 40 条信息。

第 4 章　销售业绩统计与分析

职场任务

销售业绩初步统计与分析 → 销售业绩的透视分析 → 产品销售情况的动态图表分析

4.1　销售业绩初步统计与分析

职场情境

目前，市场竞争日益激烈，泗门日立电器有限公司销售部要及时了解各类产品的销售情况，以便随时调整策略，同时销售业绩作为员工考核奖励的重要依据，因此也要随时统计各销售员的业绩。

学习目标

- **相关理论知识点：** 排序，筛选，分类汇总
- **相关技能知识点：** 利用筛选、分类汇总等功能实现数据统计与分析

学习准备

1. 排序

排序是指将工作表中的数据按某种规律重新排列，分为快速排序、多条件排序和自定义排序等。

单条件排序可以通过快速排序实现，先将光标定位在需要排序字段的任一单元格中，再单击“数据”选项卡“排序和筛选”组的 A↓Z（升序）按钮或 Z↓A（降序）按钮即可实现排序。

多条件排序则需要单击“数据”选项卡“排序和筛选”组的“排序”按钮，打开“排序”对话框，如图 4-1（a）所示，根据要求可以添加条件，也可以删除条件，但主要关键字只有一个，当主要关键字内容相同时再按照次要关键字排序。选中“数据包含标题”复选框则表

示标题行不参加排序，未选中则表示标题行参加排序。单击“选项”按钮，在弹出的“排序选项”对话框（如图 4-1（b）所示）中可以设置排序的方向和方法。

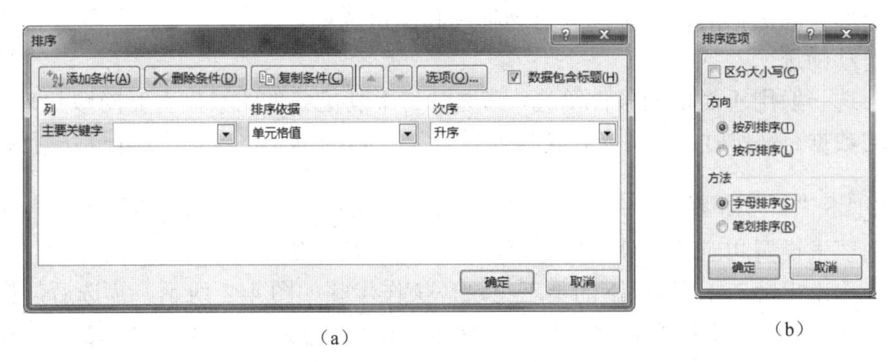

（a）　　（b）

图 4-1　排序和排序选项对话框

当排序出现无论是按“拼音”还是“笔划”来进行“升序”或“降序”都不符合要求时，需要通过自定义序列来进行排序，即在排序对话框中排序次序选择自定义序列，在打开的“自定义序列”对话框中，在“输入序列”下方的输入框中分行输入序列，如“初级”“中级”“高级”，确定后自动选择该序列，也可以选择相反序列次序排序，大致操作流程如图 4-2 所示。

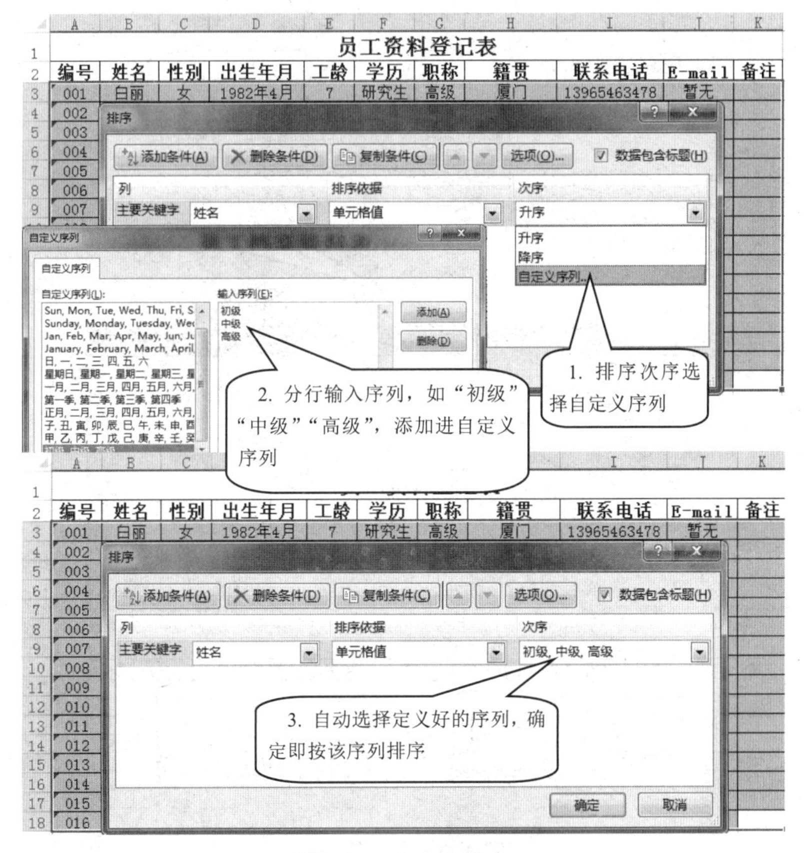

图 4-2　自定义排序

2. 筛选

筛选是一种查找和分析数据的有效方法，使用筛选功能可以迅速从大量数据中找到并显示满足指定条件的数据清单。筛选分自动筛选和高级筛选。

（1）自动筛选

自动筛选一般用于简单的条件筛选，筛选时将不满足条件的数据暂时隐藏起来，只显示符合条件的数据。操作时，先将光标定位在数据表中任一单元格或选中字段标题行，再单击“数据”选项卡“排序和筛选”组的筛选按钮，字段标题右侧出现下拉按钮，单击下拉按钮，可根据筛选要求设置相应的条件，确定后筛选出符合相应条件的记录。

如需筛选出工龄在 10 年以下的员工记录，操作步骤如图 4-3 所示。筛选后，符合条件的记录行号为蓝色，而不符合条件的记录不显示，其实质是被隐藏了。如果需要将筛选结果保存到其他位置，可以通过“复制”“粘贴”实现。再次单击“筛选”按钮，可取消筛选结果。

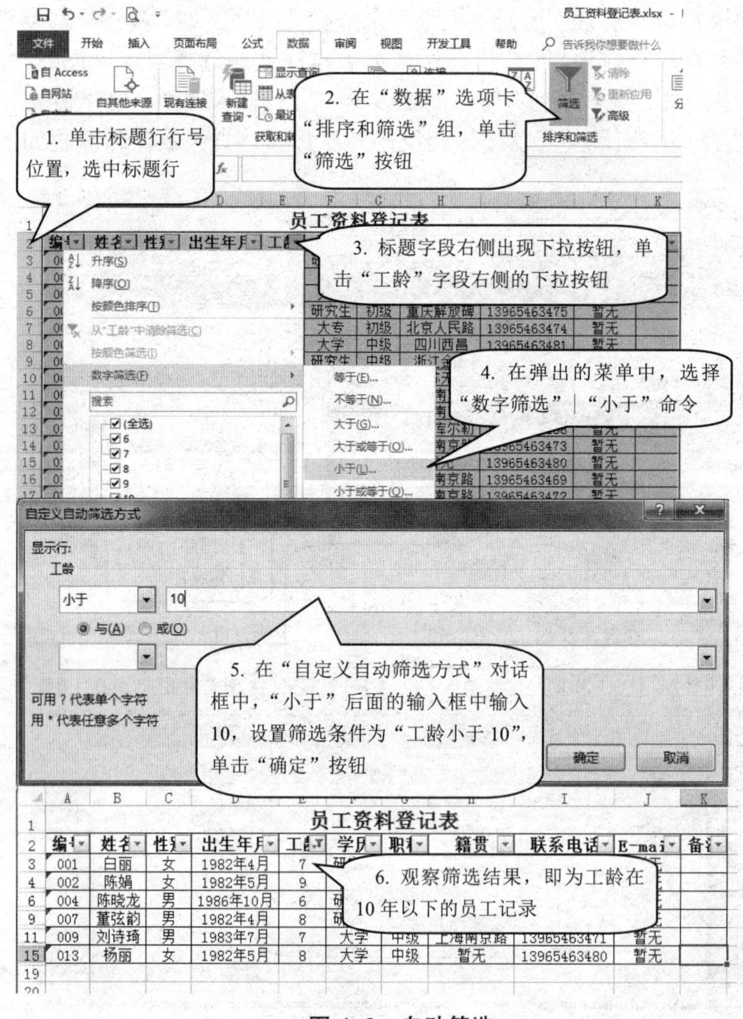

图 4-3　自动筛选

（2）高级筛选

高级筛选一般用于条件较复杂的筛选操作，其筛选的结果可显示在原数据表格中，即不符合条件的记录被隐藏；也可以在新的位置显示筛选结果，方便进行数据对比。

进行高级筛选之前，需根据要求准确设置筛选条件，注意条件要设置在与数据表区域不相连的空白位置。条件放在同一行表示“与”的关系，即两个条件要同时满足；条件放在不同行表示“或”的关系，即两个条件只要满足一个即可。如图 4-4 所示，条件 1 可筛选出“学历为研究生且职称为高级”的员工记录，而条件 2 可筛选出“学历为研究生或职称为高级”的员工记录。具体操作步骤将在学习案例操作中介绍。

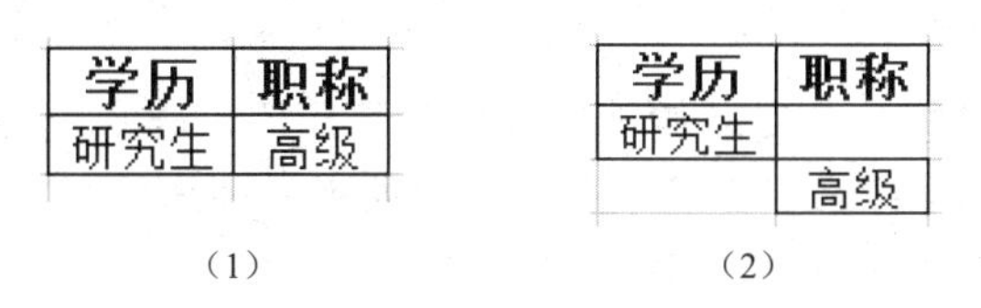

学历	职称
研究生	高级

（1）

学历	职称
研究生	
	高级

（2）

图 4-4　高级筛选条件设置

3. 分类汇总

分类汇总是分析数据的一种重要手段。Excel 提供的分类汇总功能可以在原有数据的基础上，分级显示数据清单，汇总数据，并可根据需要显示或隐藏明细数据行。在进行分类汇总前，必须先根据分类字段进行排序；然后在“分类汇总”对话框中正确设置分类字段、汇总方式、选定汇总项等，确定得到分类统计相应结果，如图 4-5 所示的操作可分类统计男女员工的平均工龄；通过单击数据表左侧的分级显示按钮，可分级显示统计结果。再次进入“分类汇总”对话框，单击左下角的“全部删除”按钮完成清除分类汇总统计结果。

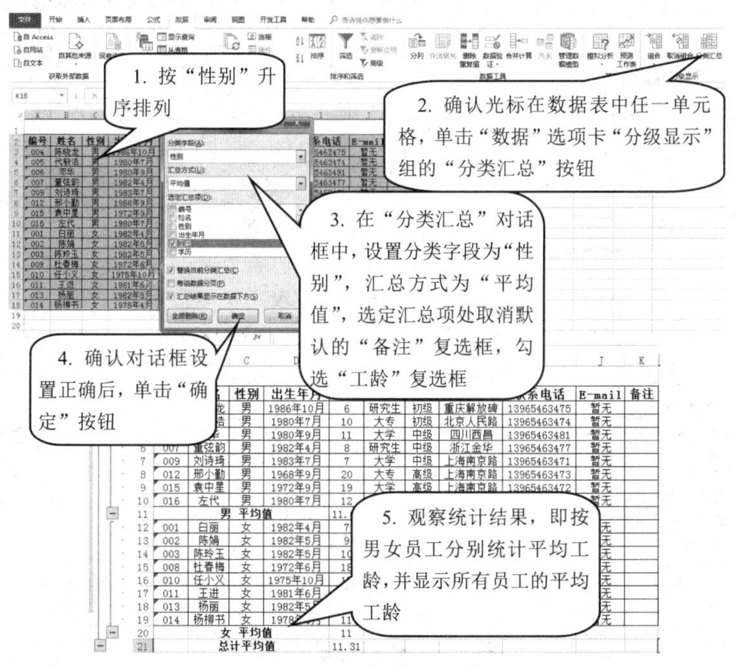

图 4-5　分类汇总

学习案例

【案例展示】

泗门日立电器有限公司 2012 年 11 月份的产品销售情况已经出炉，现需按下列要求进行统计：

（1）按商品名称升序排序，同一商品按销售额降序排序；

（2）筛选出电暖器、电磁炉的销售情况，并按商品名称降序排序；

（3）筛选出销售员李林销售量不足 100 或销售额超过 30 000 的记录，在数据表右侧空白处显示；

（4）按商品名称分类统计各商品的销售总额和平均值，要求最终仅显示统计信息。

注意：为便于对比统计结果，要求每个统计结果都在独立的新工作表中呈现，且按需命名工作表，任务完成效果如图 4-6 所示。

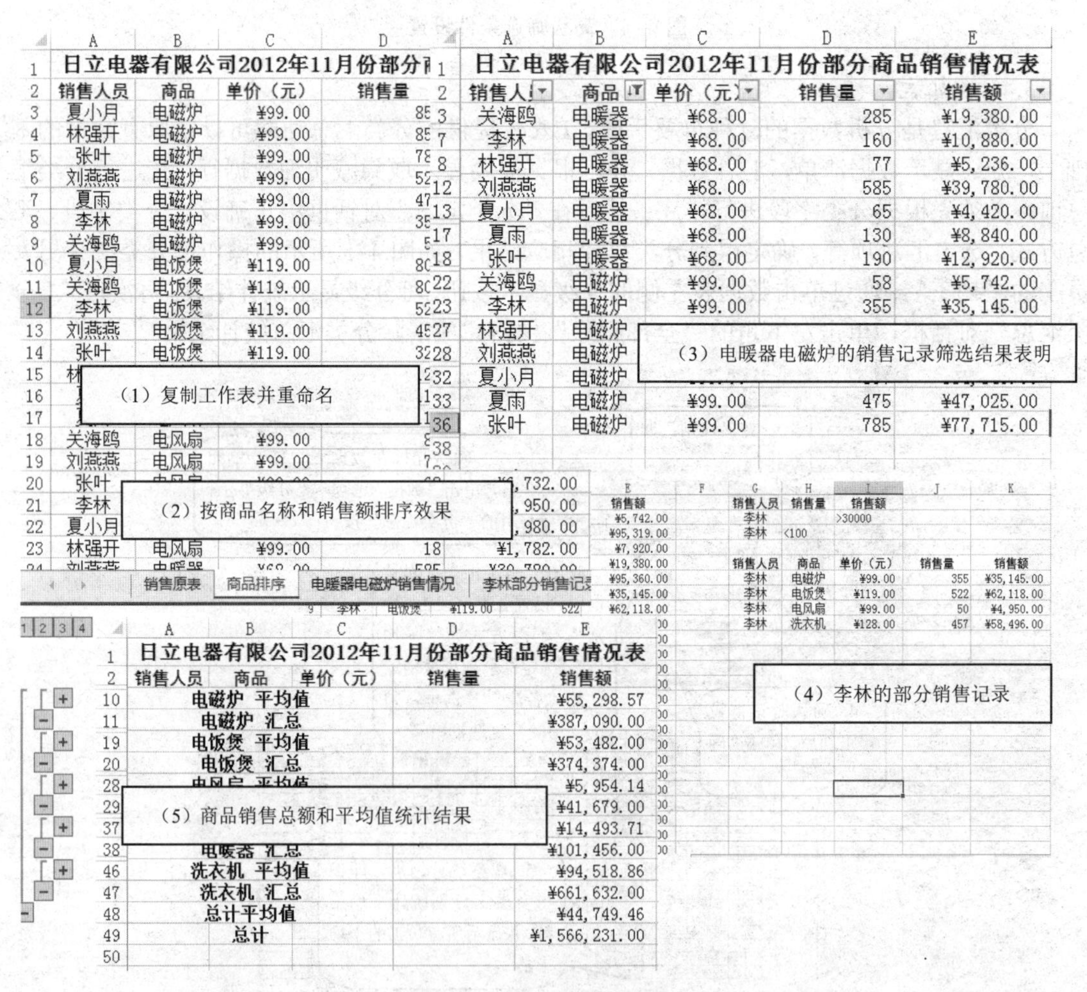

图 4-6 任务完成效果图

【案例分解】

将该案例任务分解，具体实施步骤如图 4-7 所示。

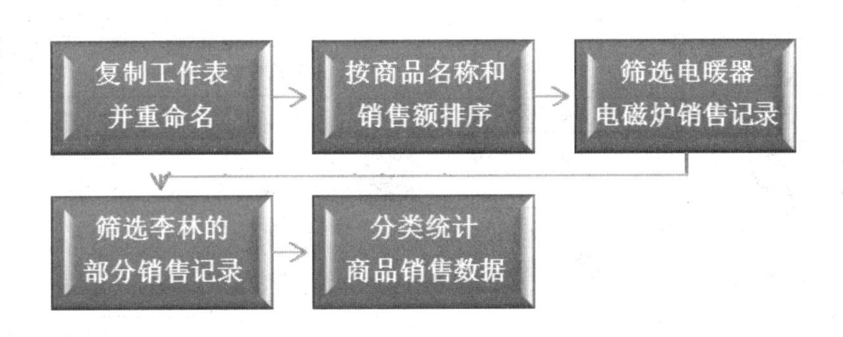

图 4-7　具体实施步骤

步骤 1. 复制工作表并重命名。打开“产品销售表.xlsx”工作簿，复制该工作表 4 份，并重新命名工作表，操作步骤如图 4-8 所示。

	A	B	C	D	E	F
1	日立电器有限公司2012年11月份部分商品销售情况表					
2	销售人员	商品	单价（元）	销售量	销售额	
3	关海鸥	电磁炉	¥99.00	58	¥5,742.00	
4	关海鸥	电饭煲	¥119.00	801	¥95,319.00	
5	关海鸥	电风扇	¥99.00	80	¥7,920.00	
6	关海鸥	电暖器	¥68.00	285	¥19,380.00	
7	关海鸥	洗衣机	¥128.00	745	¥95,360.00	
8	李林	电磁炉	¥99.00	355	¥35,145.00	
9	李林	电饭煲	¥119.00	522	¥62,118.00	
10	李林	电风扇	¥99.00	50	¥4,950.00	
11	李林	电暖器	¥68.00	160	¥10,880.00	
12	李林	洗衣机	¥128.00	457	¥58,496.00	
13	林强开	电磁炉	¥99.00	854	¥84,546.00	
14	林强开	电饭煲	¥119.00	123	¥14,637.00	
15	林强开	电风扇	¥99.00	18	¥1,782.00	
16	林强开	电暖器	¥68.00	77	¥5,236.00	
17	林强开	洗衣机	¥128.00	979	¥125,312.00	
18	刘燕燕	电磁炉	¥99.00	526	¥52,074.00	
19	刘燕燕	电饭煲				
20	刘燕燕	电风扇				
21	刘燕燕	电暖器	¥68.00	585		
22	刘燕燕	洗衣机	¥128.00	756		
23	夏小月	电磁炉	¥99.00	857		

Sheet1　Sheet1 (2)　Sheet1 (3)　Sheet1 (4)　Sheet1 (5)　Sheet2

1. 单击 Sheet1 工作表标签，按住 Ctrl 键同时按住鼠标左键拖动到 Sheet1 和 Sheet2 之间，复制 Sheet1 工作表

2. 类似地，再拖动复制 3 份

3. 双击 Sheet1 工作表名，输入新工作表名“销售原表”

4. 类似地，重命名复制的 4 张工作表

销售原表　商品排序　电暖器电磁炉销售情况　李林部分销售记录　商品分类统计结果

图 4-8　复制工作表并重命名

步骤 2. 按商品名称和销售额排序。此排序任务涉及两个条件，在排序对话框中实现多条件排序，操作步骤如图 4-9 所示。

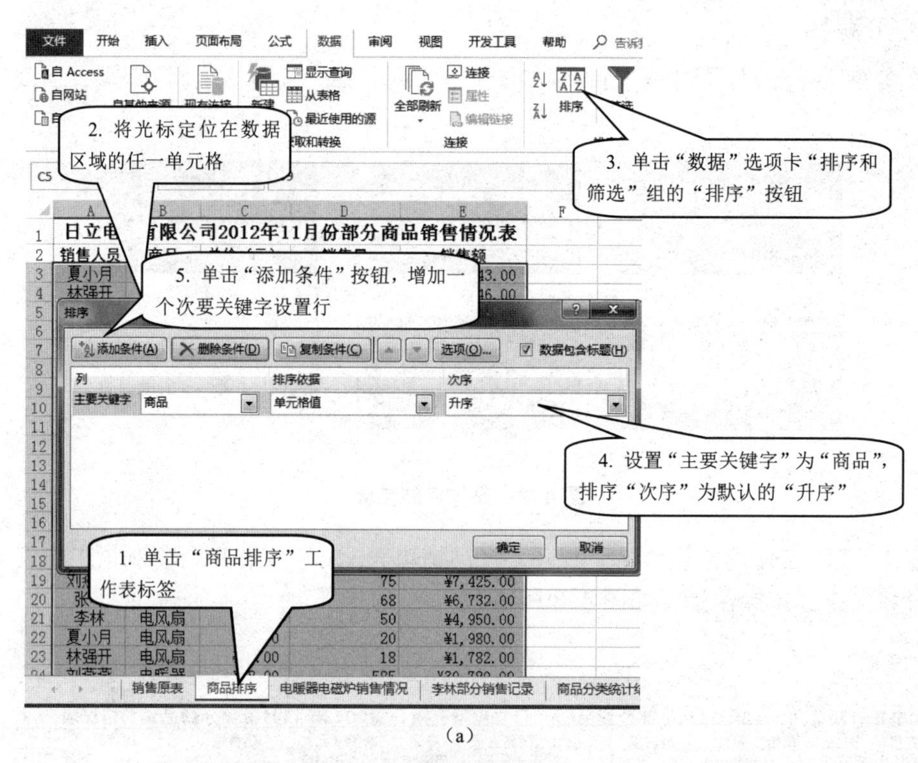

（a）

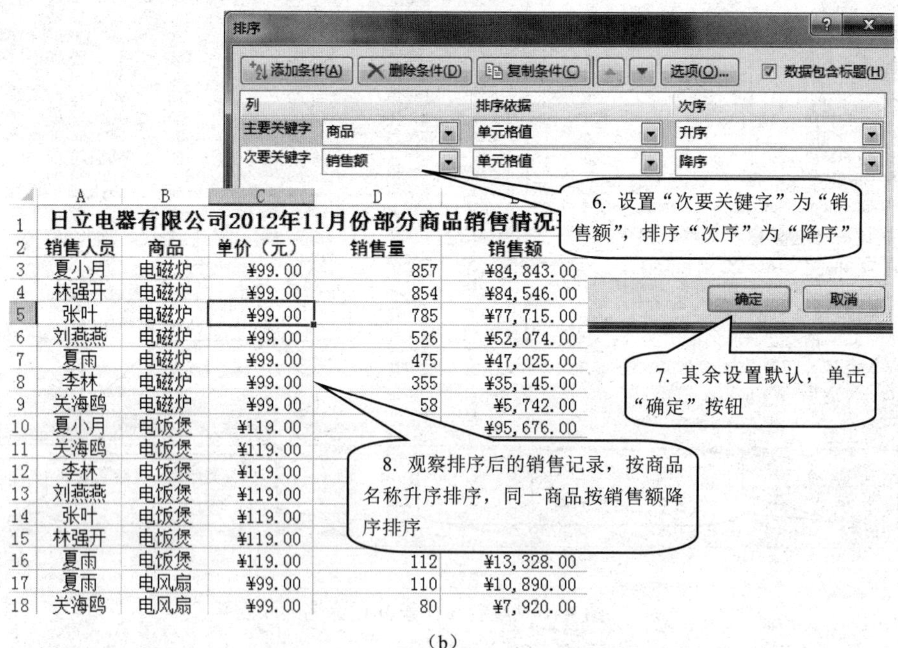

（b）

图 4-9　按商品名称和销售额排序

步骤 3. 筛选电暖器电磁炉销售记录。该任务可通过自动筛选实现，操作步骤如图 4-10 所示。

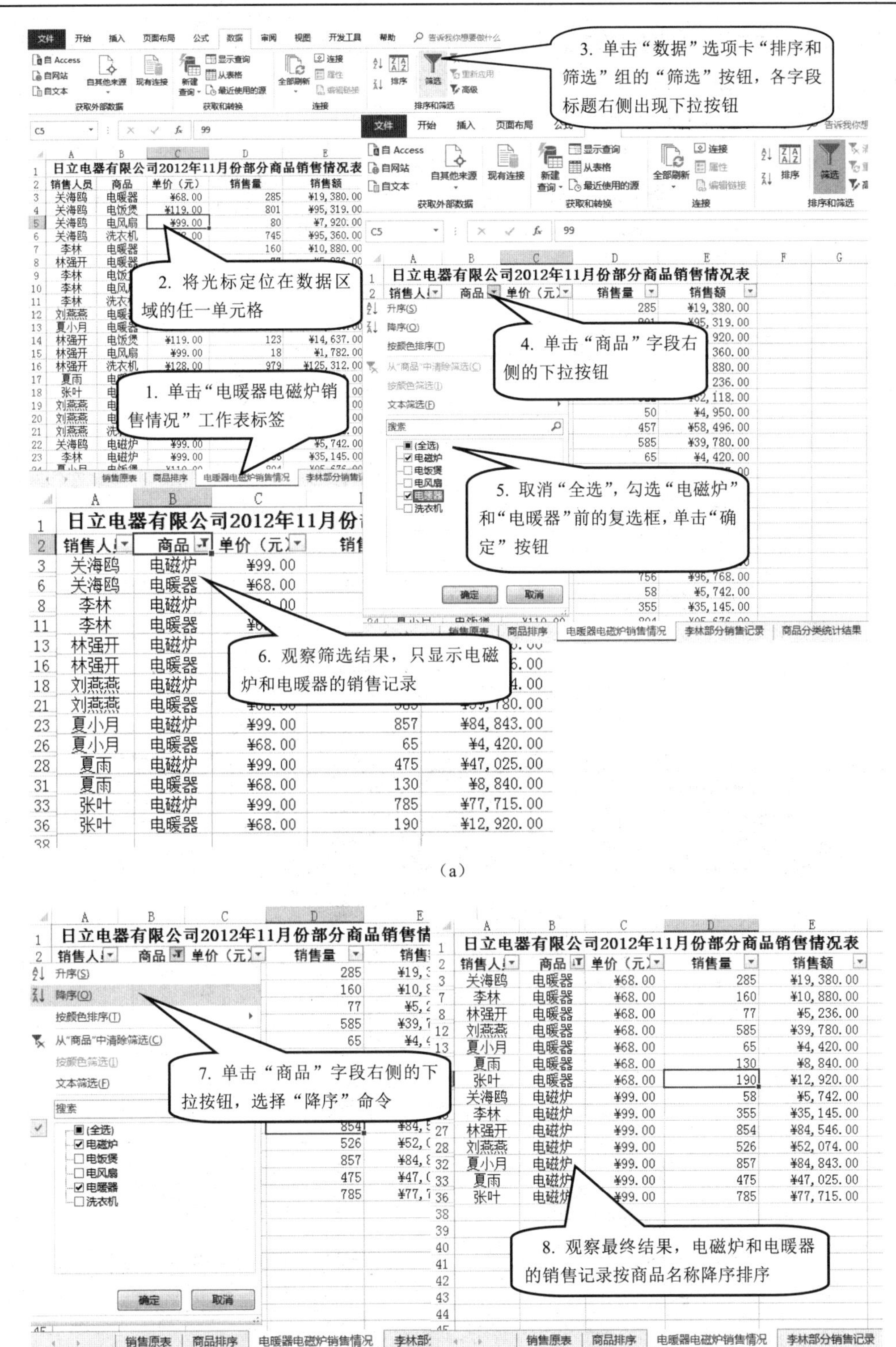

图 4-10　筛选电暖器电磁炉销售记录

步骤 4. 筛选李林的部分销售记录。筛选出销售员李林销售量不足 100 或销售额超过 30 000 的记录，筛选条件相对复杂，用自动筛选不能一次性实现，则可用高级筛选实现，且方便在数据表右侧空白处显示，操作步骤如图 4-11 所示。

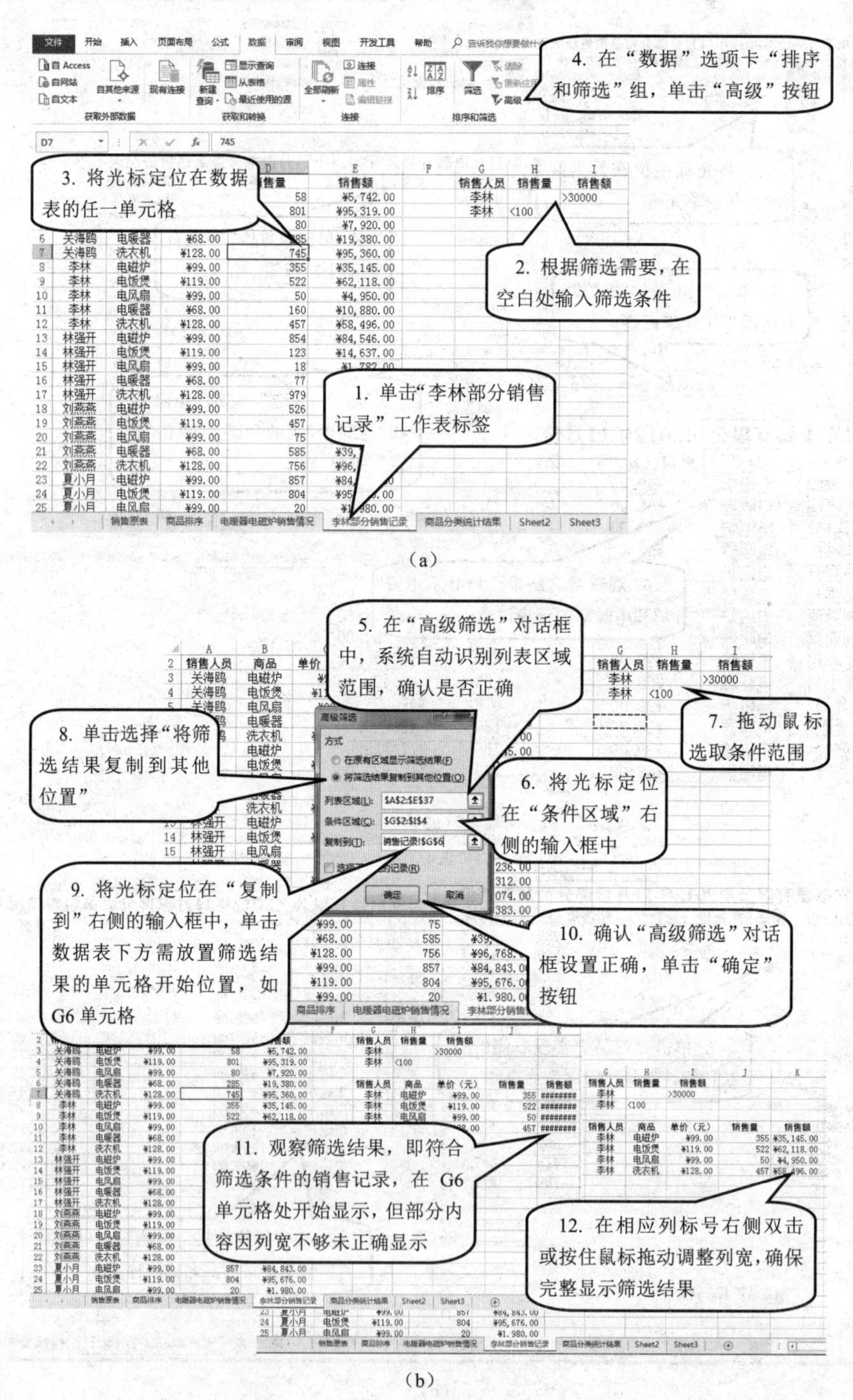

图 4-11 筛选李林的部分销售记录

步骤 5. 分类统计商品销售数据。分类汇总必须先按分类字段排序，再在分类汇总对话框中设置，操作步骤如图 4-12 所示。

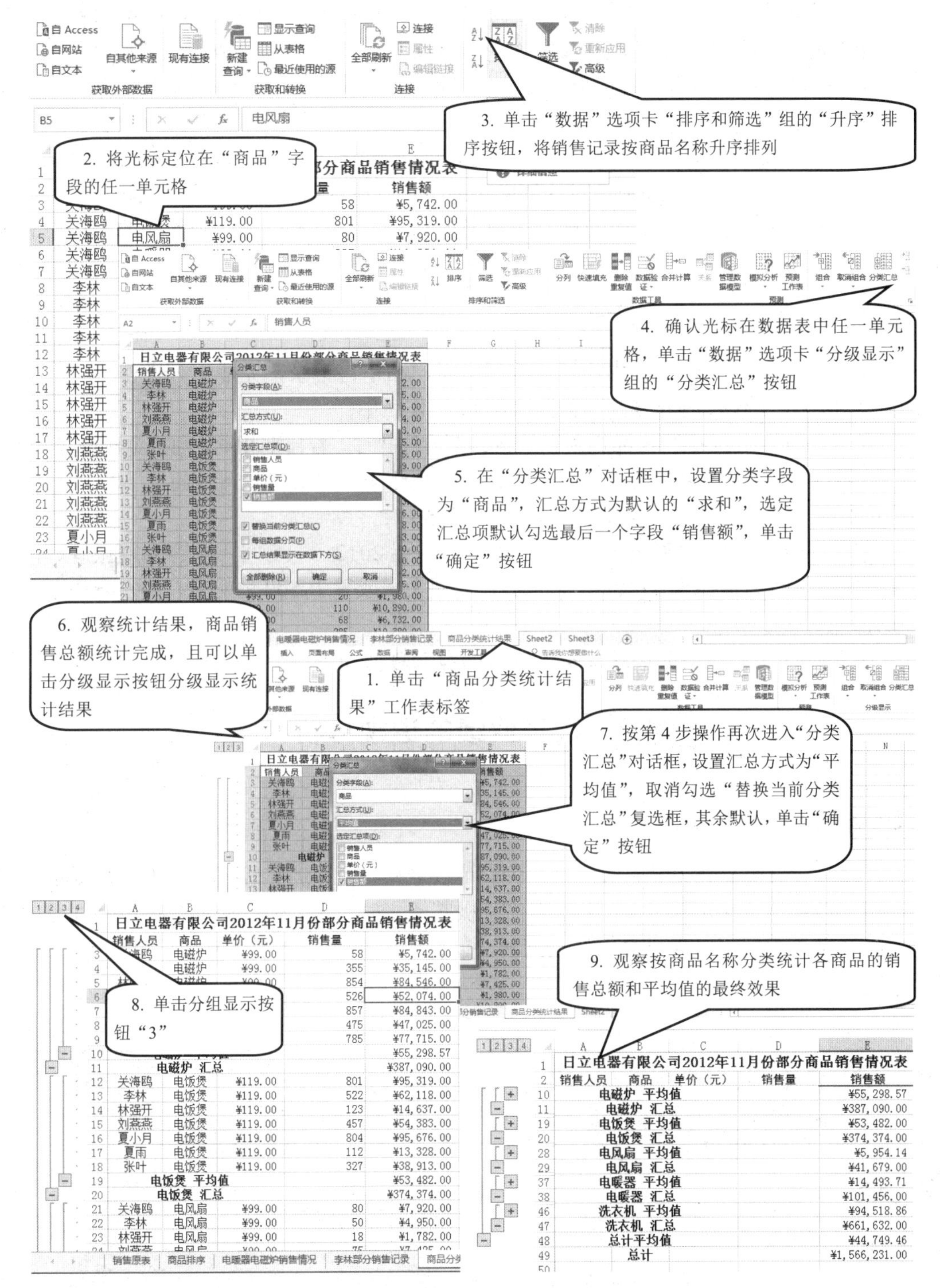

图 4-12　分类统计商品销售数据

职场经验

1. 为防止数据表在统计分析过程中出问题，可以在统计分析之前备份工作表或工作簿。

2. 排序时，当选择关键字处出现列 A，列 B 等情况时，可能“数据包含标题”复选框未选中或数据区域选择错误。解决方法是选中“数据包含标题”复选框，如仍未解决，则重新选择数据区域。

3. 设置高级筛选的条件区域时，注意不要和数据表连在一起，否则系统会自动认为是数据表的一部分，需要在高级筛选对话框中重新设置列表区域。

4. 在“分类汇总”对话框中勾选“替换当前分类汇总”复选框，则原先的分类汇总被删除并替换成当前的分类汇总。

职场延伸

根据“4.1 延伸”文件夹提供的课后练习素材产品销售记录，完成下列操作：

1. 将 Sheet1 工作表内容复制一份到 Sheet3 工作表中；

2. 在 Sheet1 工作表中将产品销售记录按日期升序排序，若日期相同，则按金额降序排序；

3. 在 Sheet1 工作表中筛选出顾客为刘振辉或黄碧秀，且金额大于或等于 500 的记录，并将筛选结果（包括标题行）复制到 Sheet2 工作表中；

4. 在 Sheet1 工作表中筛选出日期在 2012–1–1 至 2012–3–15 间，顾客为刘振辉、产品为按摩器，或顾客为黄碧秀、产品为手动钻且金额大于或等于 500 的记录，并在表格下方空白区域显示；

5. 在 Sheet3 工作表中分类统计每位顾客的金额总值和平均值。

4.2 销售业绩的透视分析

职场情境

通过排序、筛选及分类汇总等方法，我们可以轻松、快速地将较复杂的表格数据进行统计与分析，但是当数据非常庞大，数据表信息极其繁多时，用上述方法总是得不到理想的结果，此时数据透视表可以大显身手，圆满解决问题！

学习目标

- ◆ **相关理论知识点：** 数据透视表的创建、编辑与应用
- ◆ **相关技能知识点：** 利用数据透视表功能实现数据统计与分析

学习准备

1. 数据透视表

数据透视表是一种在 Excel 中对大量数据快速汇总和建立交叉列表的交互式表格。创建

数据透视表时，用户可指定所需的字段、数据透视表的组织形式和要执行的计算类型。

数据透视表能帮助用户分析、组织数据。利用它可以很快地从不同角度对数据进行分类、汇总，记录数量众多、以流水账形式记录、结构复杂的工作表。为了将其中的一些内在规律显现出来，可将工作表重新组合并添加算法，即建立数据透视表。

数据透视表建好后，可以重新布局，以便从不同的角度查看数据，例如将列首的标题转到行首等。数据透视表的名字来源于它具有“透视”表格的能力。

2. 如何创建数据透视表？

创建数据透视表时，先通过向导创建空白数据透视表，如图 4-13 所示。

图 4-13　创建空白数据透视表

空白数据透视表由行字段、列字段、值字段、报表筛选字段四部分组成，可拖动“数据透视表字段列表”中的字段到空白数据透视表的相应位置。空白数据透视表的四部分分别对应“数据透视表字段列表”的“在以下区域间拖动字段”的四部分。因此，也可以在“数据透视表字段列表”的“在以下区域间拖动字段”中拖动字段布局数据透视表。

数据透视表建好后，可以根据需要进行值汇总方式和值显示方式设置、数据排序和筛选、字段分组、计算字段添加、套用数据透视表样式等操作。对数据透视表的字段可以根据需要拖动调整位置或拖出数据透视表区域删除，但不影响源数据表中的信息。

学习案例

【案例展示】

泗门日立电器有限公司的销售数据清单以流水账形式记录，清单中包括日期、商品编号、销售额、销售员及城市等众多信息，时间跨度为 2019 年整一年，现要求对数据进行如下统计。

（1）在新工作表中统计每位销售员的平均销售额（以货币格式显示，保留整数），要求可快捷筛选不同城市的销售记录，要求按平均销售额降序排序并显示前 3 名销售员。

（2）在新工作表中统计每位销售员的销售总额，要求按季度显示，并根据销售总额确定销售员的奖金（销售总额超过 30000（包括 30000）的销售员，每季度奖金按销售总额的 10%计算，否则按 5%计算），最后适当修饰美化统计结果。

任务完成效果如图 4-14 所示。

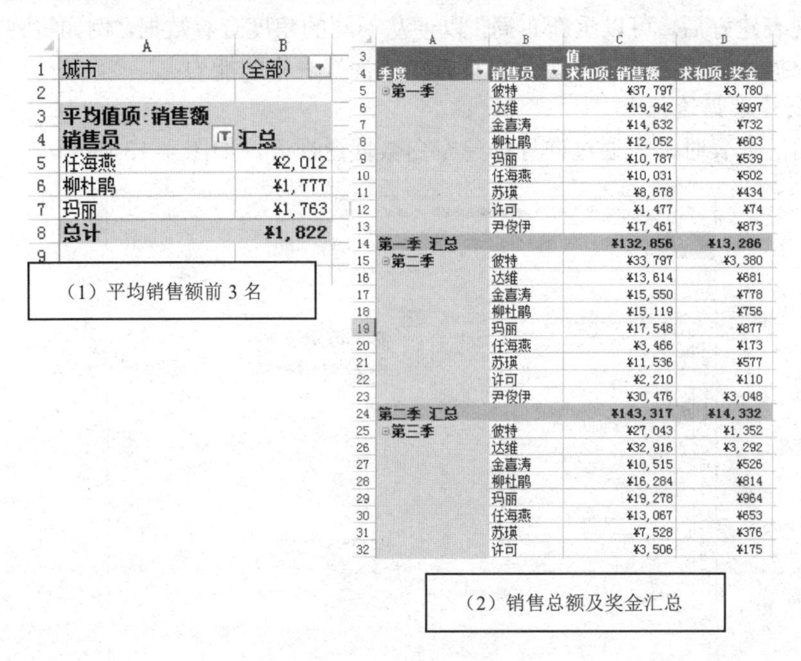

	A	B
1	城市	(全部)
2		
3	平均值项:销售额	
4	销售员	汇总
5	任海燕	¥2,012
6	柳杜鹃	¥1,777
7	玛丽	¥1,763
8	总计	¥1,822
9		

（1）平均销售额前 3 名

	A	B	C	D
3			值	
4	季度	销售员	求和项:销售额	求和项:奖金
5	第一季	彼特	¥37,797	¥3,780
6		达维	¥19,942	¥997
7		金喜涛	¥14,632	¥732
8		柳杜鹃	¥12,052	¥603
9		玛丽	¥10,787	¥539
10		任海燕	¥10,031	¥502
11		苏瑛	¥8,678	¥434
12		许可	¥1,477	¥74
13		尹俊伊	¥17,461	¥873
14	第一季 汇总		¥132,856	¥13,286
15	第二季	彼特	¥33,797	¥3,380
16		达维	¥13,614	¥681
17		金喜涛	¥15,550	¥778
18		柳杜鹃	¥15,119	¥756
19		玛丽	¥17,548	¥877
20		任海燕	¥3,466	¥173
21		苏瑛	¥11,536	¥577
22		许可	¥2,210	¥110
23		尹俊伊	¥30,476	¥3,048
24	第二季 汇总		¥143,317	¥14,332
25	第三季	彼特	¥27,043	¥1,352
26		达维	¥32,916	¥3,292
27		金喜涛	¥10,515	¥526
28		柳杜鹃	¥16,284	¥814
29		玛丽	¥19,278	¥964
30		任海燕	¥13,067	¥653
31		苏瑛	¥7,528	¥376
32		许可	¥3,506	¥175

（2）销售总额及奖金汇总

图 4-14 任务完成效果图

【案例分解】

将该案例任务分解，具体实施步骤如图 4-15 所示。

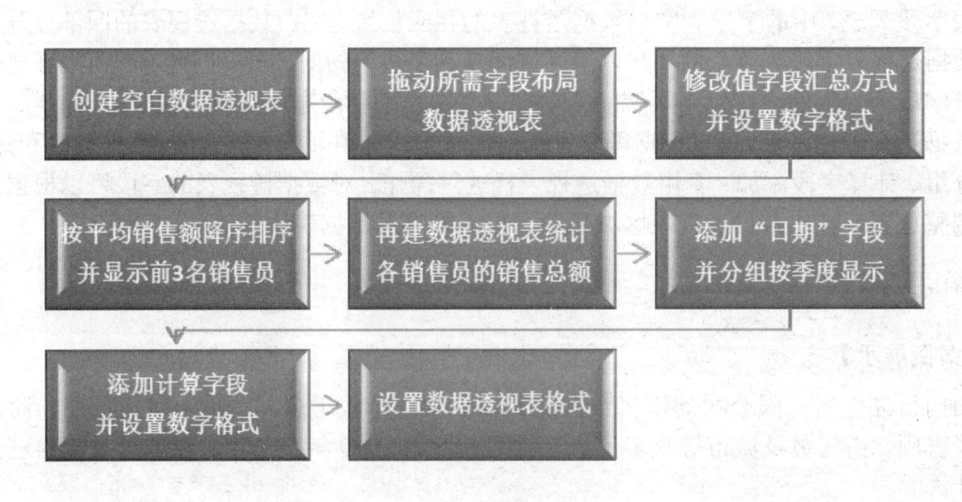

图 4-15 具体实施步骤

步骤 1. 创建空白数据透视表。打开“销售数据清单.xlsx”工作簿，先在新工作表中创建空白数据透视表，操作步骤如图 4-16 所示。

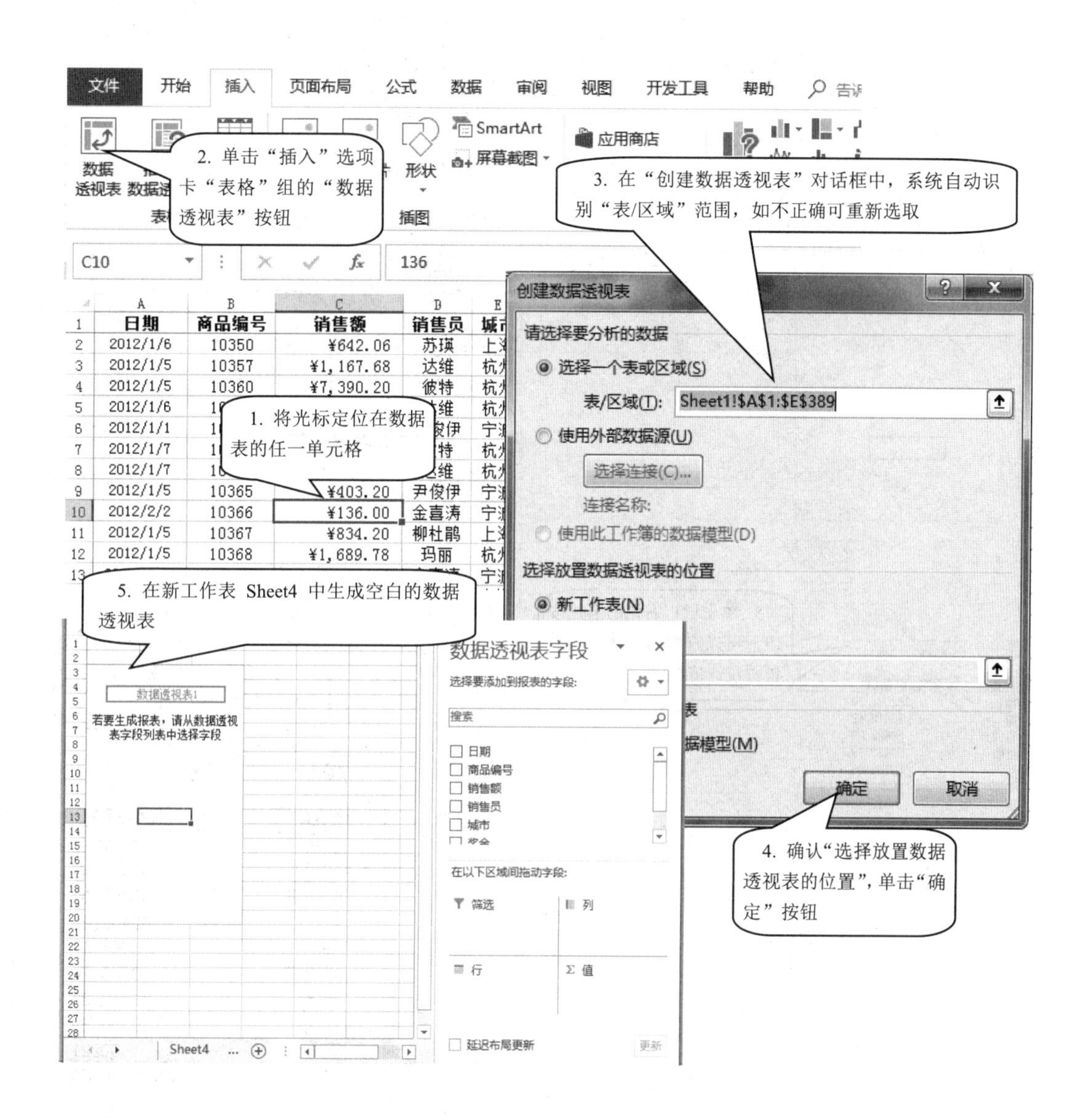

图 4-16　创建空白数据透视表

步骤 2. 拖动所需字段布局数据透视表。将“销售员”和“销售额”字段分别拖动到行字段和值字段处，布局数据透视表，操作步骤如图 4-17 所示。

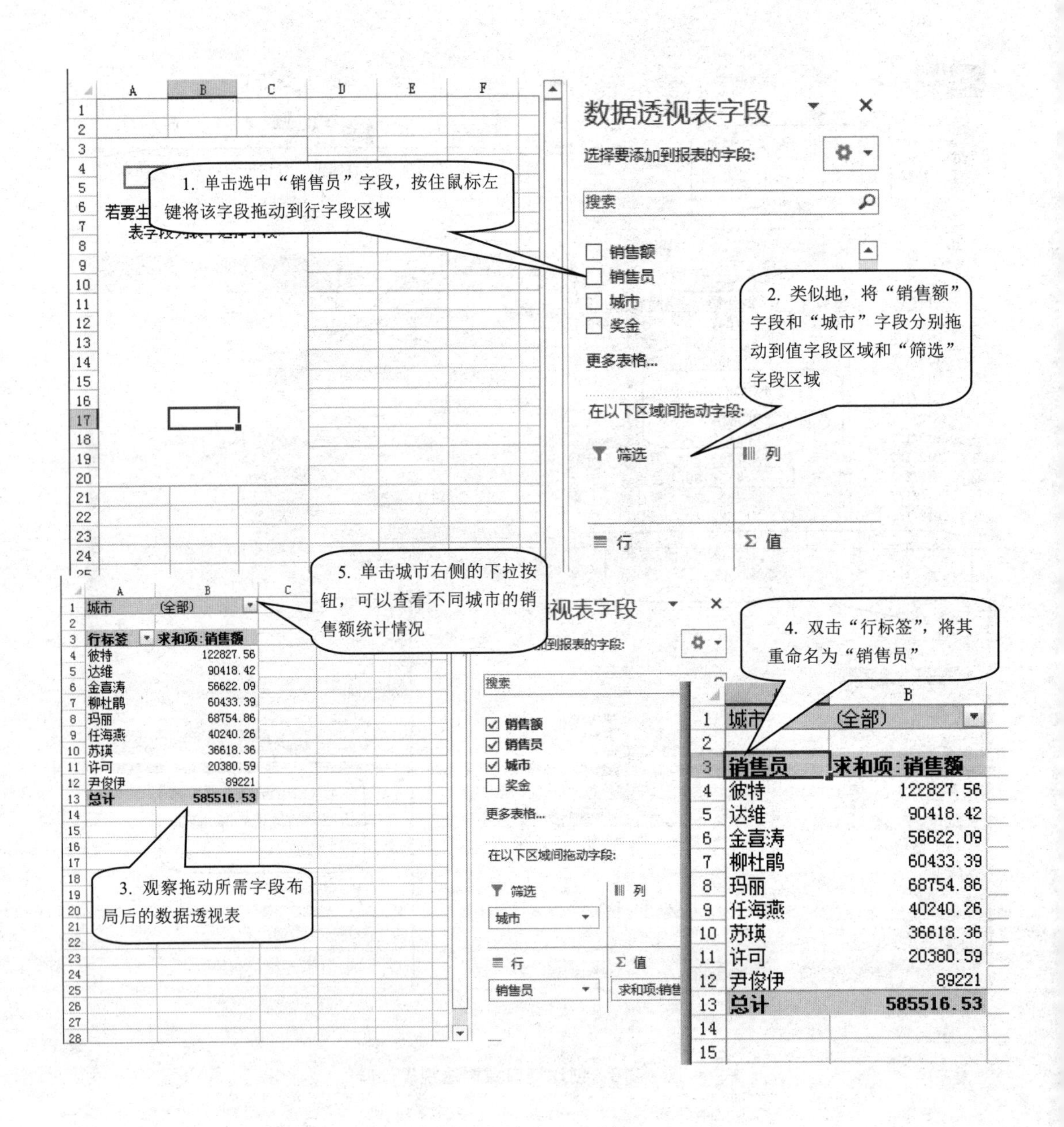

图 4-17　拖动所需字段布局数据透视表

步骤 3. 修改值字段汇总方式并设置数字格式。将销售额值字段汇总方式“求和项”改成“平均值项”，设置数字格式为货币类型并保留整数，操作步骤如图 4-18 所示。

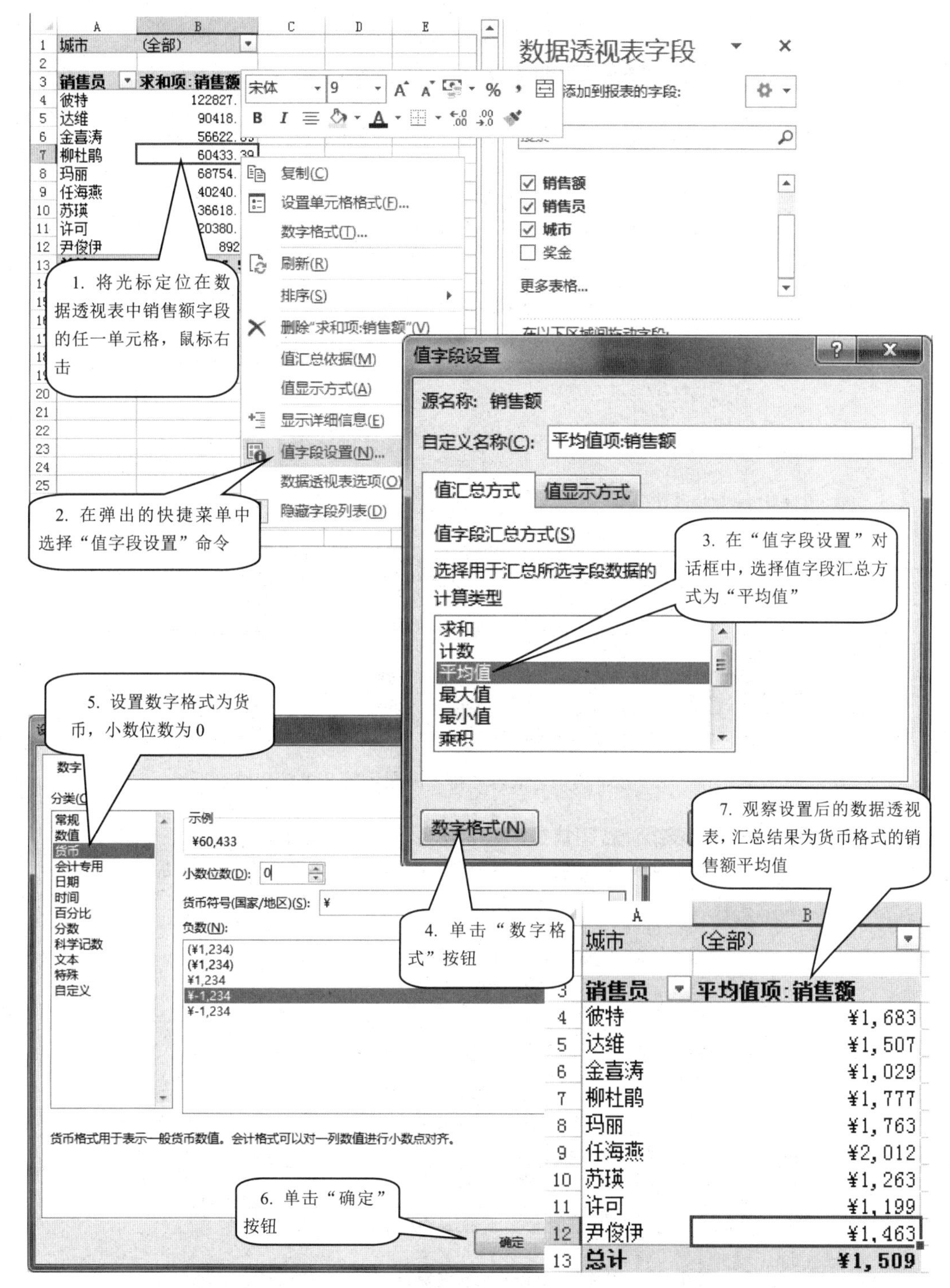

图 4-18 修改值字段汇总方式并设置数字格式

步骤 4. 按平均销售额降序排序并显示前 3 名销售员。将统计结果按销售额降序排序，并设置只显示平均销售额在前 3 名的销售员，操作如图 4-19 所示。

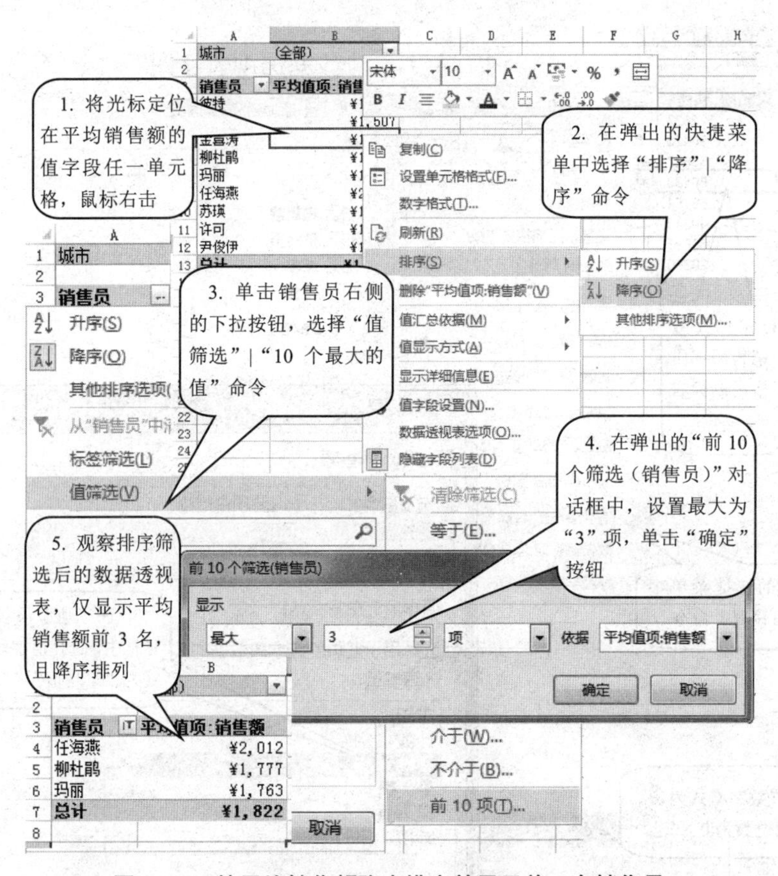

图 4-19　按平均销售额降序排序并显示前 3 名销售员

步骤 5. 再建数据透视表统计各销售员的销售总额。按照步骤 1 在新工作表中创建一个空白数据透视表，拖动相关字段到相应位置统计各位销售员的销售总额，操作步骤如图 4-20 所示。

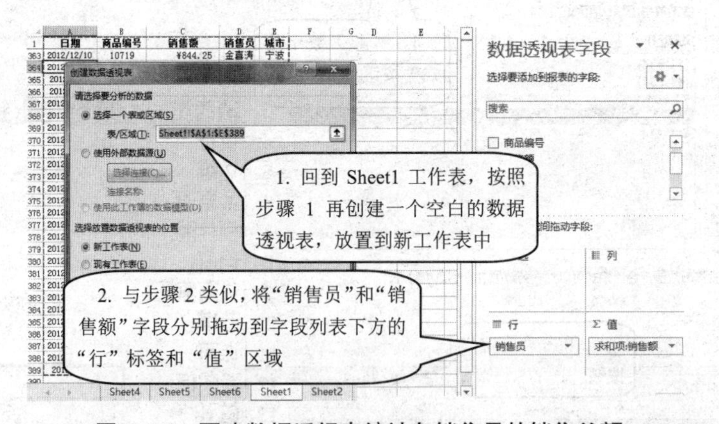

图 4-20　再建数据透视表统计各销售员的销售总额

步骤 6. 添加“日期”字段并分组按季度显示。将“日期”字段拖动到销售员行区域的左侧，并设置按季度分组，操作步骤如图 4-21 所示。

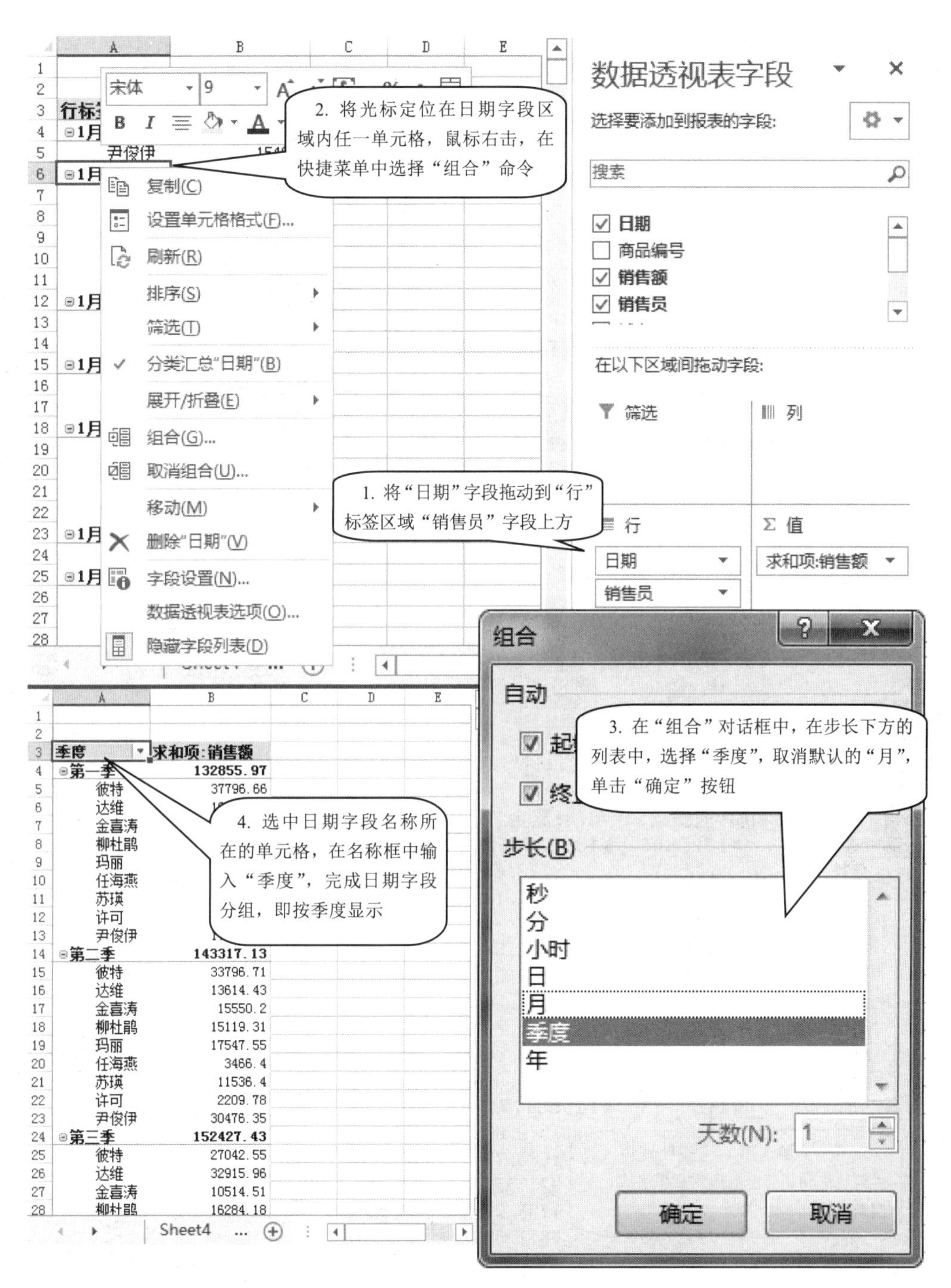

图 4-21　添加“日期”字段并分组按季度显示

步骤 7. 添加计算字段并设置数字格式。添加奖金计算字段，设置销售额和奖金汇总数据为货币格式，保留整数，操作步骤如图 4-22 所示。

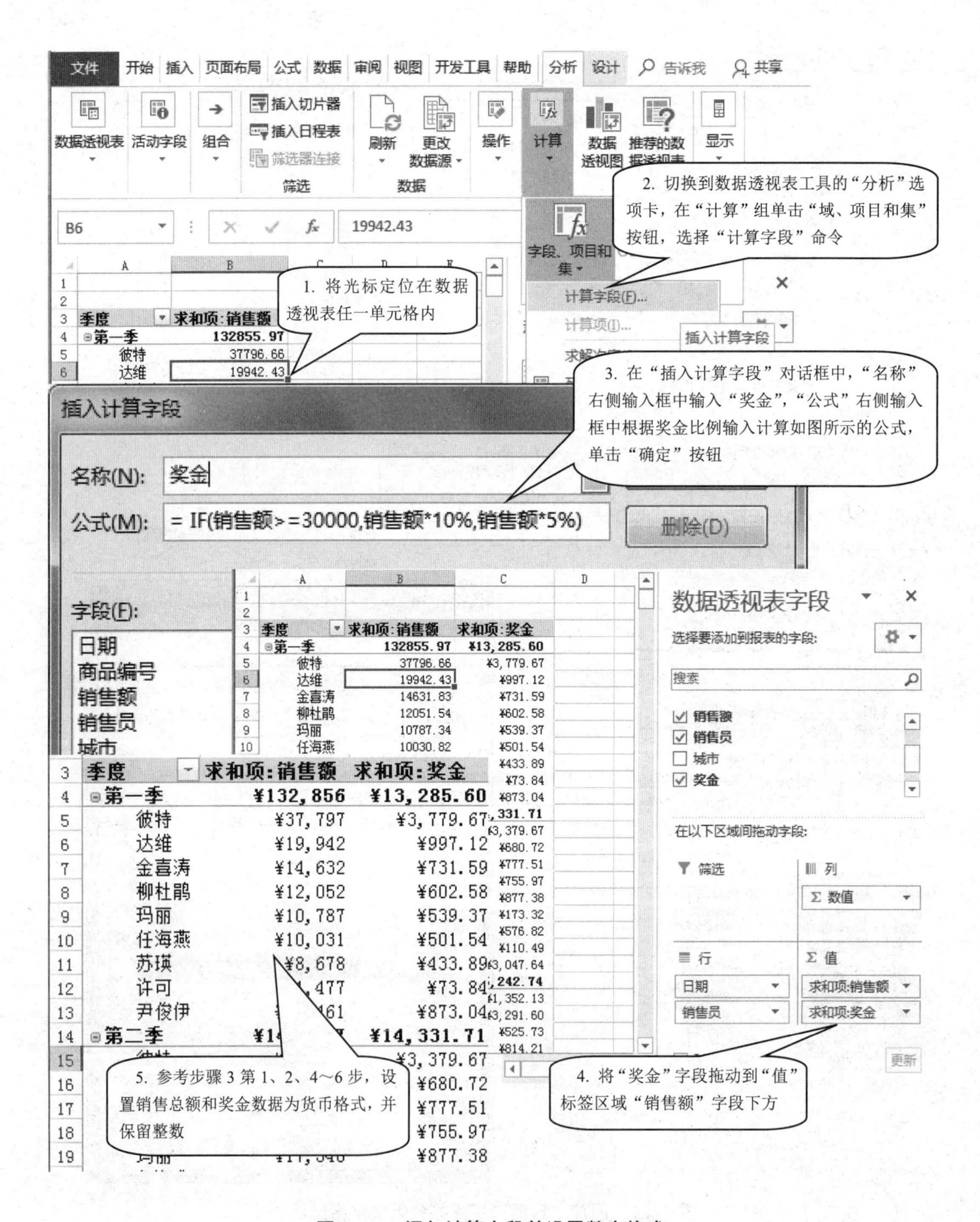

图 4-22 添加计算字段并设置数字格式

步骤 8. 设置数据透视表格式。设置数据透视表样式，适当修饰美化统计结果，操作步骤如图 4-23 所示。

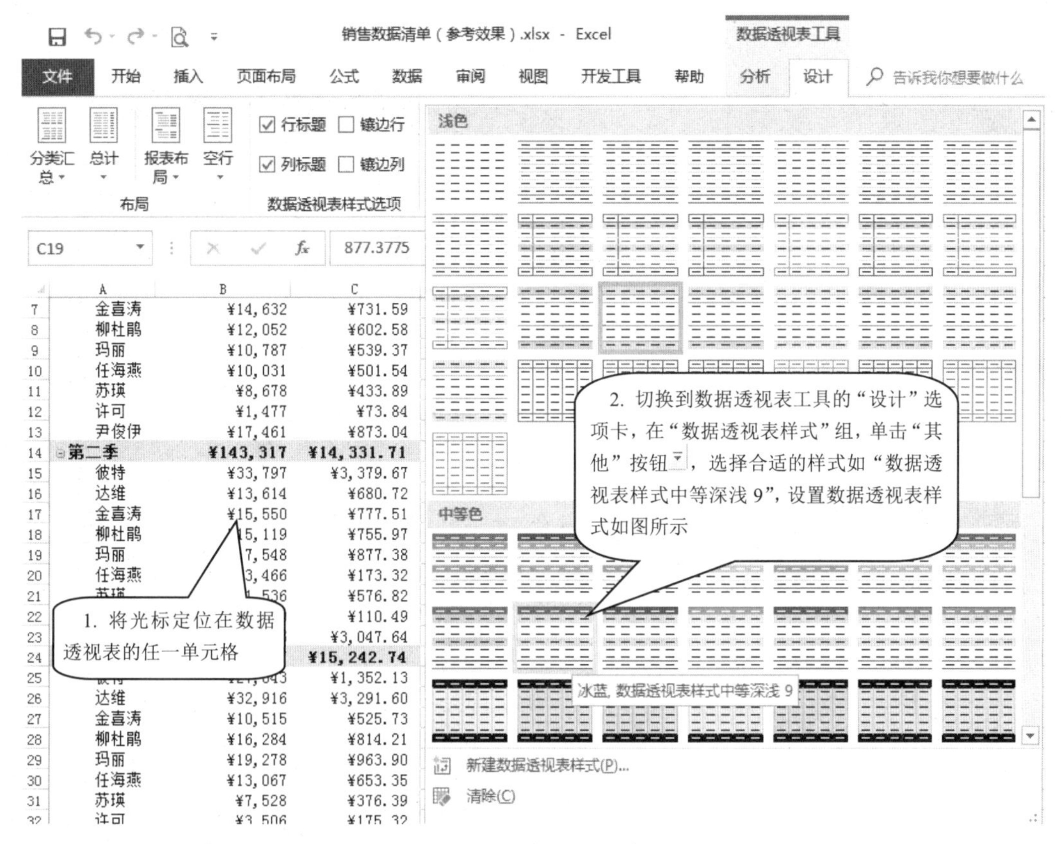

图 4-23　设置数据透视表格式

职场经验

1. 将光标定位在数据透视表中，工作表右侧却未显示“数据透视表字段列表”时，切换到数据透视表工具的“选项”选项卡，在“显示”组中单击“字段列表”，使其呈黄色选中状态即可显示字段列表，如图 4-24 所示。类似地，可设置“+/-按钮”和“字段标题”是否显示。

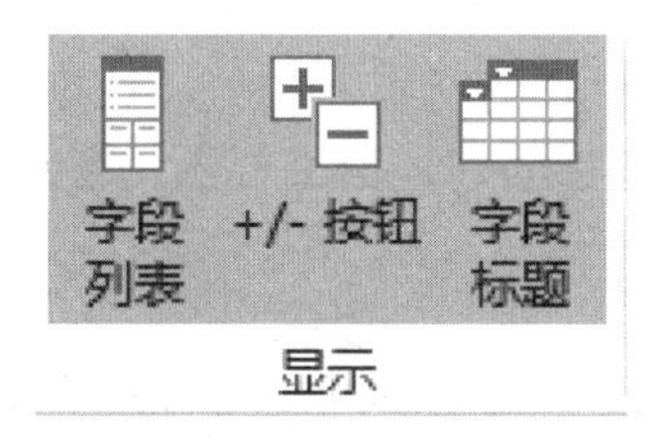

图 4-24　“显示”组按钮

2. 新建的空白数据透视表未显示行区域、列区域和值区域，不能直接拖入字段数据透

视表，原因是非经典数据透视表布局，即未启用网格中的字段拖放功能。如需启动该功能，可按照如图 4-25 所示操作步骤进行设置。

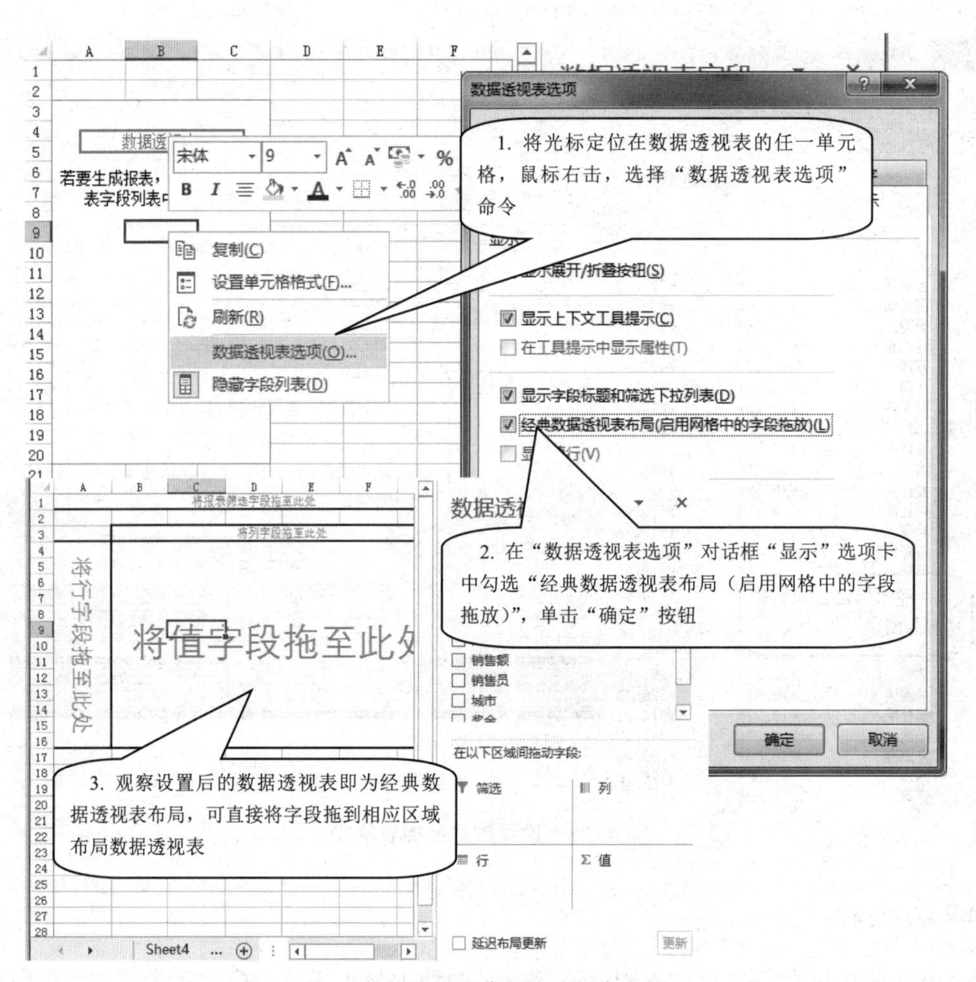

图 4-25　设置经典数据透视表布局

3. 当数据源中的数据发生改变时，将光标定位在数据透视表中，鼠标右击，在弹出的快捷菜单中选择“刷新”命令，即可更新数据透视表的统计结果。关闭工作簿后再打开工作簿，也可实现数据透视表统计结果的刷新。

4. 数据透视图建立在数据透视表的基础上，可以在创建好数据透视表后，像创建普通图表一样创建数据透视图，也可直接创建数据透视图，方法与创建数据透视表类似。

职场延伸

1. 根据提供的数据源，创建数据透视表统计各部门、各类费用的支出情况，并制作数据透视图。

2. 根据提供的数据源，按月份统计各位收款人的平均金额和金额总计占行汇总的百分比，并应用一种合适的数据透视表样式，参考效果如图 4-26 所示。

	收款人	值								
	陈扬		褚志坚		丁铃		张燕红			
日期	平均值项:金额	求和项:金额	平均值项:金额	求和项:金额	平均值项:金额	求和项:金额	平均值项:金额	求和项:金额	平均值项:金额汇总	求和项:金额汇总
2月	6437.5	41.8%	5780.3	30.7%	5099.4	28.7%	2343.2	45.8%	5084.3	35.3%
3月	574.2	1.2%	9853.9	26.2%	4486.3	12.6%	208.3	4.1%	3066.2	11.8%
4月	8256.6	35.8%	4179.9	22.2%	8514.7	47.9%	3185.7	31.1%	6441.2	34.8%
5月	9768.8	21.2%	3935.7	20.9%	3802.7	10.7%	975.7	19.1%	3899.0	18.1%
总计	6595.5	100.0%	5378.0	100.0%	5919.6	100.0%	1462.9	100.0%	4799.0	100.0%

图 4-26　参考效果

4.3　产品销售情况的动态图表分析

职场情境

泗门日立电器有限公司每月要统计上报各销售员的产品销售情况。为方便在一张图表中可以清楚地查看各销售员的销售业绩，可创建动态图表，通过单击单选按钮或下拉列表来决定图表要显示的内容。

学习目标

- ◆ **相关理论知识点：**OFFSET 函数和选项按钮表单控件的应用
- ◆ **相关技能知识点：**利用表单控件快速构建 Excel 动态图表

学习准备

1. OFFSET 函数

- **功能：**以指定的引用为参照系，通过给定偏移量返回新的引用。返回的引用可以是一个单元格或单元格区域，并可以指定返回的行数或列数。
- **语法：**OFFSET(reference, rows, cols, height, width)
- **参数：**reference 是作为参照系的引用区域，其左上角单元格是偏移量的起始位置。rows 是相对于引用参照系的左上角单元格上（下）偏移的行数，行数可为正数（表示在起始引用的下方）或负数（表示在起始引用的上方），如该参数值为 5，则说明目标引用区域的左上角单元格比 reference 低 5 行。cols 是相对于参照系的左上角单元格左（右）偏移的列数，同样列数可为正数（表示在起始引用的右边）或负数（表示在起始引用的左边），如该参数值为 5，则说明目标引用区域的左上角的单元格比 reference 靠右 5 列。height 是要返回的新引用区域的行数，其值必须为正数。width 是要返回的新引用区域的列数，其值也必须为正数。
- **应用示例：**=OFFSET(A1,0,1)，表示返回的值是与 A1 单元格同行且向右偏移一列的单元格即 B1 单元格的内容。如图 4-27 所示。

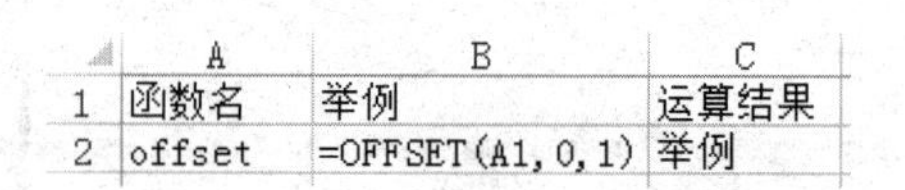

	A	B	C
1	函数名	举例	运算结果
2	offset	=OFFSET(A1,0,1)	举例

图 4-27　OFFSET 函数示例

2. 开发工具和表单控件

系统默认不显示“开发工具”选项卡，可通过选项来设置显示，操作步骤如图 4-28 所示。表单控件位于“开发工具”选项卡中的“控件”组内，根据需要可以选择使用选项按钮和组合框等控件，通过表单控件可单击选择所需选项，实现图表数据的动态切换。

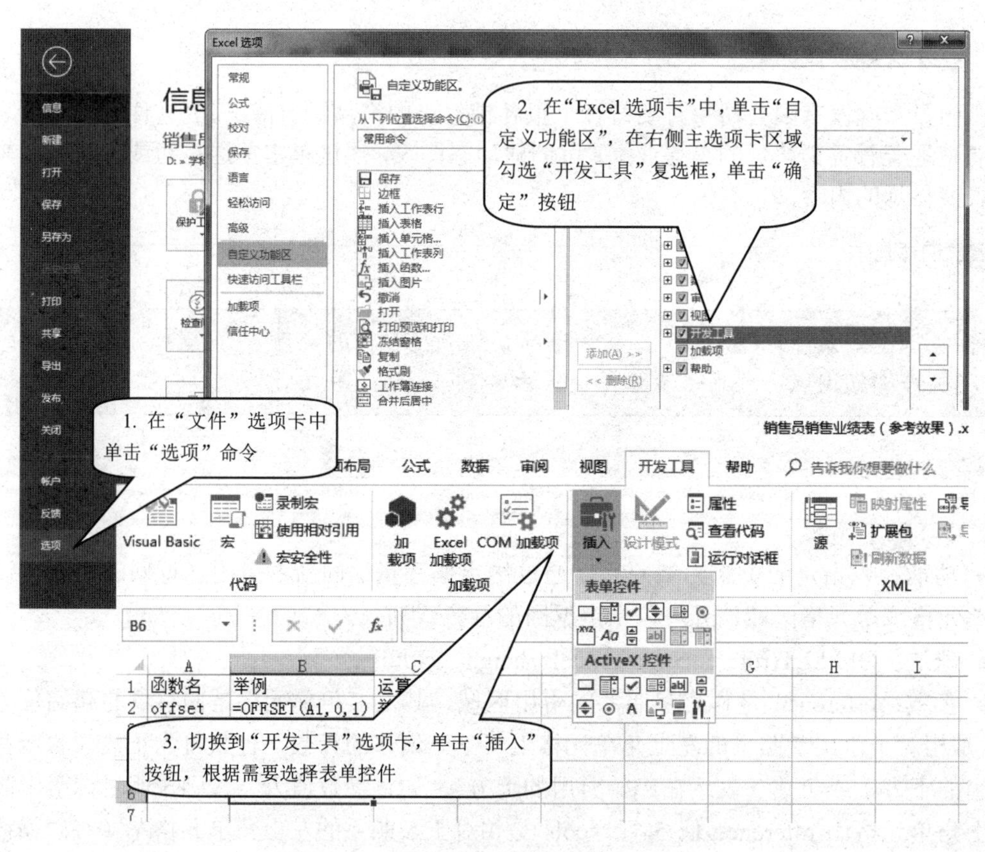

图 4-28　设置显示“开发工具”选项卡

学习案例

【案例展示】

制作各产品销售业绩统计图表，对比各销售员在各产品销售中的业绩比例，要求单击

左上角各个产品的选项按钮，图表中即显示相应产品各销售员的销售业绩比例，如图 4-29 所示。

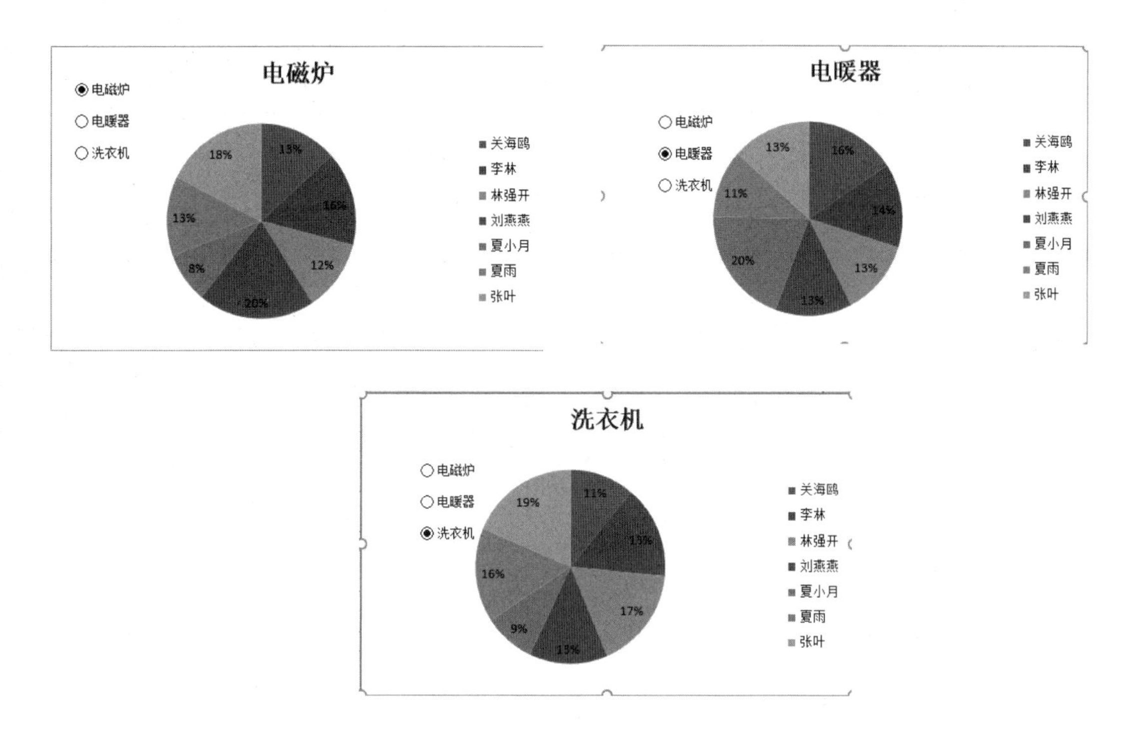

图 4-29　各产品销售业绩统计图表

【案例分解】

将该案例任务分解，具体实施步骤如图 4-30 所示。

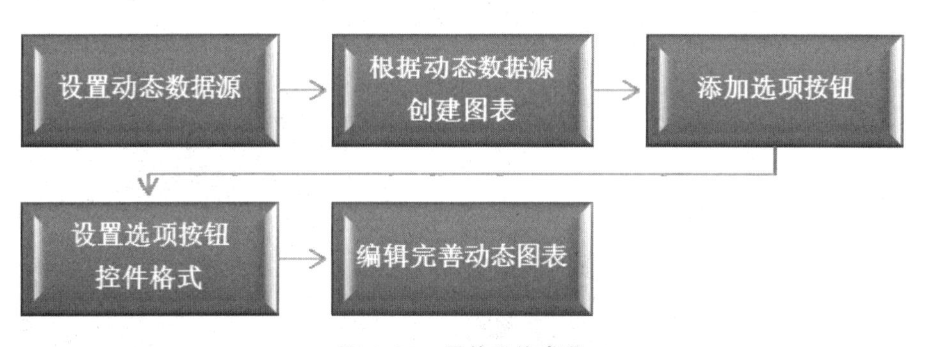

图 4-30　具体实施步骤

步骤 1. 设置动态数据源。打开“销售员销售业绩表.xlsx”工作簿，应用单元格引用和 OFFSET 函数设置动态数据源，操作步骤如图 4-31 所示。

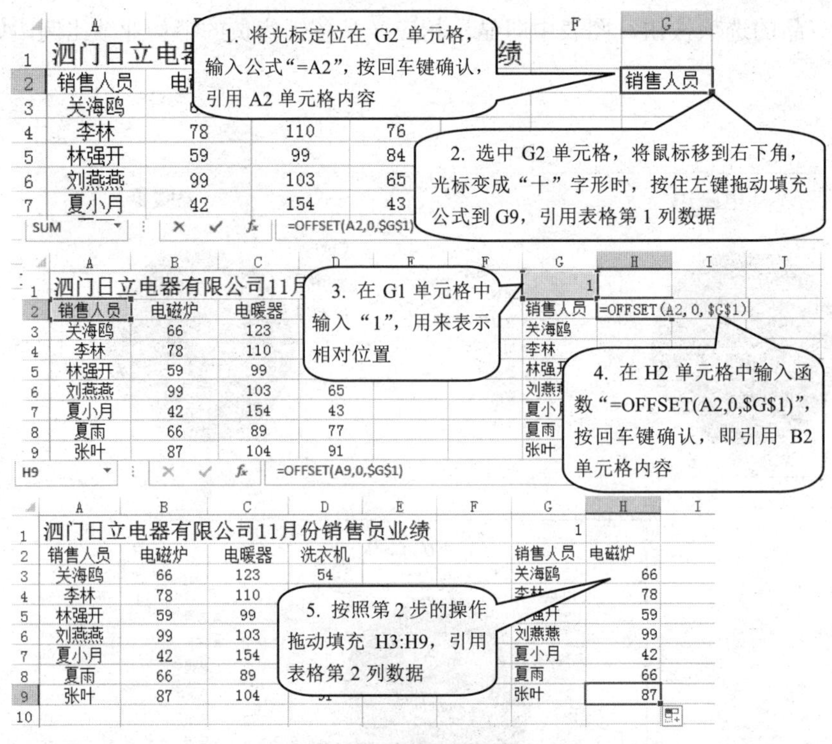

图 4-31 设置动态数据源

步骤 2. 根据动态数据源创建图表。选中动态数据源，创建动态图表，操作步骤如图 4-32 所示。

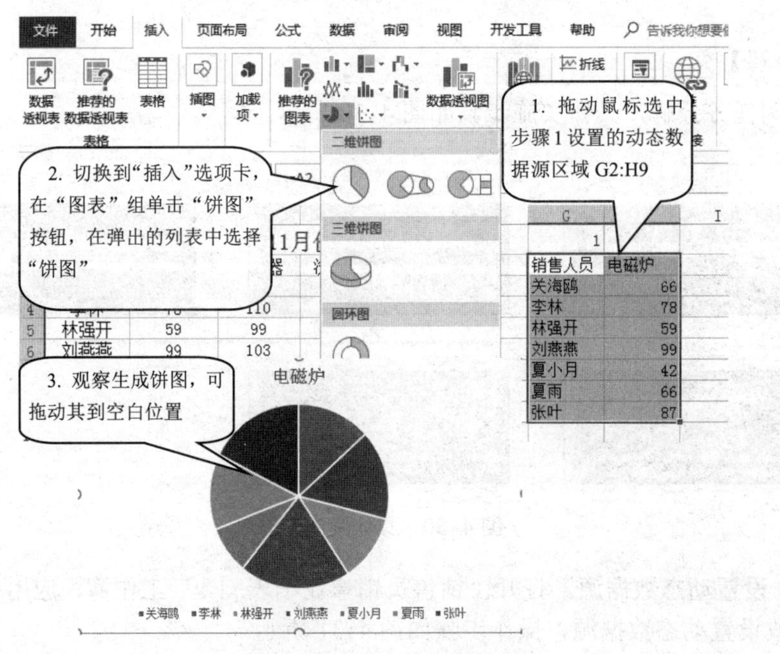

图 4-32 创建动态图表

步骤 3. 添加选项按钮。在图表左上角空白处添加 3 个选项按钮，并修改按钮文字，操作步骤如图 4-33 所示。

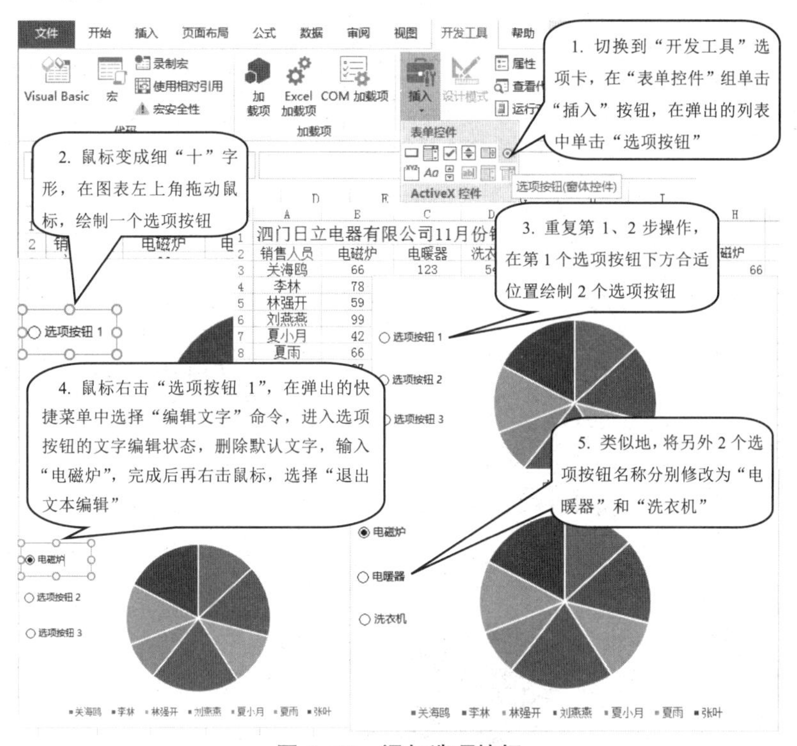

图 4-33　添加选项按钮

步骤 4. 设置选项按钮控件格式。选项按钮通过设置对象格式才能真正控制图表的动态数据源，操作如图 4-34 所示。

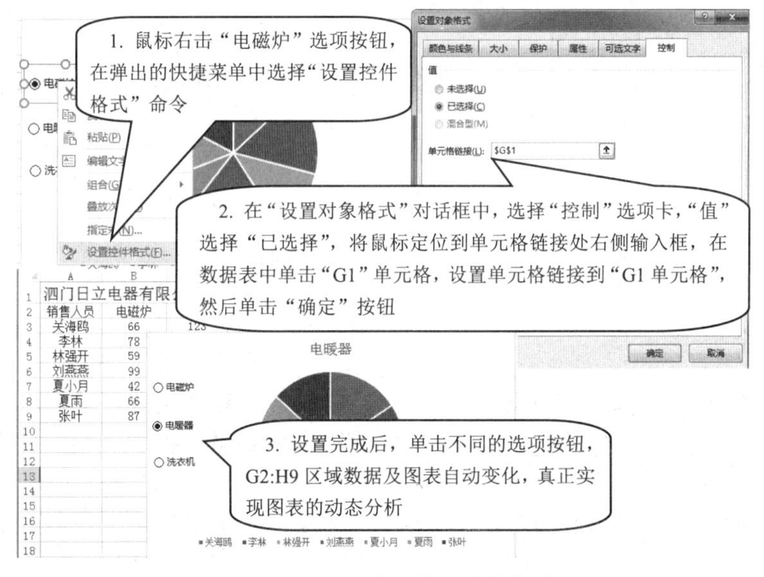

图 4-34　设置选项按钮控件格式

步骤 5. 编辑完善动态图表。设置图表标签显示百分比，将图表和选项按钮组合在一起作为一个对象，便于移动图表调整位置，操作步骤如图 4-35 所示。

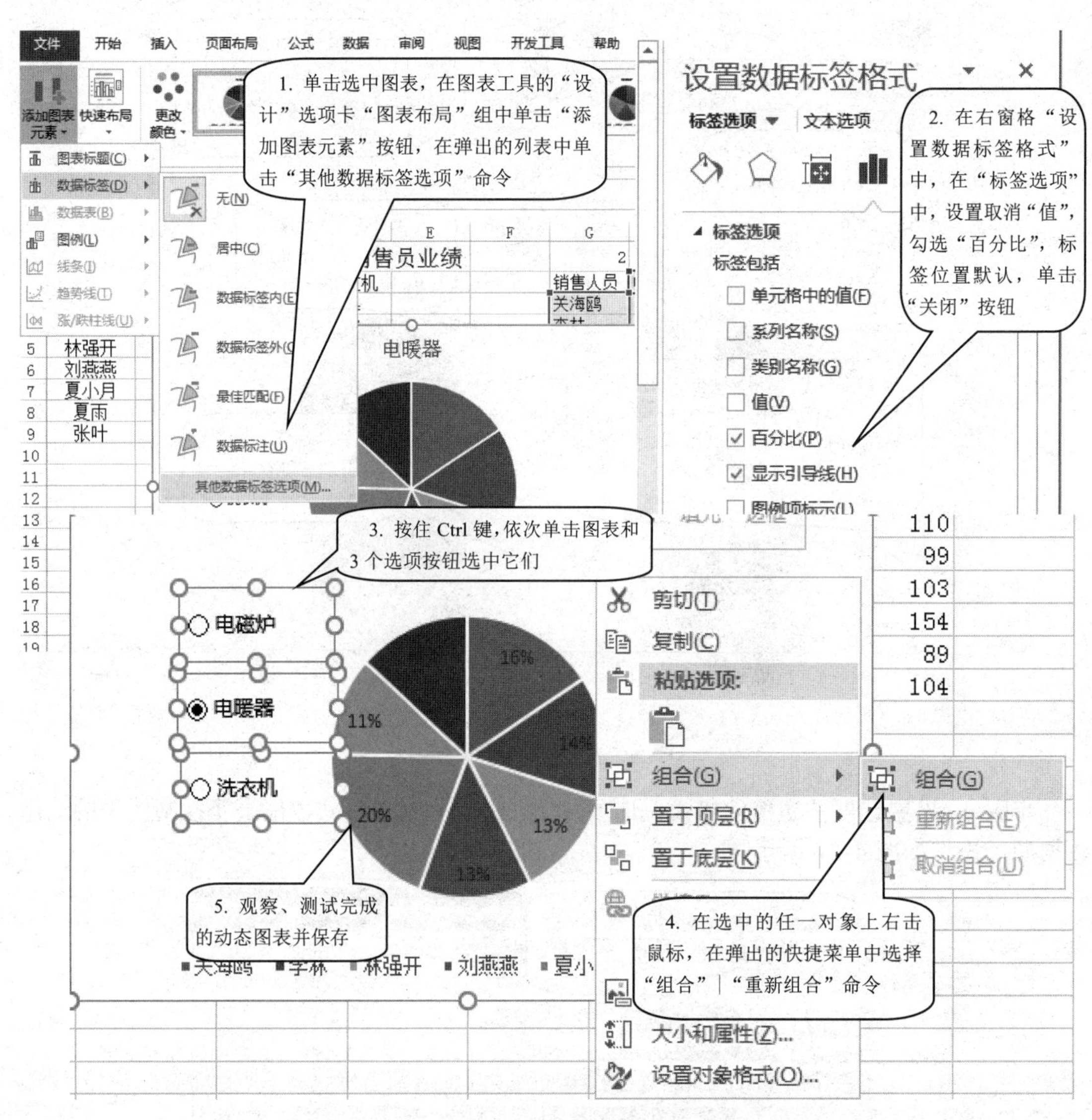

图 4-35　编辑完善动态图表

职场经验

1. 当有多个选项按钮，设置控件格式的单元格链接时只要设置好第一选项按钮的单元格链接即可，其他的选项按钮的属性也被自动设置。同时被链接的单元格的值会随着不同的选项按钮赋予不同的值。

2. 使用选项按钮可以轻松实现动态图表，当需要很多选项时可以使用“组合框”控件实现，用法与选项按钮类似。

职场延伸

根据课后练习提供的数据源，制作如图 4-36 所示的动态图表。

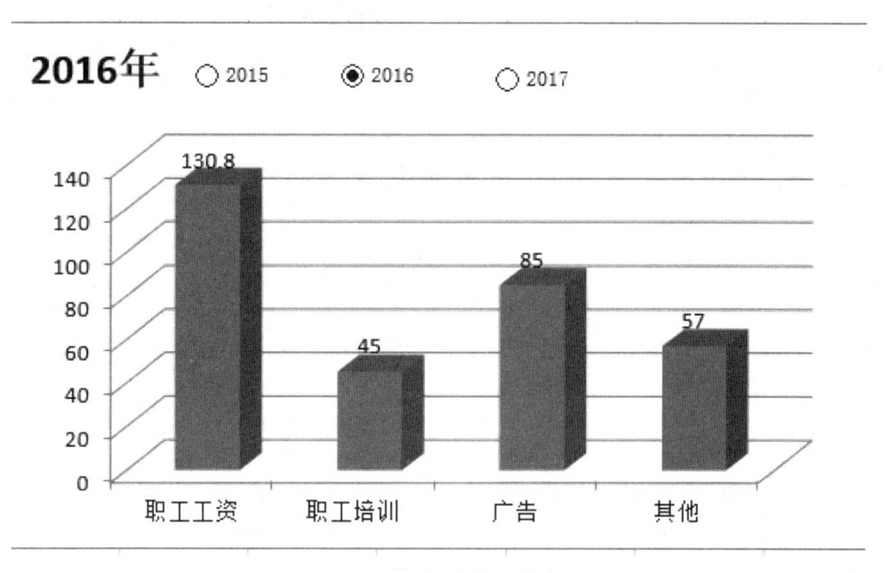

图 4-36　年度费用支出

学习评价

本节内容学习已经结束，你都学会了吗？给自己评个分吧！

评分内容	分值	自评分	评分细则
“学习准备”掌握情况	100		1. 能独立完成：80～100 分 2. 能在老师和同学的帮助下完成：60～80 分 3. 不能完成：0～60 分
“学习案例”操作情况	100		
“职场延伸”任务操作情况	100		
合计	300		

4.4　小结与挑战

【本章小结】

本章主要介绍公司各类数据的统计与分析，包括排序、筛选、分类汇总、数据透视表及动态图表等。

1. 对表格数据进行排序时，可根据具体要求选择使用不同的方法，如单关键字排序可直接用选项卡上的升序/降序排序按钮快速完成，多关键字排序则在“排序”对话框中设置

完成，还可以通过自定义填充序列进行自定义排序。

2. 使用筛选功能可以迅速从大量数据中找到并显示满足指定条件的数据清单，Excel 提供了两种数据的筛选操作，即“自动筛选”和“高级筛选”。当筛选条件简单，且筛选时将不满足条件的数据暂时隐藏起来，只显示符合条件的数据时一般用自动筛选实现；而当筛选条件较为复杂，尤其是当各个不同条件之间是“或”的关系时，则用高级筛选实现，筛选结果可以根据需要设置在原有区域显示或复制到其他位置。一般情况下，自动筛选能完成的操作也能用高级筛选实现，但自动筛选操作较为简单。

3. 分类汇总功能可以实现在原有数据的基础上，分级显示数据清单，汇总数据，并能根据需要显示或隐藏明细数据行，是分析数据的一种重要手段。在操作中尤其要注意的是，分类汇总之前必须先对数据表按分类字段进行排序。

4. 数据透视表是一种在 Excel 中对大量数据快速汇总和建立交叉列表的交互式表格。数据透视表能帮助用户分析、组织数据，利用它可以快速地从不同角度对数据进行分类、汇总。数据透视表的应用是 Excel 的一大精华，它汇集了 Excel 的“COUNTIF”“SUMIF”函数、“分类汇总”“自动筛选”等多种功能，是高效办公中分析数据必不可少的利器。对于记录数量众多、以流水账形式记录、结构复杂的工作表，为了将其中的一些内在规律显现出来，可将工作表重新组合并添加算法，即建立数据透视表。

5. 结合 Excel 的表单控件功能，可以实现在图表中根据用户选择的选项显示不同的数据，即创建动态图表，避免了绘制多张图表的麻烦。

【自我挑战】

1. 提供某电脑公司商品销售记录表，要求按联想、长城、IBM、方正等品牌顺序排序，同一品牌按金额从高到低排序。

2. 将提供的工资表中的分类汇总取消，按照“职称”重新分类汇总，统计出各类职称的“实发工资”总和，以及各类职称的最高工资。

3. 提供国外某公司产品销售记录表，按下列要求筛选出相应数据清单。

（1）筛选出“顾客”列中含有“Mart”的数据清单，在其他区域（或原区域）显示；

（2）根据身份证号筛选出出生在 1980 年的数据清单，在其他区域（或原区域）显示；

（3）筛选出“产品”列中第一个字母为 G、最后一个字母为 S 的产品数据清单，在其他区域（或原区域）显示；

（4）筛选出“顾客”列中含有“Mart”的在 1980 年出生，且“产品”列中第一个字母为 G、最后一个字母为 S 的产品数据清单，在其他区域（或原区域）显示。

4. 根据提供销售数据清单，按下述要求统计数据。

（1）统计各位销售员各个季度的最大销售额和平均销售额，效果如图 4-37 所示。

	季度									
	第一季		第二季		第三季		第四季		最大值项：销售额汇总	平均值项：销售额汇总
销售员	最大值项：销售额	平均值项：销售额	最大值项：销售额	平均值项：销售额	最大值项：销售额	平均值项：销售额	最大值项：销售额	平均值项：销售额		
彼特	11188.4	2699.8	4924.1	1778.8	4985.5	1229.2	4464.6	1344.0	11188.4	1682.6
达维	3868.6	1329.5	3192.7	1134.5	6375.0	2194.4	3463.0	1330.3	6375.0	1507.0
金喜涛	2713.5	1125.5	2684.0	971.9	1483.0	701.0	4825.0	1447.8	4825.0	1029.5
柳杜鹃	9194.6	3012.9	3891.0	1259.9	5510.6	1809.4	5256.5	1886.5	9194.6	1777.5
玛丽	2505.6	1198.6	9921.3	2193.4	4725.0	1752.5	10164.8	1922.0	10164.8	1762.9
任海燕	9210.9	3343.6	1249.1	866.6	6475.4	3266.8	4451.7	1519.6	9210.9	2012.0
苏琪	2122.9	1084.7	4707.5	1442.1	2944.4	1505.6	2864.5	1109.6	4707.5	1262.7
许可	966.8	492.3	1505.2	552.4	1761.0	876.6	4960.9	2198.0	4960.9	1198.9
尹俊伊	2222.4	919.0	10495.6	2539.7	10191.7	1592.2	3118.0	1187.0	10495.6	1462.6
总计	11188.4	1509.7	10495.6	1508.6	10191.7	1539.7	10164.8	1480.3	11188.4	1509.1

图 4-37　最大销售额和平均销售额统计结果参考

（2）创建数据透视图，统计各个销售员在各个销售额段的销售次数，效果如图 4-38 所示。

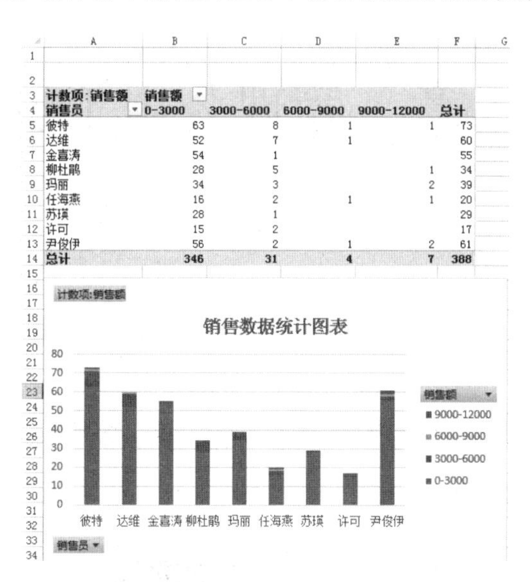

计数项:销售额	销售额				
销售员	0-3000	3000-6000	6000-9000	9000-12000	总计
彼特	63	8	1	1	73
达维	52	7	1		60
金喜涛	54	1			55
柳杜鹏	28	5		1	34
玛丽	34	3		2	39
任海燕	16	2	1	1	20
苏瑛	28	1			29
许可	15	2			17
尹俊伊	56	2	1	2	61
总计	346	31	4	7	388

图 4-38　各个销售额段的销售次数统计结果参考

5. 根据提供的源数据，制作如图 4-39 所示的动态图表，在组合框中选择不同年份，图表作相应改变。

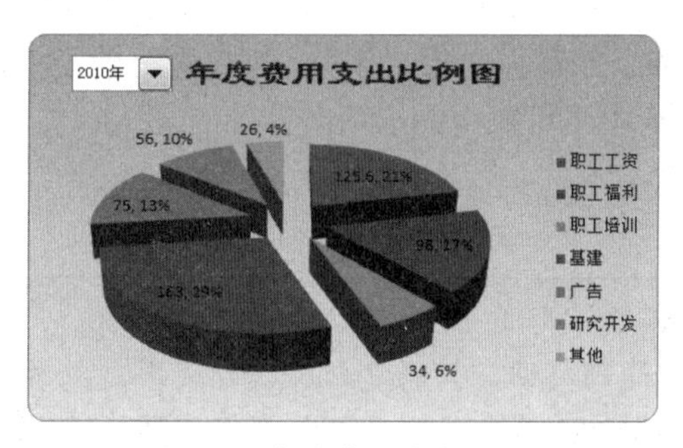

图 4-39　年度费用支出比例图

第 5 章　管理公司工资表

职场任务

获取准确信息

完善工资详单

制作工资条

5.1　获取准确信息

职场情境

Excel 作为一款专业电子表格处理软件，不仅能存储众多的数据，而且能方便快捷地处理数据。在日常的工资结算、职称评定等工作中，准确充分的员工档案信息，尤其是工龄信息，是人事管理、工资统计中不可缺少的一项内容。

学习目标

◆ **相关理论知识点**：MOD、MID、IF、TODAY、DAYS360、INT 等函数的语法及功能

◆ **相关技能知识点**：选择性粘贴；数据分列；综合运用函数功能实现从身份证号码中自动提取性别、出生年月等信息，根据参加工作日期计算实足工龄

学习准备

1. 学习新函数

（1）MOD 函数

- **功能**：返回两数相除的余数。结果的正负号与除数相同。
- **语法**：MOD(number,divisor)
- **参数**：number 为被除数;divisor 为除数。
- **应用举例**：=MOD(5,2)，结果返回 1；=MOD(8,2)，结果返回 0。

（2）MID 函数

- **功能**：截取文本字符串中从指定位置开始指定长度数目的字符，起始位置和截取长度均由用户指定。

- **语法**：MID(text,start_num,num_chars)
- **参数**：text 指包含要截取字符的文本字符串；start_num 指要截取的第一个字符在原字符串中的位置；num_chars 指要截取文本的总字符个数。
- **应用举例**：=MID("important",3,4)，结果返回 port。

（3）IF 函数

- **功能**：对满足条件的数据进行处理，条件满足则输出结果 1，不满足则输出结果 2。
- **语法**：IF(logical_test,[value_if_true],[value_if_false])
- **参数**：logical_test 为条件，value_if_true 指满足条件执行的结果，value_if_false 指不满足条件执行的结果，[]指可省略，但这里不能同时省略两个结果。
- **应用举例**：=IF(3<>2,"Y","N")，结果返回 Y。

（4）TODAY 函数

- **功能**：返回系统当前日期的序列号。
- **语法**：TODAY()
- **参数**：无
- **应用举例**：若系统当前时间为 2018/2/25 14:37，单元格中输入函数=TODAY()，结果返回 2018/2/25，转换成常规格式即为 43156。

（5）DAYS360 函数

- **功能**：按照一年 360 天的算法（每个月 30 天，一年共计 12 个月），返回两日期间相差的天数。
- **语法**：DAYS360(start_date,end_date,[method])
- **参数**：start_date 和 end_date 是用于计算期间天数的起止日期。如果 start_date 在 end_date 之后，则 DAYS360 将返回一个负数。method 参数可缺省，是一个指定计算方法的逻辑值，false 或忽略指使用美国方法，true 指使用欧洲方法。
- **应用举例**：=DAYS360("2017/2/1","2018/3/1")，结果返回 390。

（6）INT 函数

- **功能**：将数字截为整数或保留指定位数的小数。
- **语法**：INT(number)
- **参数**：number 为需要进行向下舍入取整的实数。
- **应用举例**：=INT(8.9)，结果返回 8；=INT(−8.9)，结果返回 −9。

2. *解读居民身份证号码*

居民身份证号码，根据中华人民共和国国家标准《公民身份号码》（GB 11643—1999）中有关公民身份号码的规定，公民身份号码是特征组合码，由十七位数字本体码和一位数字校验码组成。排列顺序从左至右依次为：六位数字地址码，八位数字出生日期码，三位数字顺序码和一位数字校验码。居民身份证是国家法定的证明公民个人身份的有效证件。

（1）地址码。身份证号码前六位表示编码对象常住户口所在县（市、镇、区）的行政区划代码。1～2 位为省、自治区、直辖市代码；3～4 位为地级市、盟、自治州代码；5～6 位为县、县级市、区代码。

（2）生日期码。身份证号码第七位到第十四位表示编码对象出生的年、月、日，其中年份用四位数字表示，年、月、日之间不用分隔符。例如，1996 年 11 月 27 日就用 19961127

表示。

（3）顺序码。身份证号码第十五位到十七位表示地址码所标识的区域范围内，对同年、月、日出生的人员编定的顺序号。其中第十七位奇数分给男性，偶数分给女性。

（4）校验码。身份证号码最后一位是根据前面十七位数字码，按照 ISO 7064:1983.MOD 11–2 校验算法计算出来的检验码。作为尾号的校验码，是由号码编制单位按统一的公式计算出来的，如果某人的尾号是 0～9，都不会出现 X，但如果尾号是 10，那么就得用 X 来代替，因为如果用 10 做尾号，那么此人的身份证就变成了 19 位，而 19 位的号码违反了国家标准，并且中国的计算机应用系统也不承认 19 位的身份证号码。X 是罗马数字的 10，用 X 来代替 10，可以保证公民的身份证符合国家标准。

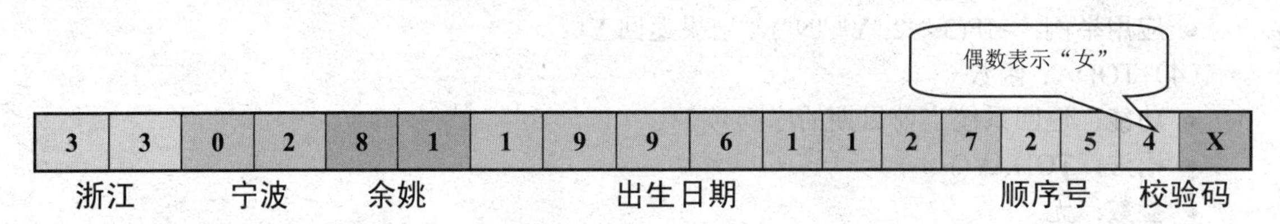

如某员工的身份证号码（18 位）是 33028119920916302X，那么表示 1992 年 9 月 16 日出生，性别为女。如果能想办法从这些身份证号码中将上述个人信息提取出来，不仅快速简便，而且不容易出错，核对时也只需要检查身份证号码信息，可大大提高工作效率。

3. 认识工龄和实足工龄

工龄是指职工以工资收入为生活资料的全部或主要来源的工作时间。工龄的长短标志着职工参加工作时间的长短，也反映了它对社会和企业的贡献大小和知识、经验、技术熟练程度的高低。一般企业单位按员工的实际工作年限结算工资、评定职称等，因此，准确计算员工的实际工作年限即实足工龄显得尤为重要。

学习案例

【案例展示】

根据现有信息（如图 5-1 所示）制作一份资料准确、详细的员工档案表（如图 5-2 所示），包括性别、出生日期、实足工龄等信息。

	A	B	C	D	E
1	泗门日立电器有限公司员工信息表				
2	编号	姓名	职称	身份证号	参加工作日期
3	1	李莉	高工	330219197804240428	2002/7/15
4	2	顾明月	高工	330281198809163025	2010/8/5
5	3	程韬韬	工程师	330281197804191013	2005/11/24
6	4	刘天亮	工程师	330281197910162058	2004/9/28
7	5	谭超群	工程师	33028119760611303X	2002/4/12
8	6	夏天	技术员	330281198611092055	2010/11/28
9	7	吴铭霞	工程师	330281197603241087	2003/1/24
10	8	丁桂萍	高工	330281198612163643	2009/9/1
11	9	严红兰	高工	33028119870218204X	2011/12/11
12	10	黄俊高	高工	330281198607293040	2010/7/2
13	11	樊斌	高工	330281198301151016	2009/11/17
14	12	黄春会	高工	33028119820628407X	2005/12/8

图 5-1 员工档案现有信息

	A	B	C	D	E	F	G	H
1	泗门日立电器有限公司员工信息表							
2	编号	姓名	性别	出生日期	职称	身份证号	参加工作日期	实足工龄
3	1	李莉	女	1978/4/24	高工	330219197804240428	2002/7/15	15
4	2	顾明月	女	1988/9/16	高工	330281198809163025	2010/8/5	7
5	3	程韬韬	男	1978/4/19	工程师	330281197804191013	2005/11/24	12
6	4	刘天亮	男	1979/10/16	工程师	330281197910162058	2004/9/28	13
7	5	谭超群	男	1976/6/11	工程师	33028119760611303X	2002/4/12	15
8	6	夏天	男	1986/11/9	技术员	330281198611092055	2010/11/28	7
9	7	吴铭霞	女	1976/3/24	工程师	330281197603241087	2003/1/24	15
10	8	丁桂萍	女	1986/12/16	高工	330281198612163643	2009/9/1	8
11	9	严红兰	女	1987/2/18	高工	33028119870218204X	2011/12/11	6
12	10	黄俊高	女	1986/7/29	高工	330281198607293040	2010/7/2	7
13	11	樊斌	男	1983/1/15	高工	330281198301151016	2009/11/17	8
14	12	黄春会	男	1982/6/28	高工	33028119820628407X	2005/12/8	12

图 5-2　员工档案信息

【案例分解】

将该案例任务分解，具体实施步骤如图 5-3 所示。

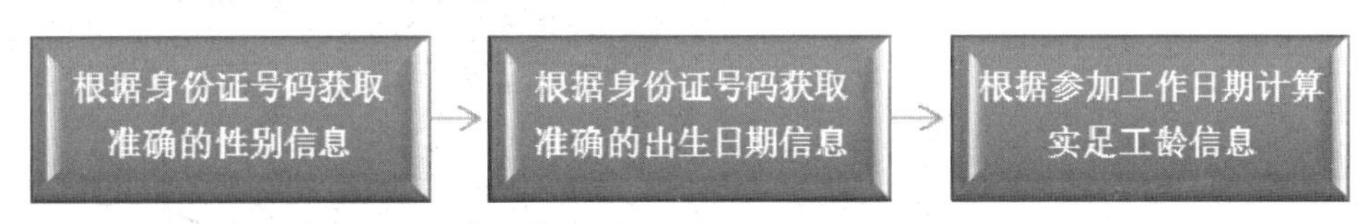

图 5-3　具体实施步骤

步骤 1. 根据身份证号码获取准确的性别信息。打开“员工档案现有信息.xlsx”工作簿，应用 MID、MOD、IF 等函数从身份证号码中获取性别信息，具体操作如 5-4 所示。

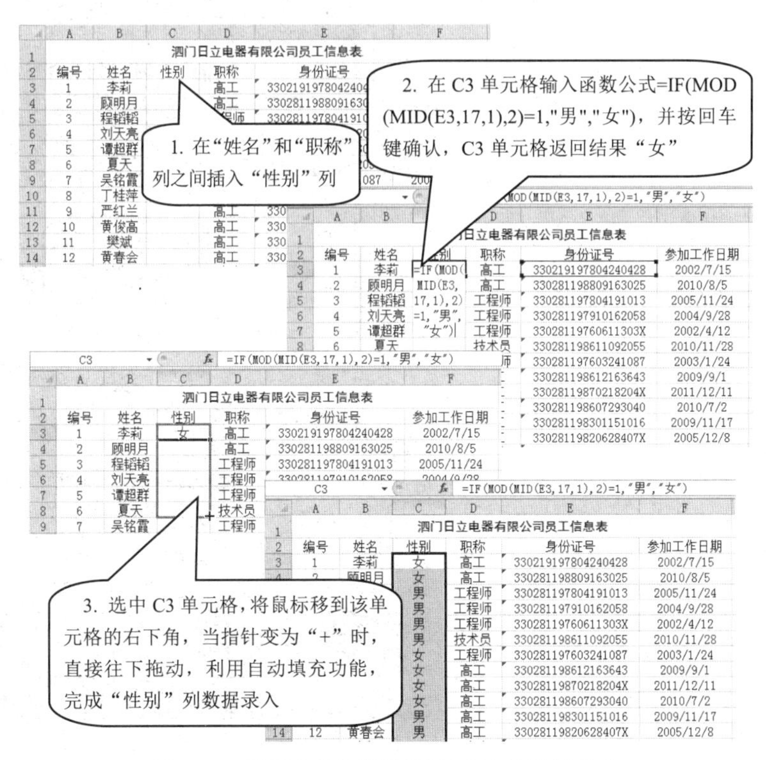

图 5-4　根据身份证号码获取准确的性别信息

步骤 2. 根据身份证号码获取准确的出生日期信息。在上述工作表中，应用 MID 函数从身份证号码中获取出生日期信息，再选择性粘贴成数值，分列成日期格式，具体操作如图 5-5 所示。

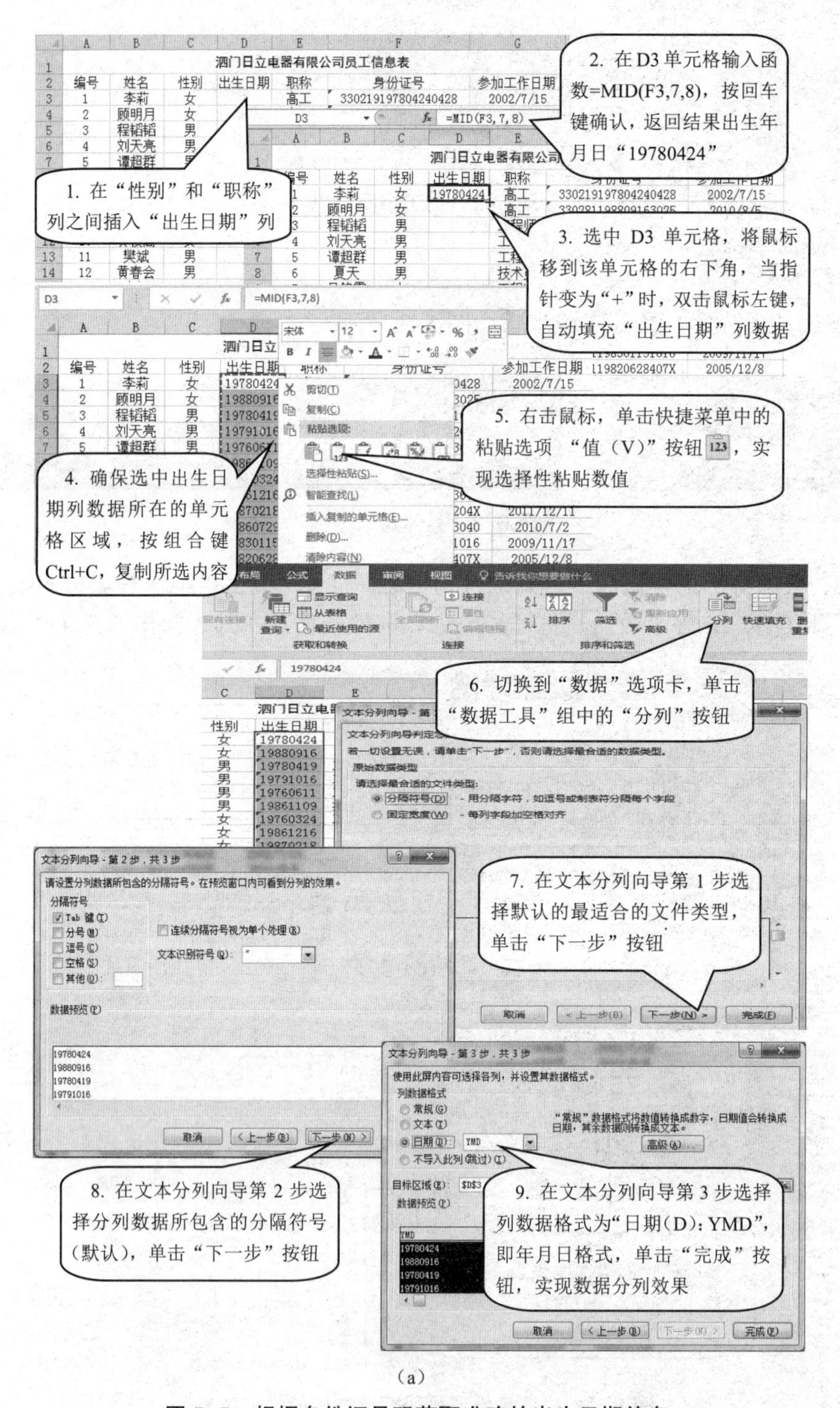

（a）

图 5-5 根据身份证号码获取准确的出生日期信息

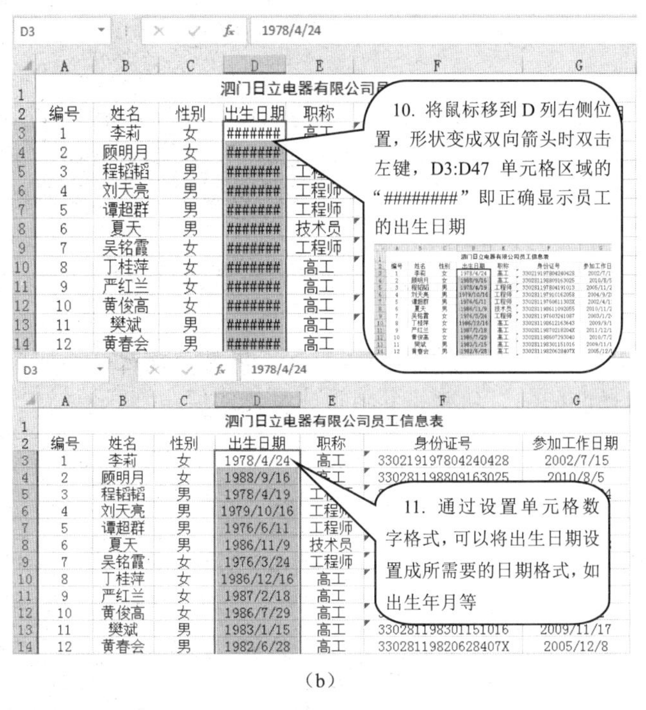

（b）

图 5-5　根据身份证号码获取准确的出生日期信息（续）

步骤 3. 根据参加工作日期计算实足工龄信息。在“参加工作日期”列后插入“实足工龄”列，根据参加工作日期计算实足工龄的具体操作如图 5-6 所示。

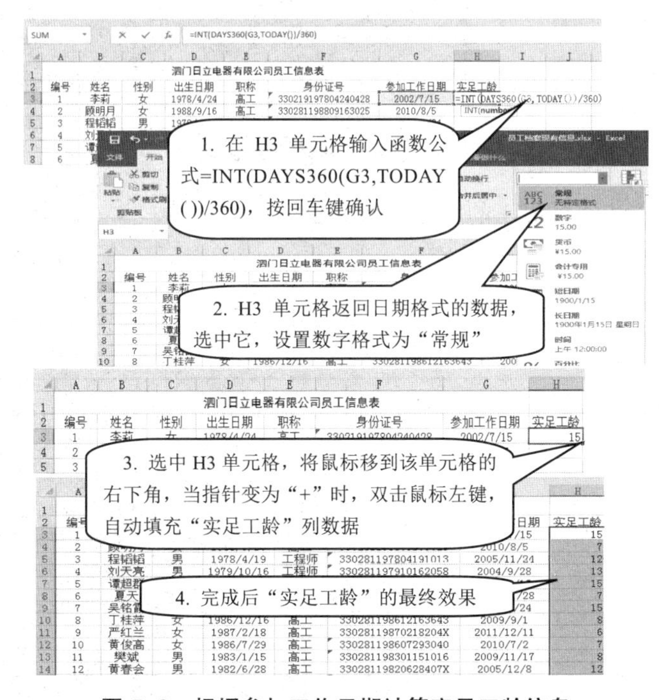

图 5-6　根据参加工作日期计算实足工龄信息

职场经验

1. 录入身份证号码、准考证号、手机号码等长串数字字符串的方法如下。

- **方法 1**：在输入 11 位及以上数字（如身份证号码）时，在数字前面加上一个英文状态下的单引号“'”即可如实显示数字字符串，反之以科学计数法显示数值。此时，该单元格格式为文本形式。
- **方法 2**：选中需要输入这些数据的单元格，设置数字格式为“文本”，即可正常输入数字字符串。

2. 在使用数据分列功能时，应确保这些单元格里是具体数据，如果是函数或公式计算结果，则应先用“选择性粘贴”功能将其转换成具体的值。

职场延伸

1. 在 5.1 节学习案例的“实足工龄”列后，插入“实际年龄”列，并计算员工的实际年龄。

	A	B	C	D	E	F	G	H	I
1	泗门日立电器有限公司员工信息表								
2	编号	姓名	性别	出生日期	职称	身份证号	参加工作日期	实足工龄	实际年龄
3	1	李莉	女	1978/4/24	高工	330219197804240428	2002/7/15	10	34
4	2	顾明月	女	1988/9/16	高工	330281198809163025	2010/8/5	2	24
5	3	程韬韬	男	1978/4/19	工程师	330281197804191013	2005/11/24	7	34
6	4	刘天亮	男	1979/10/16	工程师	330281197910162058	2004/9/28	8	33
7	5	谭超群	男	1976/6/11	工程师	33028119760611303X	2002/4/12	10	36
8	6	夏天	男	1986/11/9	技术员	330281198611092055	2010/11/28	2	26
9	7	吴铭霞	女	1976/3/24	工程师	330281197603241087	2003/1/24	9	36
10	8	丁桂萍	女	1986/12/16	高工	330281198612163643	2009/9/1	3	26
11	9	严红兰	女	1987/2/18	高工	33028119870218204X	2011/12/11	1	25
12	10	黄俊高	女	1986/7/29	高工	330281198607293040	2010/7/2	2	26
13	11	樊斌	男	1983/1/15	高工	330281198301151016	2009/11/17	3	29
14	12	黄春会	男	1982/6/28	高工	33028119820628407X	2005/12/8	7	30

图 5-7　实际年龄计算结果参考

2. 尝试用其他方法计算员工的实足工龄和实际年龄。

学习评价

本节内容学习已经结束，你都学会了吗？给自己评个分吧！

评分内容	分值	自评分	评分细则
“学习准备”掌握情况	100		1. 能独立完成：80～100 分 2. 能在老师和同学的帮助下完成：60～80 分 3. 不能完成：0～60 分
“学习案例”操作情况	100		
“职场延伸”任务操作情况	100		
合计	300		

5.2　完善工资详单

职场情境

员工的工资结算牵涉很多方面，如工龄、职称、出勤、三金缴纳、个人所得税等，作为公司财务人员，必须确保员工工资结算清晰明了，准确无误。

学习目标

◆ **相关理论知识点：**单元格引用，单元格区域名称，VLOOKUP、ISERROR、ROUND 函数的语法及功能，IF 函数嵌套

◆ **相关技能知识点：**数据引用、工龄补贴、缺勤扣款、个人所得税的计算

学习准备

1. 单元格引用

单元格引用是 Excel 中的术语，指单元格在表中位置的坐标标识。在函数和公式中，经常要引用单元格或单元格区域中的数据。

单元格的引用分 3 种：相对引用、绝对引用和混合引用。

（1）相对引用：表示某一单元格相对于当前单元格的相对位置。如果公式所在单元格的位置改变，引用也随之改变。如果多行或多列地复制公式，引用会自动调整。默认情况下，新公式使用相对引用。例如，如果将单元格 B2 中的公式“=A2*5%”复制到单元格 B3，将自动调整为“=A3*5%”。

（2）绝对引用：表示某一单元格在工作表中的绝对位置。如果公式所在单元格的位置改变，绝对引用的单元格始终保持不变。如果多行或多列地复制公式，绝对引用将不作调整。默认情况下，在单元格的行号和列号前$符号可以将相对引用转换成绝对引用。例如，如果将单元格 B2 中的公式“=A2*$F$6”复制到单元格 B3，则公式为“=A3*$F$6”。

（3）混合引用：具有绝对列和相对行，或者绝对行和相对列。绝对引用列采用 $A1、$B1 等形式。绝对引用行采用 A$1、B$1 等形式。如果公式所在单元格的位置改变，则相对引用改变，而绝对引用不变。如果多行或多列地复制公式，相对引用自动调整，而绝对引用不作调整。例如，如果将一个混合引用公式“=MOD($F2,G$1)”从 G2 复制到 H3，它将调整为“=MOD($F3,H$1)”。

2. 单元格区域名称

在 Excel 使用过程中，工作表中有些单元格或区域的数据使用频率较高，此时可为这些数据定义“名称”，由相应的“名称”来代替这些数据区域，可以通过利用名称框来快速定义名称，选择要定义名称的单元格区域，在名称框中输入相应的名称，直接按回车键即可。

3. 新的函数

（1）VLOOKUP 函数。

● **功能：**在表格的首列查找指定的数据，并返回指定数据所在行中的指定列处的数据。

● **语法**：VLOOKUP(lookup_value,table_array,col_index_num,range_lookup)，亦即 VLOOKUP（搜索值,数据表,被搜索列数,逻辑值 True 或 False）。

● **参数**：lookup_value 为“需在数据表第一列中查找的数据”，可以是数值、文本字符串或单元格引用。table_array 为“需要在其中查找数据的数据表”，可以引用单元格区域或使用名称等。col_index_num 为 table_array 中待返回的匹配值的列序号。range_lookup 为一逻辑值，指明返回精确匹配结果还是近似匹配结果。如果为 TRUE 或省略，则返回部分符合的值；如果为 FALSE，则返回完全符合的值，如果找不到，则返回错误值 #N/A。

● **应用举例**：详见 5.1 节学习案例。

（2）ROUND 函数。

● **功能**：根据所指定的小数位数，将数值四舍五入。

● **语法**：ROUND（number,num_digits），亦即 ROUND（数值,保留的小数位数）。

● **参数**：number 是将要进行四舍五入的数字，num_digits 则是希望得到数字小数点后的位数。

● **应用举例**：ROUND(3.546,1)=3.5,ROUND(3.546,2)=3.55,ROUND(3.54,0)=4。

（3）ISERROR 函数。

● **功能**：用于测试函数参数是否有错，如果有错，该函数返回 TRUE，反之返回 FALSE，常用在容易出现错误的公式中。

● **语法**：ISERROR（value）

● **参数**：Value 表示需要测试的值或表达式。

● **应用举例**：ISERROR(A5/B5)，确认以后，如果 B5 单元格为空或“0”，则 A5/B5 出现错误，此时函数返回逻辑值 TRUE。此函数通常与 IF、VLOOKUP 等函数配合使用，如果将上述公式修改为：=IF(ISERROR(A5/B5),"",A5/B5)，如果 B5 为空或“0”，则相应的单元格显示为空，反之显示 A5/B5 的结果。

4. 个人所得税相关知识

（1）什么是工资、薪金所得？

个人取得的工资、薪金所得是指个人因任职或者受雇而取得的工资、薪金、奖金、年终加薪、劳动分红、津贴、补贴以及与任职或受雇有关的其他所得。

个人所得税是指对按税法规定具有纳税义务的中国公民和外籍人员的个人收入或所得征收的一种税。

（2）怎样确定工资、薪金所得的应纳税所得额？

2018 年 8 月 31 日，第十三届全国人民代表大会常务委员会第五次会议《关于修改〈中华人民共和国个人所得税法〉的决定》，将个税免征额由 3 500 元提高到 5 000 元。2018 年 10 月 1 日起施行最新起征点和税率，新个税法于 2019 年 1 月 1 日起施行。

对于在中国境内任职、受雇的中国公民，目前我们每月所缴纳个税的应纳税所得额=每月收入–专项扣除（五险一金等）–专项附加扣除–依法确定的其他扣除–5 000 元（起征点）。专项扣除指的就是我们个人所缴纳的五险一金等，专项附加扣除即为 2019 年新推出的子女教育、赡养老人、医疗、继续教育、租房、房贷等费用，依法确定的其他扣除指的是由国务院决定以扣除方式减少纳税的其他优惠政策规定，包括个人缴付符合国家规定的企业年金、职业年金，个人购买符合国家规定的商业健康保险、税收递延型商业养老保险的支出，以及

国务院规定可以扣除的其他项目。该项视个人实际情况而定。

工资、薪金所得适用的个人所得税税率表如表 5-1 所示。

表 5-1　工资、薪金所得适用的个人所得税税率表

级数	全月应纳税所得额	税率/%	速算扣除数/元
1	不超过 3 000 元	3	0
2	超过 3 000 元至 12 000 元的部分	10	210
3	超过 12 000 元至 25 000 元的部分	20	1 410
4	超过 25 000 元至 35 000 元的部分	25	2 660
5	超过 35 000 元至 55 000 元的部分	30	4 410
6	超过 55 000 元至 80 000 元的部分	35	7 160
7	超过 80 000 元的部分	45	15 160

（3）如何计算需缴纳的工资、薪金所得个人所得税金额？

按月取得工资、薪金收入后，先减去专项扣除、专项附加扣除、依法确定的扣除，再减去个税起征点 5 000 元，为全月应纳税所得额，按 3%至 45%的七级税率计算缴纳个人所得税税额。个人所得税税额的速算公式为：

应纳个人所得税税额=（月工资、薪金收入–专项扣除（五险一金等）–专项附加扣除（如子女教育、房贷、赡养老人等）–依法确定的扣除–5 000）×适用税率–速算扣除数

应用举例：王某 12 月工资收入为 20 000 元，无其他收入，独生子女。当月个人缴纳的五险一金金额为 2 500 元，故专项扣除为 2 500 元。每月需要还房贷，有 2 位 60 岁以上的老人和 1 个正在上学的孩子，故专项附加扣除为 4 000 元。依法确定的扣除为 0 元。则王某当月应纳税所得额为 20 000–2 500–4 000–5 000=8 500 元，属于税率表中的第 2 级数，故应纳个人所得税税额=8 500×10%–210=640 元。

学习案例

【案例展示】

根据现有信息统计每位员工的月工资情况，包括基本工资、全勤奖、工龄补贴、提成和缺勤扣款、专项扣除、专项附加扣除、依法确定的扣除、个人所得税、实发合计等，最后效果如图 5-8 所示。

泗门日立电器有限公司员工资信息表

编号	姓名	部门	职称	工龄	工资级别	基本工资	全勤奖金	工龄补贴	提成	应发合计	缺勤扣款	专项扣除	专项附加扣除	依法确定扣除	每月应纳税额	个人所得税	实发合计
1	李莉	技术部	高工	17	5级	10000	0	350	0	10350	333	1500	3000	0	850	25.5	9991.5
2	顾明月	技术部	高工	9	7级	8000	0	290	0	8290	133	1500	2000	0	0	0	8157
3	程韬韬	工程部	工程师	14	3级	12000	0	350	0	12350	400	2000	3000	0	2350	70.5	11879.5
4	刘天亮	工程部	工程师	15	3级	12000	0	350	0	12350	0	2000	3000	0	2350	70.5	12279.5
5	谭超群	工程部	工程师	18	2级	13000	0	350	0	13350	453	2000	3000	0	3350	125	12772
6	夏天	技术部	技术员	9	10级	6500	100	290	0	6890	0	1000	0	0	890	26.7	6863.3
7	吴铭霞	技术部	工程师	17	3级	12000	0	350	0	12350	470	2000	1000	0	4350	225	11655
8	丁桂萍	销售部	高工	10	7级	8000	100	320	250	8670	0	1500	3000	0	0	0	8670
9	严红兰	市场部	高工	8	7级	8000	100	260	0	8360	0	1500	4000	0	0	0	8360
10	黄俊高	市场部	高工	9	7级	8000	0	290	0	8290	267	1500	3000	0	0	0	8023
11	樊斌	销售部	高工	10	7级	8000	100	320	1300	9720	0	1500	3000	0	220	6.6	9713.4
12	黄春会	技术部	高工	14	6级	9000	100	350	0	9450	0	1500	3000	0	0	0	9450

图 5-8　员工工资详单

【案例分解】

将该案例任务分解，具体实施步骤如图 5-9 所示。

图 5-9　具体实施步骤

步骤 1. 定义单元格区域名称。在运用公式和函数计算的过程中，经常会绝对引用某些单元格区域，为方便公式编辑，可以为这些单元格区域定义名称。打开“员工工资详单现有信息.xlsx”，切换到“工资级别”工作表，定义单元格区域名称，操作步骤如图 5-10 所示。在公式与函数中，如果选择定义过名称的单元格区域，系统将自动转换为相应的名称，也可直接输入名称使用，详见下述操作步骤。

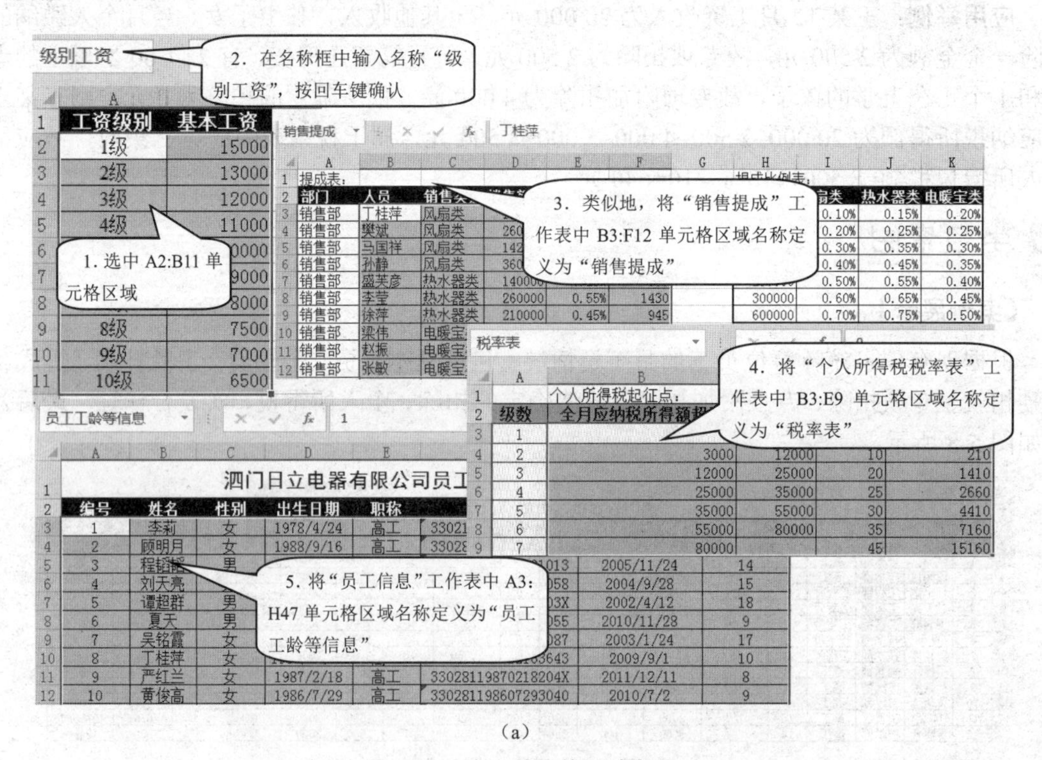

(a)

图 5-10　定义单元格区域名称

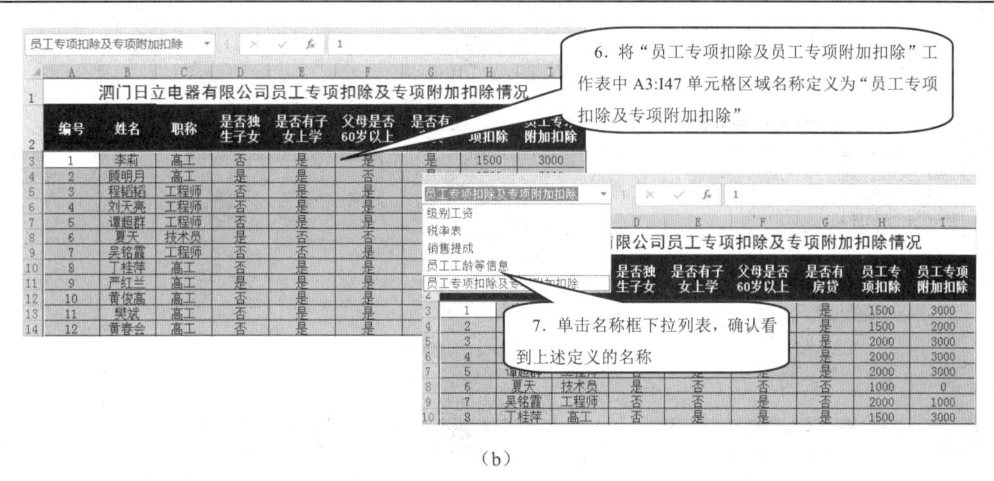

（b）

图 5-10　定义单元格区域名称（续）

步骤 2. 运用 VLOOKUP 函数获取工龄、基本工资。切换到“工资详单”工作表，在“工龄”“基本工资”“专项扣除”“专项附加扣除”“提成”列用 VLOOKUP 函数获取相应数据，操作步骤如图 5-11 所示。

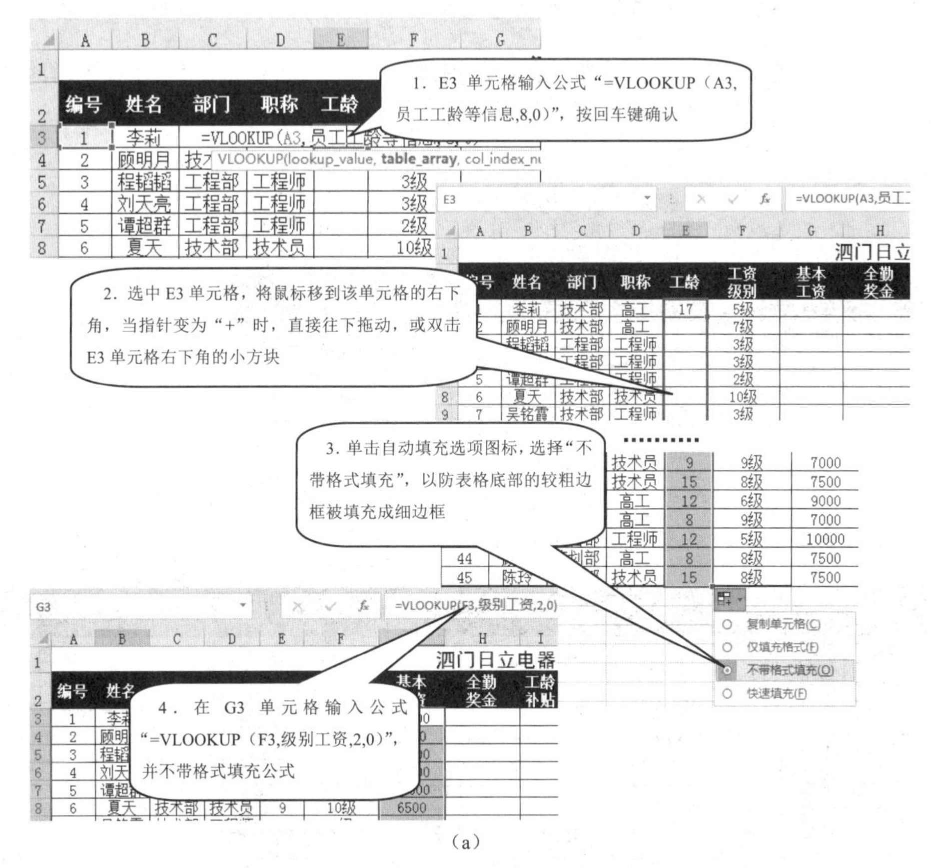

（a）

图 5-11　运用 VLOOKUP 函数获取工龄、基本工资、专项扣除、专项附加扣除

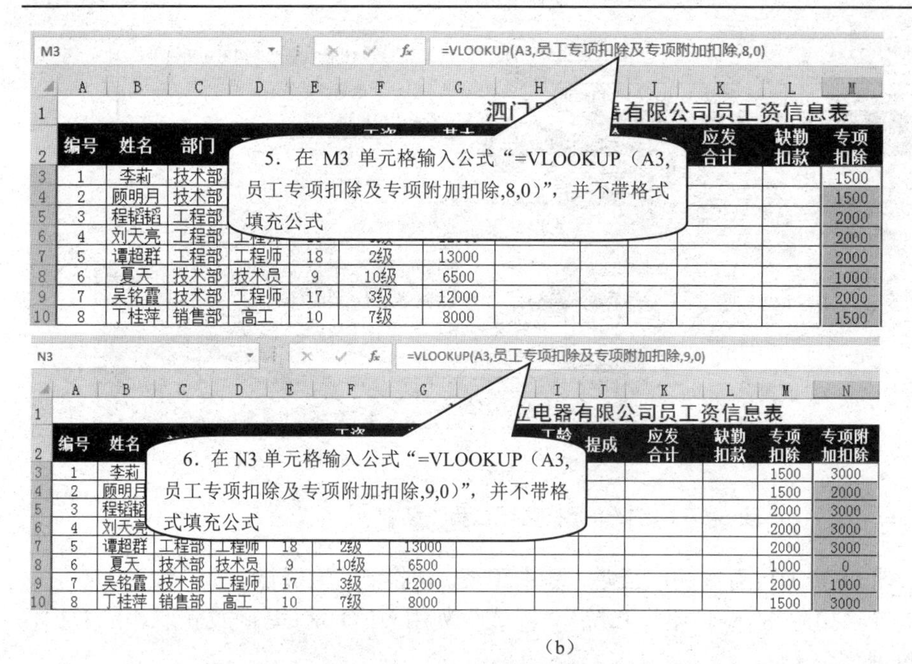

（b）

图 5-11　运用 VLOOKUP 函数获取工龄、基本工资、专项扣除、专项附加扣除（续）

步骤 3. 运用 VLOOKUP 等函数获取销售提成。提成一般用在销售部门，凭销售额按比例发放，此处运用函数获取，操作步骤如图 5-12 所示。

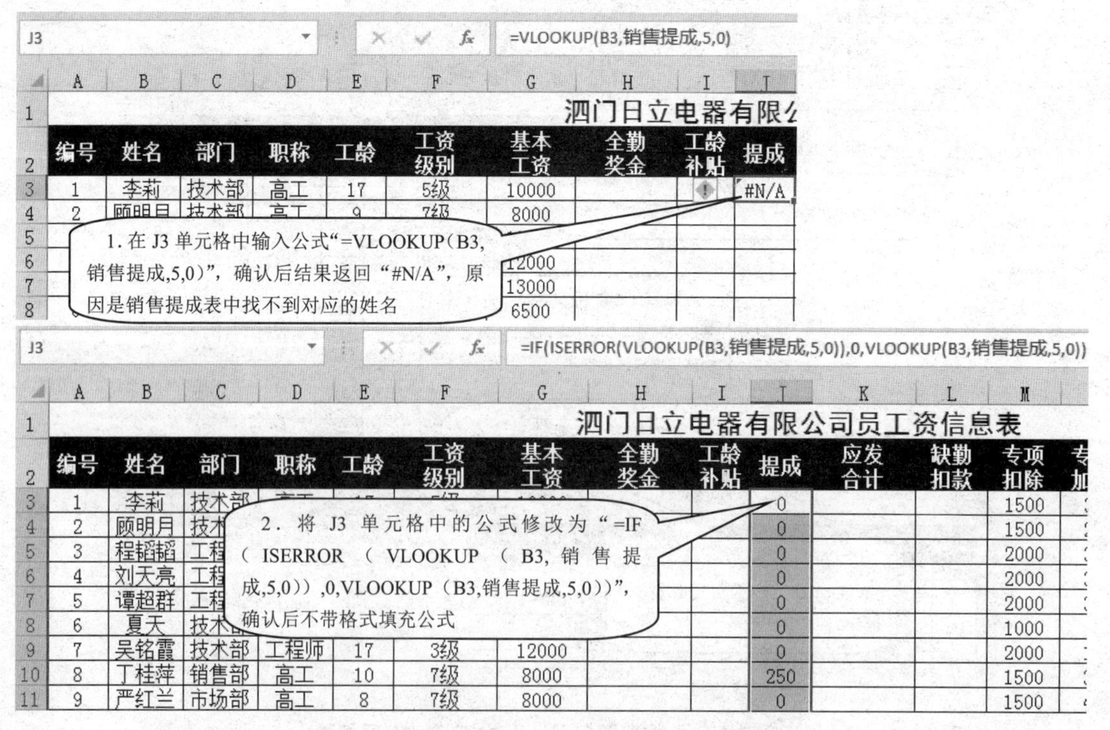

图 5-12　运用 VLOOKUP 等函数获取销售提成

步骤 4. 运用多层 IF 函数嵌套计算全勤奖金和工龄补贴。 全勤奖金是公司鼓励员工按时出勤的奖励方式，影响奖金发放的标准有请假天数和迟到分钟数。工龄补贴又称工龄工资、年功工资，是企业按照员工的工作年数，即员工的工作经验和劳动贡献的积累给予的经济补偿。该公司工龄补贴的计算制度为：员工在本公司工作两年后（即第三年），每月加发工龄补贴基数 80 元，第四年开始，每增加一年加发 30 元/月，例如某员工在本公司工作满四年，则第五年其每月的工龄工资为：基数 80 元+30 元+30 元=140 元。工龄工资以 11 年为限，超过 11 年后均作 11 年计，最高为 350 元。根据上述制度可运用多层 IF 函数嵌套计算全勤奖金和工龄补贴，操作步骤如图 5-13 所示。

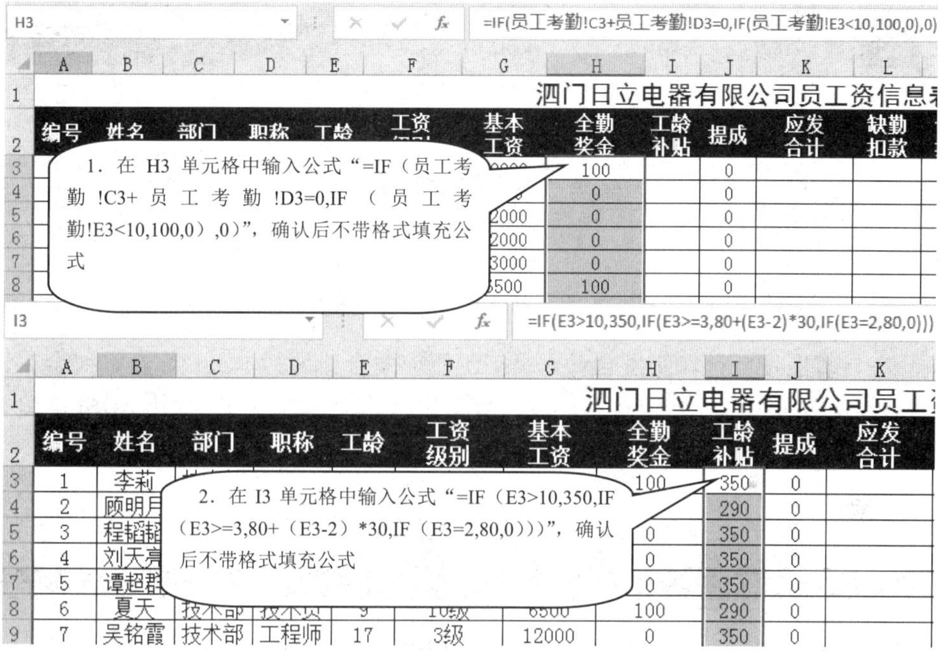

H3　=IF(员工考勤!C3+员工考勤!D3=0,IF(员工考勤!E3<10,100,0),0)

1. 在 H3 单元格中输入公式"=IF（员工考勤!C3+员工考勤!D3=0,IF（员工考勤!E3<10,100,0）,0）"，确认后不带格式填充公式

I3　=IF(E3>10,350,IF(E3>=3,80+(E3-2)*30,IF(E3=2,80,0)))

2. 在 I3 单元格中输入公式"=IF（E3>10,350,IF（E3>=3,80+（E3-2）*30,IF（E3=2,80,0）））"，确认后不带格式填充公式

图 5-13　运用多层 IF 函数嵌套计算全勤奖金和工龄补贴

步骤 5. 运用多层 IF 函数嵌套和 Round 函数计算缺勤扣款。 该公司的请假扣款制度如下：请事假者当天不计薪，请病假者计半薪，当月累计迟到超过 10 分钟，未满 20 分钟者，扣全勤奖但不扣薪，超过 20 分钟后，每分钟扣 10 元。扣薪标准按基本工资计，四舍五入保留整数。根据上述制度可运用多层 IF 函数嵌套和 Round 函数计算缺勤扣款，操作步骤如图 5-14 所示。

L3 =G3/30*(员工考勤!C3/2+员工考勤!D3)+IF(员工考勤!E3>20,(员工考勤!E3-20)*10,0)

	A	B	C	D	E	F	G	H	I	J	K	L	M
1	泗门日立电器有限公司员工资信息表												
2	编号	姓名	部门	职称	工龄	工资级别	基本工资	全勤奖金	工龄补贴	提成	应发合计	缺勤扣款	专项扣除
3	1	李莉										333.333	1500
4	2	顾明月										133.333	1500
5	3	程韬韬										400	2000
6	4	刘天亮										0	2000
7	5	谭超群	工程部	工程师	18	2级	13000	0	350	0		453.333	2000
8	6	夏天	技术部	技术员	9	10级	6500	100	290	0		0	1000
9	7	吴铭霞	技术部	工程师	17	3级	12000	0	350	0		470	2000
10	8	丁桂萍	销售部	高工	10	7级	8000	100	320	250		0	1500
11	9	严红兰	市场部	高工	8	7级	8000	100	260	0		0	1500
12	10	黄俊高	市场部	高工	9	7级	8000	0	290	0		266.667	1500

1．在 L3 单元格中输入公式“=G3/30*（员工考勤!C3/2+员工考勤!D3）+IF（员工考勤!E3>20,（员工考勤!E3-20）*10,0）”，确认后不带格式填充公式，结果有无限小数

L3 =ROUND(G3/30*(员工考勤!C3/2+员工考勤!D3)+IF(员工考勤!E3>20,(员工考勤!E3-20)*10,0),0)

	A	B	C	D	E	F	G	H	I	J	K	L	M	N
1	泗门日立电器有限公司员工资信息表													
2	编号										应发合计	缺勤扣款	专项扣除	专项附加扣除
3	1											333	1500	3000
4	2											133	1500	2000
5	3											400	2000	3000
6	4											0	2000	3000
7	5									0		453	2000	3000
8	6	夏天	技术部	技术员	9	10级	6500	100	290	0		0	1000	0
9	7	吴铭霞	技术部	工程师	17	3级	12000	0	350	0		470	2000	1000
10	8	丁桂萍	销售部	高工	10	7级	8000	100	320	250		0	1500	3000
11	9	严红兰	市场部	高工	8	7级	8000	100	260	0		0	1500	4000
12	10	黄俊高	市场部	高工	9	7级	8000	0	290	0		267	1500	3000

2．修改 L3 单元格中的公式为“=ROUND（G3/30*（员工考勤!C3/2+员工考勤!D3）+IF（员工考勤!E3>20,（员工考勤!E3-20）*10,0）,0）”，确认后不带格式重新填充公式，将原来的结果四舍五入到整数

图 5-14 运用多层 IF 函数嵌套和 Round 函数计算缺勤扣款

步骤 6. 计算应发合计和实发合计。员工工资应发合计为基本工资、全勤奖金、工龄补贴和提成的和，而实发合计为应发合计减去缺勤扣款和个人所得税，运用 SUM 函数和公式计算，操作步骤如图 5-15 所示。

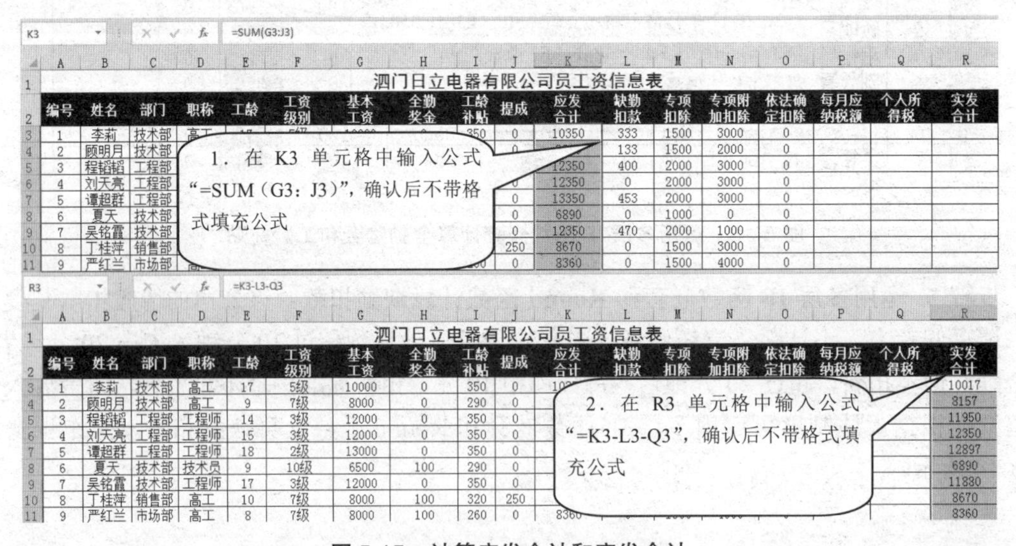

K3 =SUM(G3:J3)

	A	B	C	D	E	F	G	H	I	J	K	L	M	N	O	P	Q	R
1	泗门日立电器有限公司员工资信息表																	
2	编号	姓名	部门	职称	工龄	工资级别	基本工资	全勤奖金	工龄补贴	提成	应发合计	缺勤扣款	专项扣除	专项附加扣除	依法确定扣除	每月应纳税额	个人所得税	实发合计
3	1	李莉	技术部						350	0	10350	333	1500	3000	0			
4	2	顾明月	技术部									133	1500	2000	0			
5	3	程韬韬	工程部								12350	400	2000	3000	0			
6	4	刘天亮	工程部								12350	0	2000	3000	0			
7	5	谭超群	工程部							0	13350	453	2000	3000	0			
8	6	夏天	技术部							0	6890	0	1000	0	0			
9	7	吴铭霞	技术部							0	12350	470	2000	1000	0			
10	8	丁桂萍	销售部							250	8670	0	1500	3000	0			
11	9	严红兰	市场部							0	8360	0	1500	4000	0			

1．在 K3 单元格中输入公式“=SUM（G3：J3）”，确认后不带格式填充公式

R3 =K3-L3-Q3

	A	B	C	D	E	F	G	H	I	J	K	L	M	N	O	P	Q	R
1	泗门日立电器有限公司员工资信息表																	
2	编号	姓名	部门	职称	工龄	工资级别	基本工资	全勤奖金	工龄补贴	提成	应发合计	缺勤扣款	专项扣除	专项附加扣除	依法确定扣除	每月应纳税额	个人所得税	实发合计
3	1	李莉	技术部	高工	17	5级	10000	0	350	0								10017
4	2	顾明月	技术部	高工	9	7级	8000	0	290	0								8157
5	3	程韬韬	工程部	工程师	14	3级	12000	0	350	0								11950
6	4	刘天亮	工程部	工程师	15	3级	12000	0	350	0								12350
7	5	谭超群	工程部	工程师	18	2级	13000	0	350	0								12897
8	6	夏天	技术部	技术员	9	10级	6500	100	290	0								6890
9	7	吴铭霞	技术部	工程师	17	3级	12000	0	350	0								11880
10	8	丁桂萍	销售部	高工	10	7级	8000	100	320	250								8670
11	9	严红兰	市场部	高工	8	7级	8000	100	260	0	8360							8360

2．在 R3 单元格中输入公式“=K3-L3-Q3”，确认后不带格式填充公式

图 5-15 计算应发合计和实发合计

步骤 7. 计算个人所得税。个人所得税税额按 3%至 45%的七级税率计算，此处计算公

式为：个人所得税税额=（应发金额–专项扣除–专项附加扣除–依法确定扣除–5 000）×适用税率–速算扣除数，具体操作步骤如图 5-16 所示。

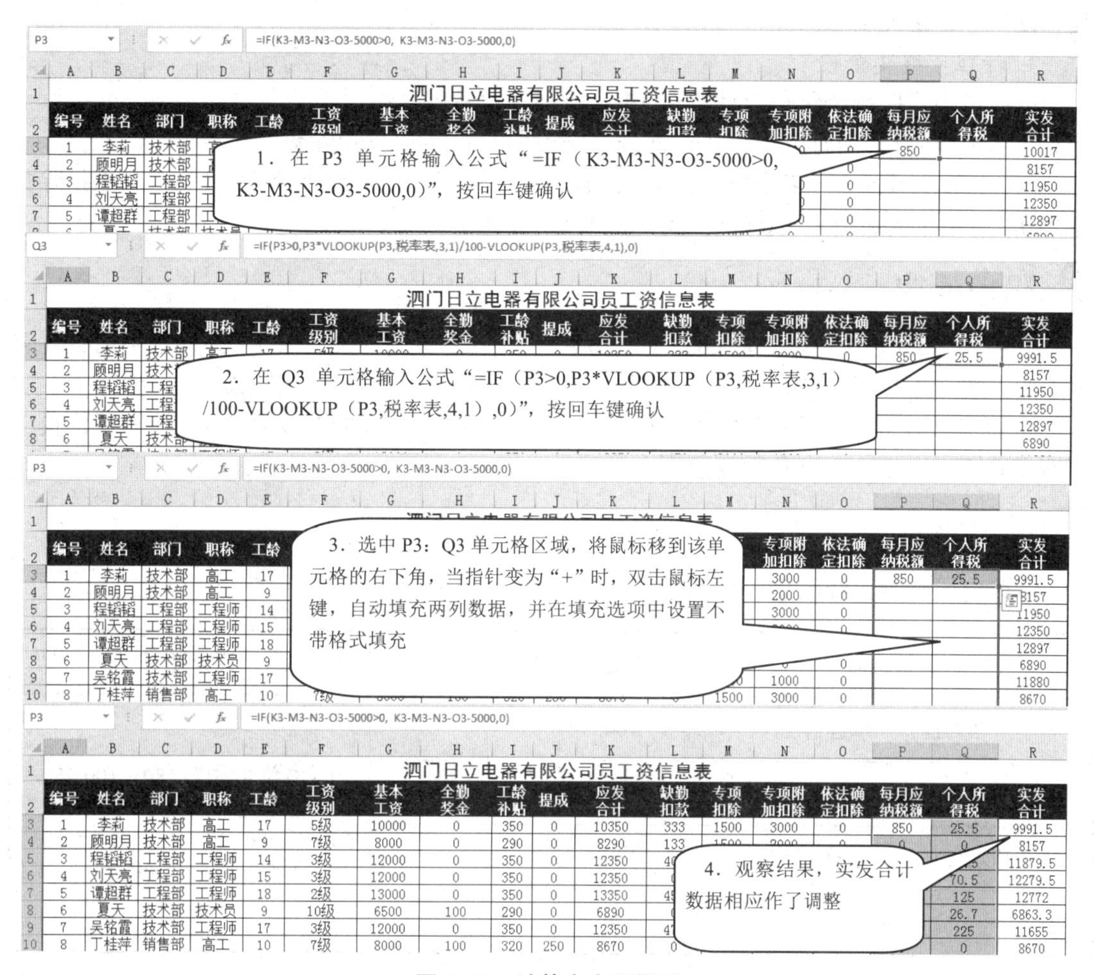

图 5-16　计算个人所得税

职场经验

1. 在 Excel 中输入公式时，只要正确使用 F4 键，就能简单地对单元格的相对引用和绝对引用进行切换。例如，对于某单元格所输入的公式为“=SUM(B4:B8)”。

选中整个公式，按下 F4 键，该公式内容变为“=SUM($B$4:$B$8)”，表示对横、纵行单元格均进行绝对引用。

第二次按下 F4 键，公式内容又变为“=SUM(B$4:B$8)”，表示对横行进行绝对引用，纵行相对引用。

第三次按下 F4 键，公式则变为“=SUM($B4:$B8)”，表示对横行进行相对引用，对纵行进行绝对引用。

第四次按下 F4 键时，公式变回到初始状态“=SUM(B4:B8)”，即对横行纵行的单元格均

进行相对引用。

2. 使用单元格区域名称是绝对引用单元格，在 VLOOKUP 函数中、设置单元格下拉列表等操作中经常会用到。

3. 计算年终奖个税

以雇员当月取得全年一次性奖金/12 的数据确定适用税率。

应纳税额=雇员当月取得全年一次性奖金×适用税率–速算扣除数

例如：6 万元全年一次性奖金，60 000÷12=5 000 元，适用的税率是 10%，速算扣除数是 210，应纳个人所得税=60 000×10%–210=5 790 元。

职场延伸

1. 打开“职工休假数据库.xlsx”工作簿（见“5.2 素材”文件夹），综合运用函数计算员工的“实足工龄”，并以“年休条件”表为基础，计算“年休假”天数。

2. 打开“计算提成和分发工资.xlsx”工作簿（见“5.2 素材”文件夹），计算每位员工的销售成绩、提成、工资及需要票面金额。

学习评价

本节内容学习已经结束，你都学会了吗？给自己评个分吧！

<table>
<tr><th>评分内容</th><th>分值</th><th>自评分</th><th>评分细则</th></tr>
<tr><td>“学习准备”掌握情况</td><td>100</td><td></td><td rowspan="4">1. 能独立完成：80～100 分
2. 能在老师和同学的帮助下完成：60～80 分
3. 不能完成：0～60 分</td></tr>
<tr><td>“学习案例”操作情况</td><td>100</td><td></td></tr>
<tr><td>“职场延伸”任务操作情况</td><td>100</td><td></td></tr>
<tr><td>合计</td><td>300</td><td></td></tr>
</table>

5.3 制作工资条

职场情境

员工工资的构成比较复杂，为方便查阅和核对各项工资明细，每月发工资时须向各员工提供一张包含工资构成名称和具体数值的工资条。

学习目标

- ◆ **相关理论知识点**：CHOOSE、ROW、OFFSET 函数的语法及功能
- ◆ **相关技能知识点**：利用函数生成工资条

学习准备

1. CHOOSE 函数

- **功能**：返回数值参数列表中的数值。
- **语法**：CHOOSE(index_num,value1,value2,…)
- **参数**：index_num 必须为 1 到 254 之间的数字，或者是包含数字 1 到 254 的公式或单元格引用，用以指明待选参数序号的参数值。value1,value2,...为 1 到 254 个数值可选参数。
- **应用举例**：SUM(CHOOSE(2,A1:A10,B1:B10,C1:C10))=SUM(B1:B10)，该公式中 CHOOSE 函数返回的值为第二个引用。

2. ROW()函数

- **功能**：用于返回给定引用的行号。
- **语法**：ROW（reference）
- **参数**：reference 为需要得到其行号的单元格或单元格区域。如果省略 reference，则假定是对函数 ROW 所在单元格的引用。如果 reference 为一个单元格区域，并且函数 ROW 作为垂直数组输入，则函数 ROW 将 reference 的行号以垂直数组的形式返回。但 reference 不能对多个区域进行引用。
- **应用举例**：=ROW(C72)，结果返回 72。

3. OFFSET()函数

- **功能**：用于以指定的引用为参照系，通过给定偏移量得到新的引用。
- **语法**：OFFSET(reference,rows,cols,height,width)
- **参数**：reference 变量作为偏移量参照系的引用区域，reference 必须为对单元格或相连单元格区域的引用，否则 OFFSET 函数返回错误值＃VALUE!）；rows 变量表示相对于偏移量参照系的左上角单元格向上（向下）偏移的行数，（例如 rows 使用 2 作为参数，表示目标引用区域的左上角单元格比 reference 低 2 行），行数可为正数（表示在起始引用单元格的下方）或者负数（表示在起始引用单元格的上方）或者 0（表示起始引用单元格）。cols 表示相对于偏移量参照系的左上角单元格向左（向右）偏移的列数（例如 cols 使用 4 作为参数，表示目标引用区域的左上角单元格比 reference 右移 4 列），列数可为正数（表示在起始引用单元格的右边）或者负数（表示在起始引用单元格的左边）。如果行数或者列数偏移量超出工作表边缘，OFFSET 函数将返回错误值＃REF!。height 变量表示高度，即所要返回的引用区域的行数（height 必须为正数）。width 变量表示宽度，即所要返回的引用区域的列数（width 必须为正数）。如果省略 height 或者 width，则表示其高度或者宽度与 reference 相同。
- **应用举例**：函数 OFFSET（A1,2,3）表示引用以单元格 A1 为参照，向下偏移 2 行并向右偏移 3 列的单元格 D3 的值。

学习案例

【案例展示】

根据 5.2 节制作的员工工资详单制作成如图 5-17 所示的工资条，工资条内容包括工资构成名称和具体数值。

	A	B	C	D	E	F	G	H	I	J	K	L	M
1	编号	姓名	工龄	工资级别	基本工资	全勤奖金	工龄补贴	提成	应发合计	缺勤扣款	每月应纳税额	个人所得税	实发合计
2	1	李莉	17	5级	10000	0	350	0	10350	333	850	25.5	9991.5
3													
4	编号	姓名	工龄	工资级别	基本工资	全勤奖金	工龄补贴	提成	应发合计	缺勤扣款	每月应纳税额	个人所得税	实发合计
5	2	顾明月	9	7级	8000	0	290	0	8290	133	0	0	8157
6													
7	编号	姓名	工龄	工资级别	基本工资	全勤奖金	工龄补贴	提成	应发合计	缺勤扣款	每月应纳税额	个人所得税	实发合计
8	3	程韬韬	14	3级	12000	0	350	0	12350	400	2350	70.5	11879.5
9													
10	编号	姓名	工龄	工资级别	基本工资	全勤奖金	工龄补贴	提成	应发合计	缺勤扣款	每月应纳税额	个人所得税	实发合计
11	4	刘天亮	15	3级	12000	0	350	0	12350	0	2350	70.5	12279.5
12													
13	编号	姓名	工龄	工资级别	基本工资	全勤奖金	工龄补贴	提成	应发合计	缺勤扣款	每月应纳税额	个人所得税	实发合计
14	5	谭超群	18	2级	13000	0	350	0	13350	453	3350	125	12772
15													

图 5-17 员工工资条效果

【案例分解】

将该案例任务分解，具体实施步骤如图 5-18 所示。

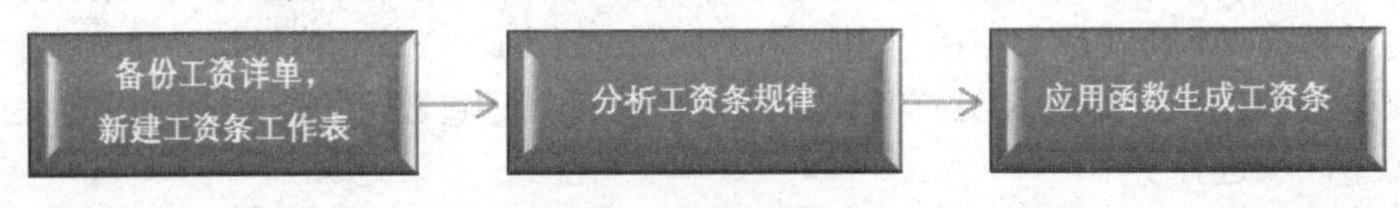

图 5-18 具体实施步骤

步骤 1. 备份工资详单，新建工资条工作表。为避免原有的工资详单数据遭到破坏，可以用复制工作表的方式将“工资详单”工作表做备份。打开“员工工资详单.xlsx”工作簿，备份操作如图 5-19 所示。

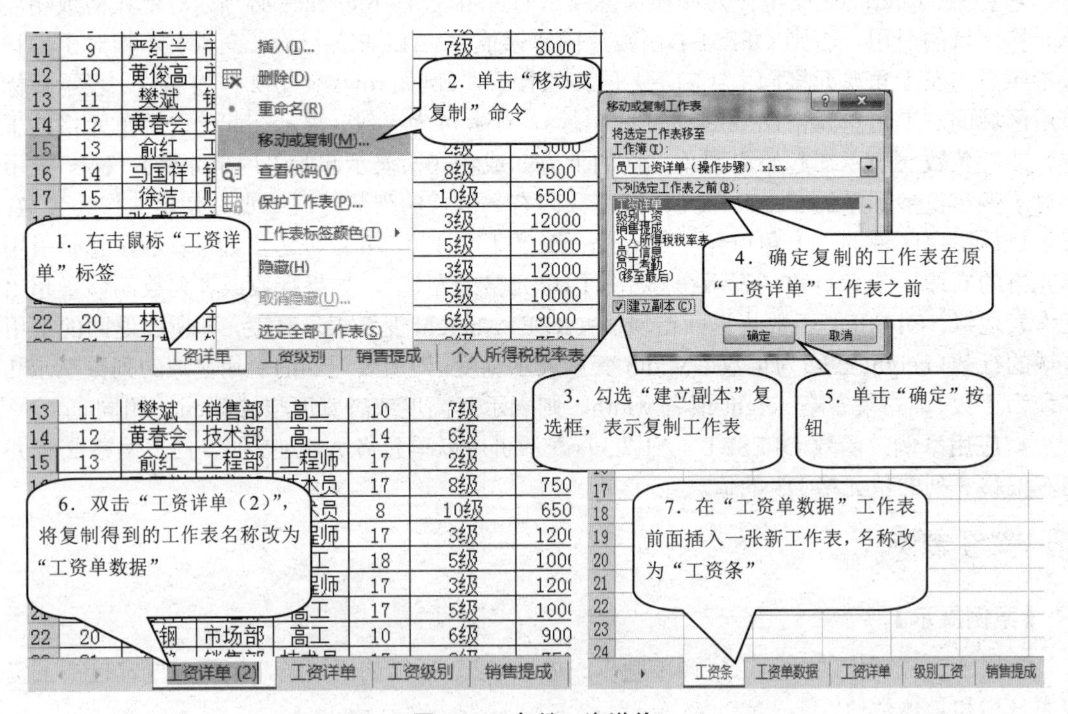

图 5-19 备份工资详单

步骤 2. 分析工资条规律。观察图中的工资条，其规律为每三行一组，每组第一行为标题，第二行为姓名和各项工资数据，第三行为空白行，即行号被 3 除余 1 的行为标题行，被 3 除余 2 的行为包括职工姓名等信息和各项工资数据的行，能被 3 整除的行为空行。

步骤 3. 应用函数生成工资条。根据上述分析的规律，综合应用函数可自动生成工资条，具体操作步骤如图 5-20 所示。

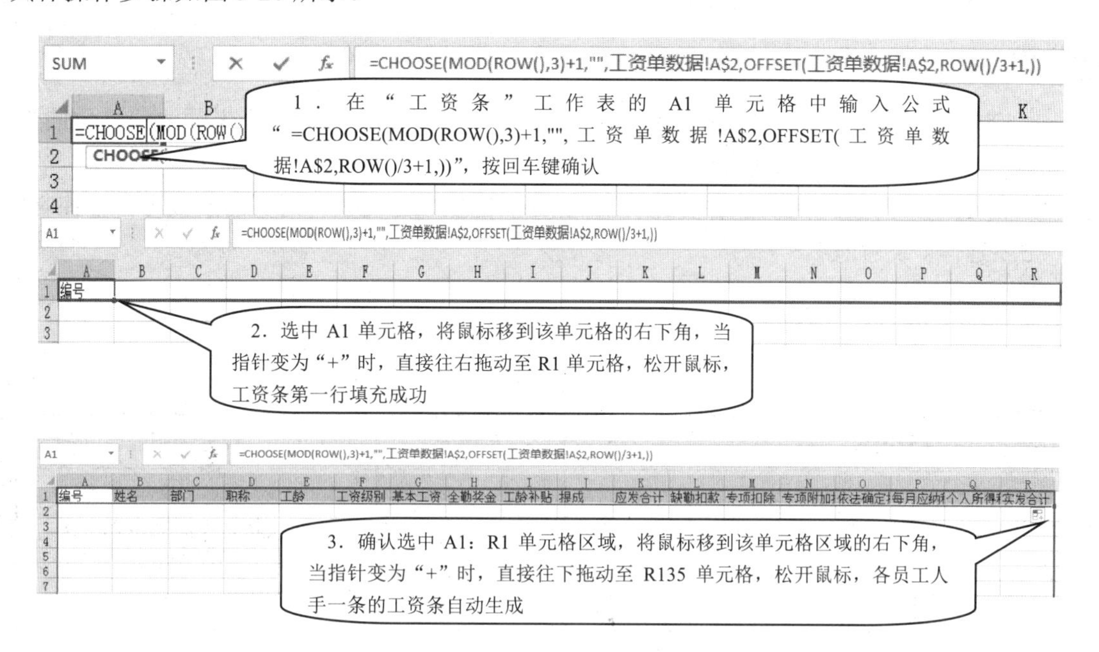

（a）

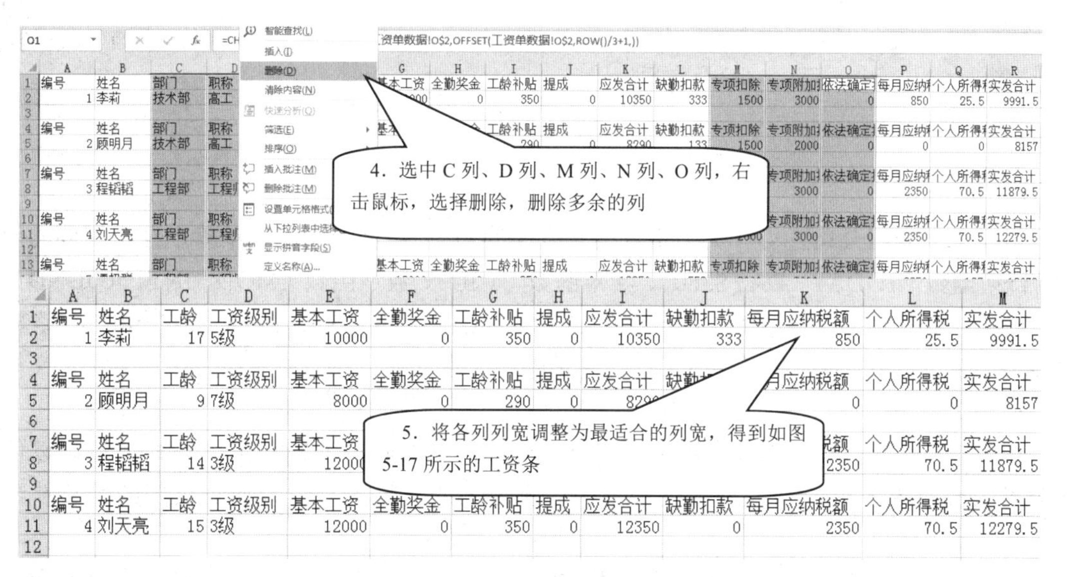

（b）

图 5-20　应用函数生成工资条

职场经验

配合使用 CHOOSE()、MOD()、ROW()、OFFSET()等函数可通过一个公式自动生成工资条；应用邮件合并功能也可以制作类似效果的工资条，在 1.3 节“职场延伸”环节有相应的练习，不妨一试。

职场延伸

1. 李老师想把每一位同学的成绩分别反馈给家长，请利用函数帮李老师给每一位同学制作相应的成绩单。（见“5.3 延伸”文件夹）

2. 在 1.3 里学过邮件合并功能，用邮件合并功能生成工资条，每页的条数可自行控制。（见“5.3 延伸”文件夹）

学习评价

本节内容学习已经结束，你都学会了吗？给自己评个分吧!

<table>
<tr><th>评分内容</th><th>分值</th><th>自评分</th><th>评分细则</th></tr>
<tr><td>“学习准备”掌握情况</td><td>100</td><td></td><td rowspan="4">1. 能独立完成：80～100 分
2. 能在老师和同学的帮助下完成：60～80 分
3. 不能完成：0～60 分</td></tr>
<tr><td>“学习案例”操作情况</td><td>100</td><td></td></tr>
<tr><td>“职场延伸”任务操作情况</td><td>100</td><td></td></tr>
<tr><td>合计</td><td>300</td><td></td></tr>
</table>

5.4 小结与挑战

【本章小结】

本章主要介绍公司各类有关于工资结算方面的知识，包括各类工资结算中经常用到的函数，日期函数（TODAY、DAYS360）、文本函数（MID）、数学函数（MOD、INT、ROUND）、信息函数（ISERROR）、查找与引用函数（VLOOKUP、CHOOSE、ROW、OFFSET）、逻辑函数 IF 等，除函数外本章还讲述了选择性粘贴、文本分列、单元格引用、区域名称定义等知识点。

1. 员工准确信息获取：利用身份证号码获取员工准确的性别和出生日期信息，以便于公司工会开展各项活动；利用工作日期计算员工的实足工龄，为计算员工的工龄补贴服务。

2. 员工工资详单的制作：员工的工资详单涉及很多方面，包括基本工资、全勤奖金、工龄补贴、提成、缺勤扣款、个人所得税等方面，利用 IF 函数嵌套、VLOOKUP 函数等可以快速准确地计算每位员工的工资信息。

3. 员工工资条的制作：月工资详单制作完成以后，财务室都要给每位员工制作工资条，将本月工资的明细列出，这里利用函数自动生成。

【自我挑战】

根据“工资管理.xlsx”（见“5.4 素材”文件夹）中提供的现有数据（“基本工资表”“出勤统计表”“福利表”“奖金表”“专项附加扣除表”）完成下列要求。

1. 根据基本工资表、出勤统计表、福利表、奖金表和专项附加扣除表中的数据，应用 Excel 中的单元格引用及函数、公式制作工资表，如图 5-21 所示，并计算各部门的工资支出总额。

员工工资表

员工编号	员工姓名	所在部门	基本工资	奖金	住房补贴	车费补贴	保险金	请假扣款	应发金额	专项附加扣除	扣税所得额	个人所得税	实发金额
1001	江雨薇	人事部	¥6,500	¥3,000	¥1,000	¥0	¥1,000	¥0	¥9,500	¥3,000	¥1,500	¥45	¥9,455
1002	郝思嘉	行政部	¥5,500	¥2,500	¥1,000	¥1,200	¥1,000	¥0	¥9,200	¥3,000	¥1,200	¥36	¥9,164
1003	林晓彤	财务部	¥6,000	¥3,600	¥1,000	¥1,200	¥1,000	¥400	¥10,400	¥3,000	¥2,400	¥72	¥10,328
1004	曾云儿	销售部	¥5,500	¥1,600	¥1,000	¥1,200	¥1,000	¥0	¥8,300	¥3,000	¥300	¥9	¥8,291
1005	邱月清	业务部	¥6,500	¥2,400	¥1,000	¥1,200	¥1,000	¥400	¥9,700	¥4,000	¥700	¥21	¥9,679
1006	沈沉	人事部	¥5,500	¥3,000	¥1,000	¥1,200	¥1,000	¥0	¥9,700	¥0	¥4,700	¥260	¥9,440
1007	蔡小蓓	行政部	¥5,500	¥2,600	¥1,000	¥0	¥1,000	¥200	¥7,900	¥2,000	¥900	¥27	¥7,873
1008	尹南	财务部	¥6,500	¥2,400	¥1,000	¥1,200	¥1,000	¥400	¥9,700	¥2,000	¥2,700	¥81	¥9,619
1009	陈小旭	销售部	¥6,000	¥2,500	¥1,000	¥1,200	¥1,000	¥0	¥9,700	¥4,000	¥700	¥21	¥9,679
1010	薛婧	业务部	¥5,000	¥3,500	¥1,000	¥1,200	¥1,000	¥0	¥9,700	¥3,000	¥1,700	¥51	¥9,649
1011	萧煜	财务部	¥5,500	¥2,600	¥1,000	¥0	¥1,000	¥200	¥7,900	¥3,000	¥0	¥0	¥7,900
1012	陈露	销售部	¥6,500	¥1,600	¥1,000	¥1,200	¥1,000	¥0	¥9,300	¥3,000	¥1,300	¥39	¥9,261
1013	杨清清	业务部	¥6,000	¥1,200	¥1,000	¥1,200	¥1,000	¥0	¥8,400	¥3,000	¥400	¥12	¥8,388
1014	柳晓琳	人事部	¥6,500	¥3,600	¥1,000	¥1,200	¥1,000	¥0	¥11,300	¥2,000	¥4,300	¥220	¥11,080
1015	杜媛媛	行政部	¥5,500	¥1,200	¥1,000	¥1,200	¥1,000	¥100	¥7,800	¥3,000	¥0	¥0	¥7,800
1016	乔小麦	财务部	¥6,500	¥1,200	¥1,000	¥1,200	¥1,000	¥0	¥8,900	¥3,000	¥900	¥27	¥8,873
1017	丁欣	销售部	¥5,500	¥2,800	¥1,000	¥0	¥1,000	¥200	¥8,100	¥3,000	¥100	¥3	¥8,097
1018	赵震	业务部	¥5,000	¥2,500	¥1,000	¥1,200	¥1,000	¥0	¥8,700	¥3,000	¥700	¥21	¥8,679

所在部门	总计
人事部	¥29,975
行政部	¥24,837
财务部	¥36,720
销售部	¥35,328
业务部	¥36,395

图 5-21　工资表

重点提示：

（1）基本工资、奖金、住房补助、车费补助、保险金、请假扣款、专项附加扣除等数据分别来源于基本工资表、出勤统计表、福利表、奖金表和专项附加扣除表。

（2）应发金额=基本工资+奖金+住房补助+车费补助–保险金–请假扣款。

（3）扣税所得额的计算方法：如“应发金额–专项附加扣除”少于 5 000 元，则扣税所得额为 0；否则，扣税所得额为“应发金额–专项附加扣除–5 000”元。

（4）个人所得税的计算方法：

扣税所得额＜3 000　　个人所得税=扣税所得额×3%

3 000≤扣税所得额＜12 000　　个人所得税=扣税所得额×10%–210

12 000≤扣税所得额＜25 000　　个人所得税=扣税所得额×20%–1410

（5）实发金额=应发金额–个人所得税。

2. 根据工资表生成如图 5-22 所示工资条。

	A	B	C	D	E	F	G	H	I	J	K	L	M	N
1	员工编号	员工姓名	所在部门	基本工资	奖金	住房补贴	车费补贴	保险金	请假扣款	应发金额	专项附加扣除	扣税所得额	个人所得税	实发金额
2	1001	江雨薇	人事部	6500	3000	1000	0	1000	0	9500	3000	1500	45	9455
3														
4	员工编号	员工姓名	所在部门	基本工资	奖金	住房补贴	车费补贴	保险金	请假扣款	应发金额	专项附加扣除	扣税所得额	个人所得税	实发金额
5	1002	郝思嘉	行政部	5500	2500	1000	1200	1000	0	9200	3000	1200	36	9164
6														
7	员工编号	员工姓名	所在部门	基本工资	奖金	住房补贴	车费补贴	保险金	请假扣款	应发金额	专项附加扣除	扣税所得额	个人所得税	实发金额
8	1003	林晓彤	财务部	6000	3600	1000	1200	1000	400	10400	3000	2400	72	10328
9														
10	员工编号	员工姓名	所在部门	基本工资	奖金	住房补贴	车费补贴	保险金	请假扣款	应发金额	专项附加扣除	扣税所得额	个人所得税	实发金额
11	1004	曾云儿	销售部	5500	1600	1000	1200	1000	0	8300	3000	300	9	8291
12														
13	员工编号	员工姓名	所在部门	基本工资	奖金	住房补贴	车费补贴	保险金	请假扣款	应发金额	专项附加扣除	扣税所得额	个人所得税	实发金额
14	1005	邱月清	业务部	6500	2400	1000	1200	1000	400	9700	4000	700	21	9679
15														
16	员工编号	员工姓名	所在部门	基本工资	奖金	住房补贴	车费补贴	保险金	请假扣款	应发金额	专项附加扣除	扣税所得额	个人所得税	实发金额
17	1006	沈沉	人事部	5500	3000	1000	1200	1000	0	9700	0	4700	260	9440
18														
19	员工编号	员工姓名	所在部门	基本工资	奖金	住房补贴	车费补贴	保险金	请假扣款	应发金额	专项附加扣除	扣税所得额	个人所得税	实发金额
20	1007	蔡小蓓	行政部	5500	2600	1000	0	1000	200	7900	2000	900	27	7873

图 5-22　工资条

重点提示：所有数据均自动动态生成，如直接填入数据不给分。

3．制作员工工资详情表，如图 5-23 所示。

	A	B	C	D	E	F
1		员工工资详情表				
2		员工编号	1001	员工姓名	江雨薇	
3		所在部门	人事部	基本工资	¥6,500	
4		奖金	¥3,000	住房补助	¥1,000	
5		车费补助	¥0	保险金	¥1,000	
6		请假扣款	¥0	应发金额	¥9,500	
7		专项附加扣除	¥3,000	扣税所得额	¥1,500	
8		个人所得税	¥45	实发金额	¥9,455	
9		工资发放时间		2020/4/29		
10						

图 5-23　员工工资详情表

重点提示：

（1）员工编号列表框中的列表选项为所有员工的员工号，当选择不同的员工编号时，能显示出所选员工的工资详情。

（2）工资发放时间为系统当前日期。

第 6 章　公司常用演示文稿制作

职场任务

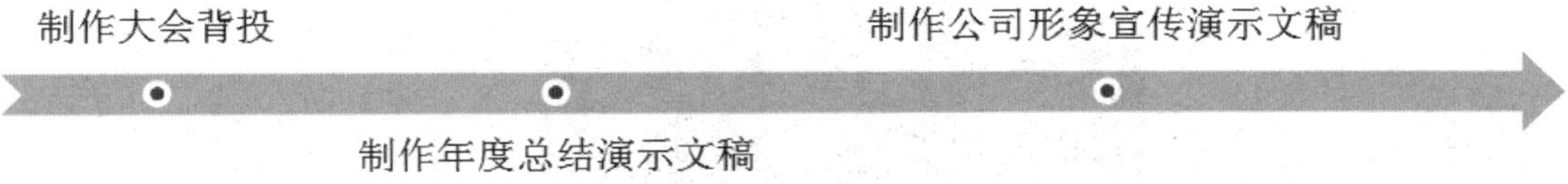

制作大会背投

制作年度总结演示文稿

制作公司形象宣传演示文稿

6.1　制作大会背投

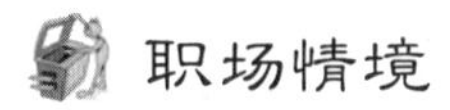

职场情境

在日常工作中，使用 PPT 演示文稿的场合越来越多。泗门日立电器有限公司即将召开第五届职工代表大会，小杨需要快速做一个大会召开时的背景投影。那就赶紧的用 Powerpoint 做一个！

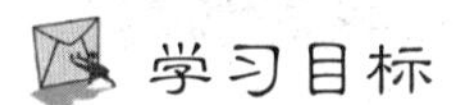

学习目标

◆ **相关理论知识点：**幻灯片背景颜色填充，形状绘制，动画设置

◆ **相关技能知识点：**如何绘制正形状，如何按要求设置动画的效果选项

学习准备

1. 动画类型

动画，即之前版本中的自定义动画，包括进入动画、强调动画、退出动画和路径动画 4 种，如图 6-1 所示。

4 种动画效果往往不是单一出现，它们的巧妙结合可以制作出更加完美的动画效果。

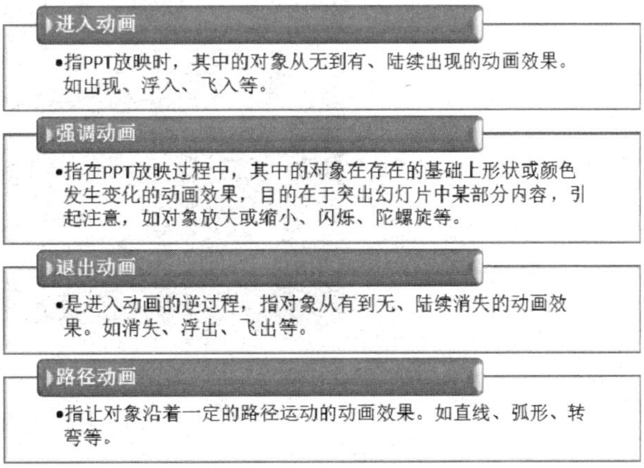

2. 动画的添加、删除与修改

动画的添加、删除与修改操作如图 6-2 所示。

进入动画

•指PPT放映时，其中的对象从无到有、陆续出现的动画效果。如出现、浮入、飞入等。

强调动画

•指在PPT放映过程中，其中的对象在存在的基础上形状或颜色发生变化的动画效果，目的在于突出幻灯片中某部分内容，引起注意，如对象放大或缩小、闪烁、陀螺旋等。

退出动画

•是进入动画的逆过程，指对象从有到无、陆续消失的动画效果。如消失、浮出、飞出等。

路径动画

•指让对象沿着一定的路径运动的动画效果。如直线、弧形、转弯等。

图 6-1　4 种动画类型

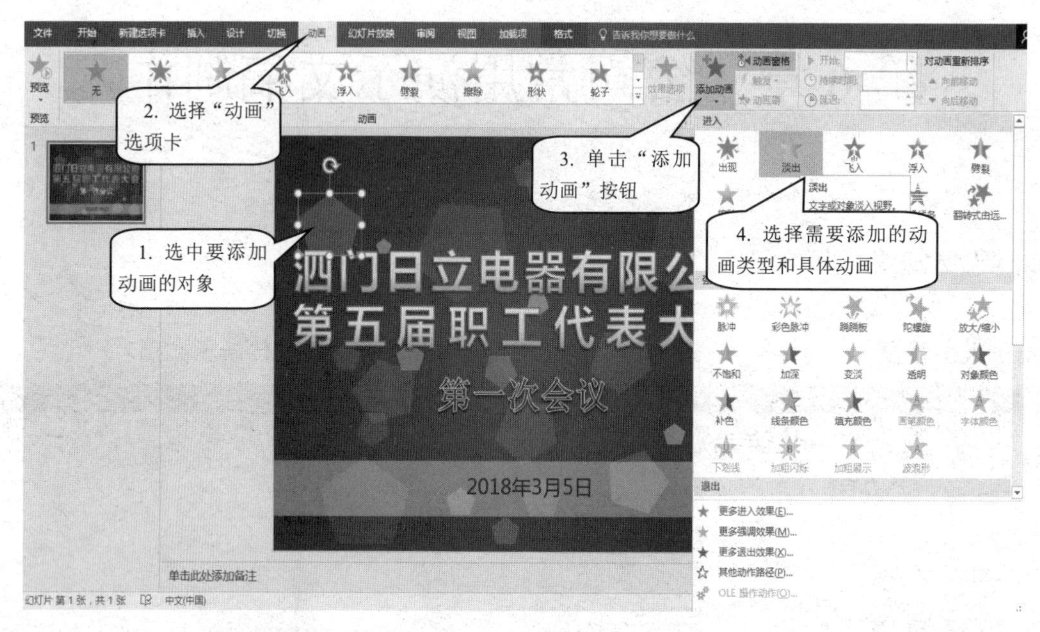

（a）动画的添加

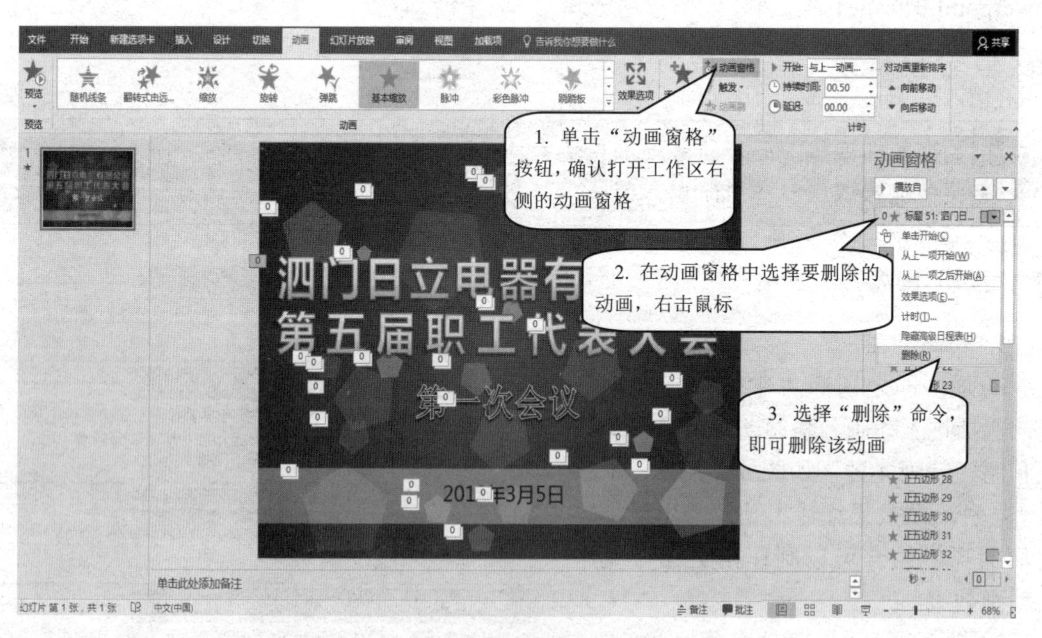

（b）动画的删除

图 6-2　动画操作

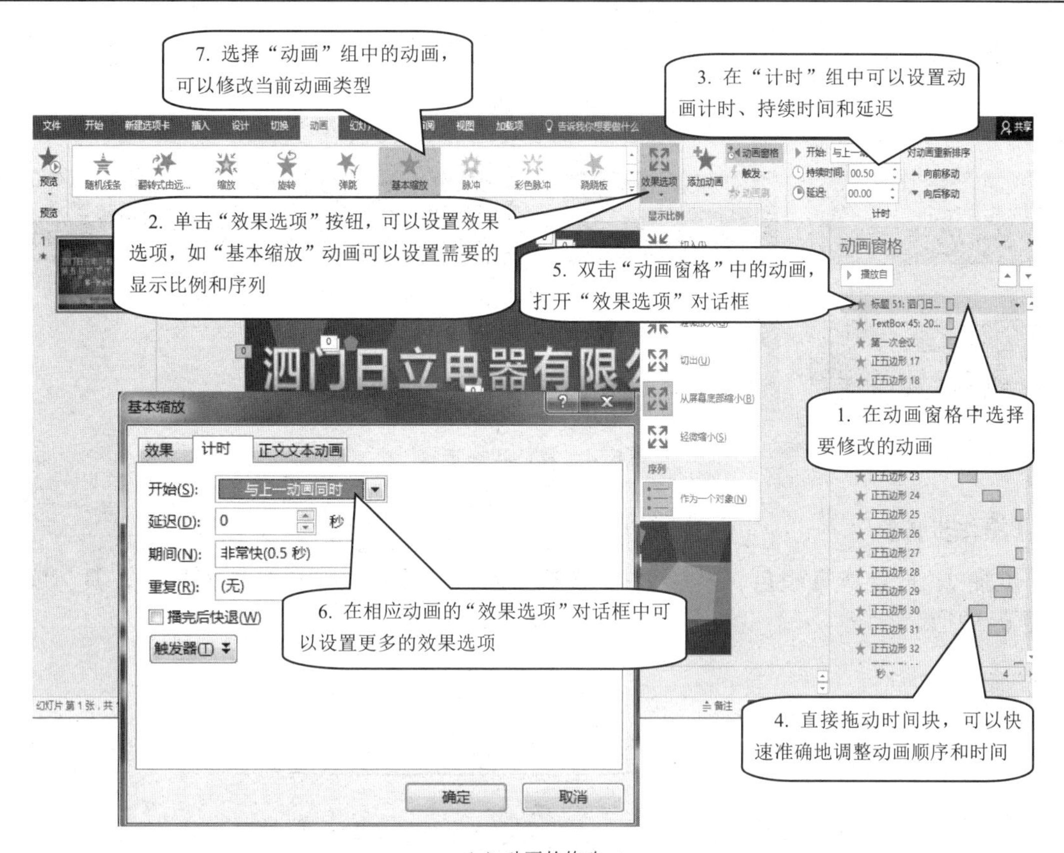

（c）动画的修改

图 6-2　动画操作（续）

学习案例

【案例展示】

为泗门日立电器有限公司即将召开的第五届职工代表大会制作一份大会背投，效果如图 6-3 所示。

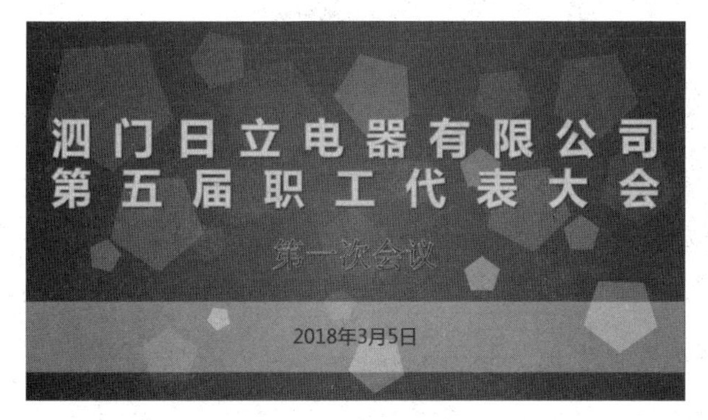

图 6-3　大会背投效果

【案例分解】

将该案例任务分解，具体实施步骤如图 6-4 所示。

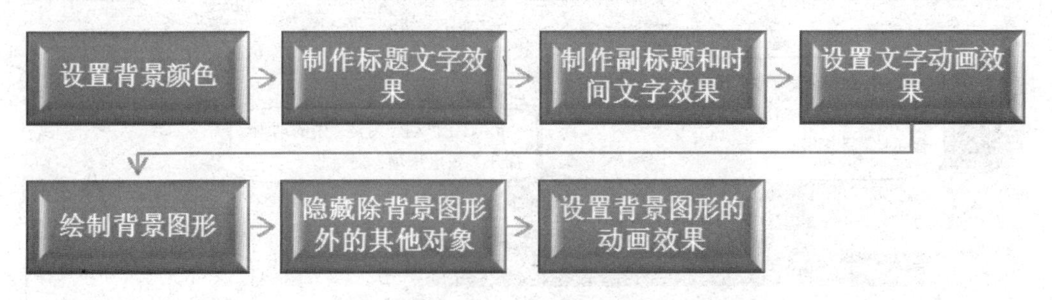

图 6-4　具体实施步骤

【操作步骤】

步骤 1. 设置背景颜色。新建 PPT 演示文稿，设置背景颜色为渐变填充，具体操作如图 6-5 所示。

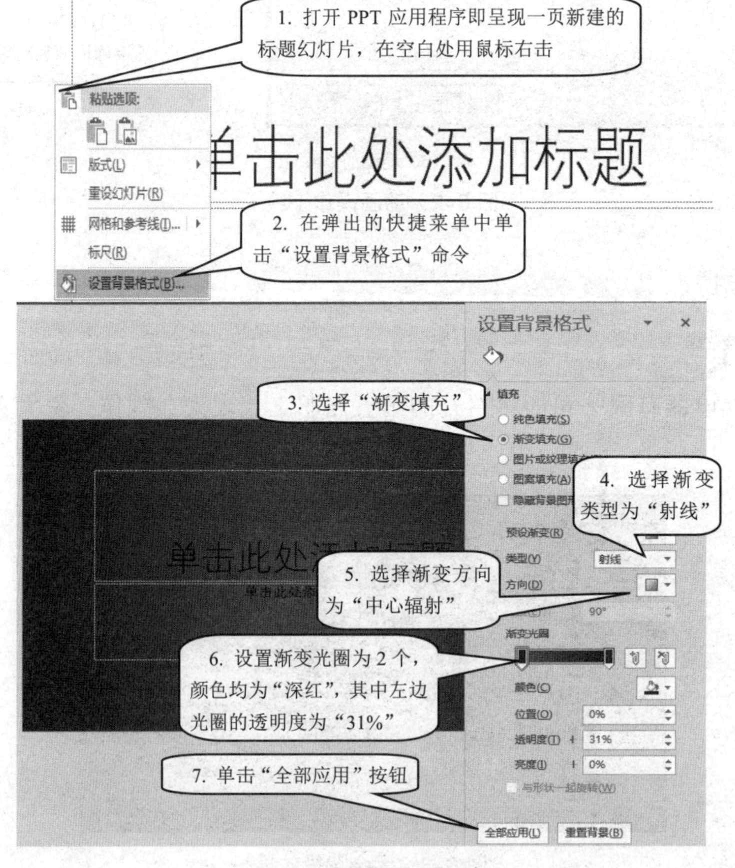

图 6-5　设置背景渐变填充

步骤 2. 制作标题文字效果。在背景上制作标题文字"泗门日立电器有限公司第五届职工代表大会"，具体操作如图 6-6 所示。

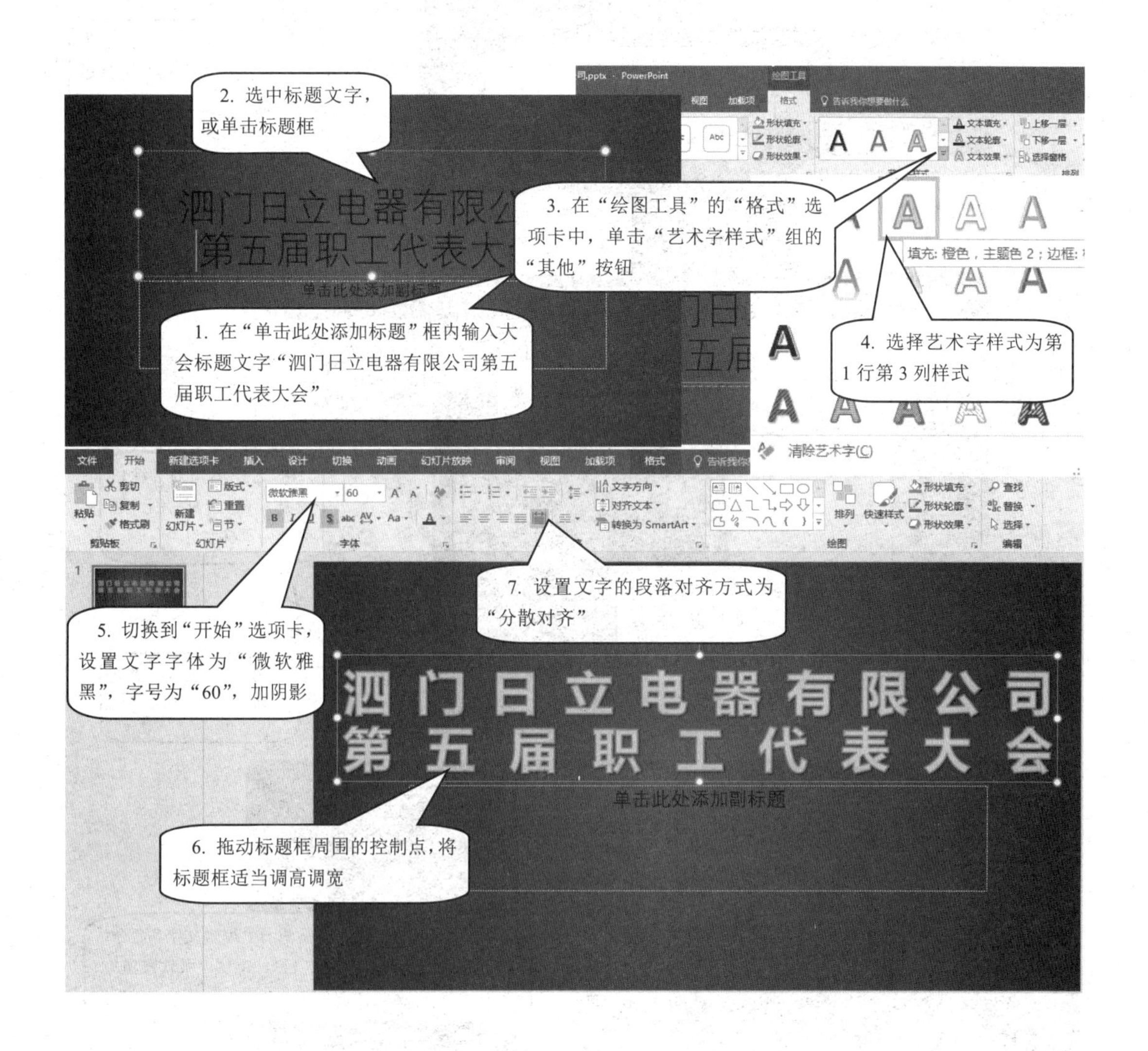

图 6-6　制作标题文字效果

步骤 3. 制作副标题和时间文字效果。制作副标题文字效果，并插入形状制作时间文字效果，具体操作如图 6-7 所示。

图 6-7　制作副标题和时间文字效果

步骤 4. 设置文字动画效果。利用动画功能，设置标题文字的动画效果，具体操作如图 6-8 所示。类似地，设置副标题文字的动画效果为“浮入”，“与上一动画同时”，持续时间为“00.50”，设置时间文字的动画效果为“飞入”，“与上一动画同时”。

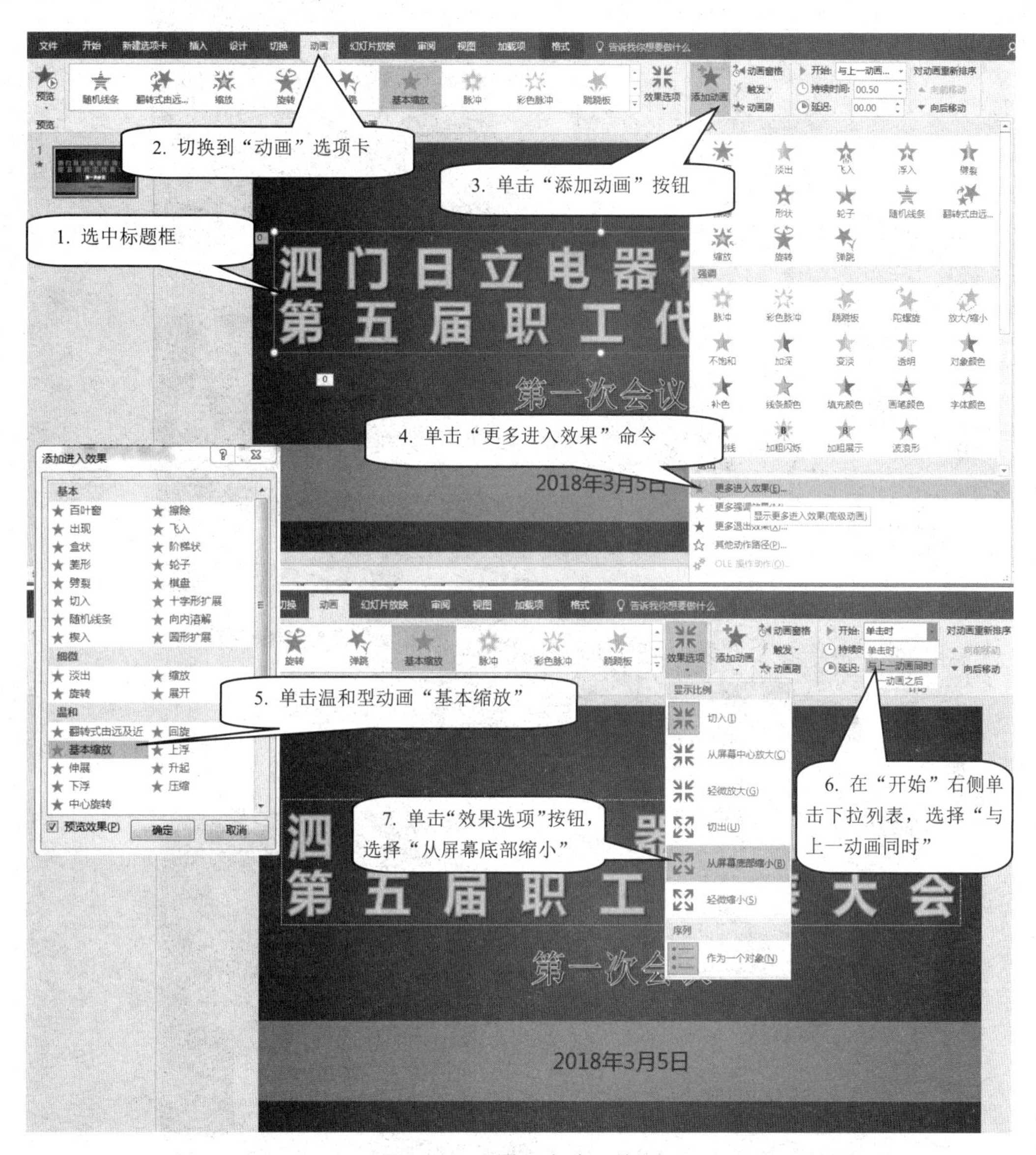

图 6-8　设置文字动画效果

步骤 5. 绘制背景图形。利用插入形状功能，绘制若干正五边形作为背景图形，具体操作如图 6-9 所示。

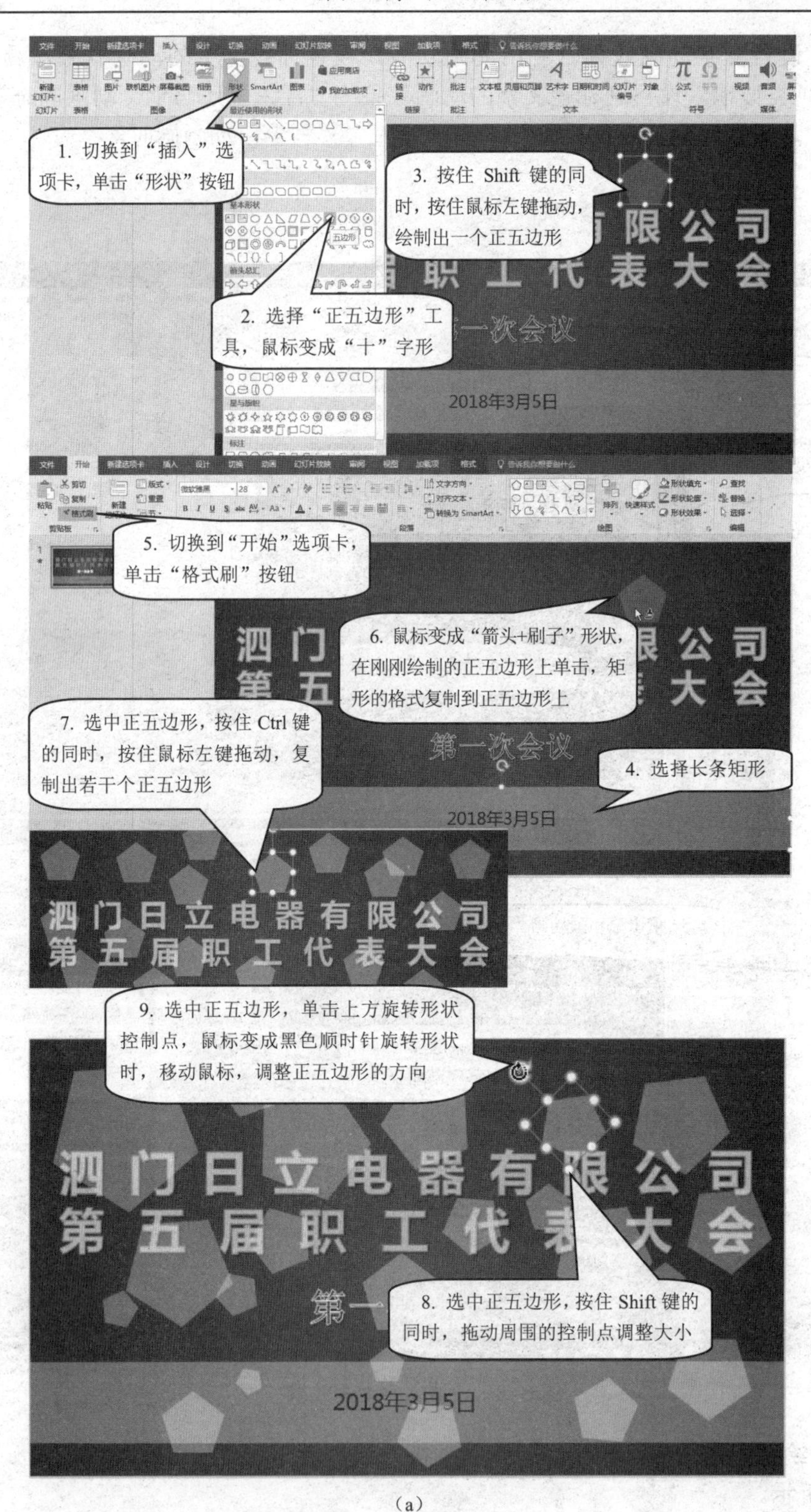
1. 切换到“插入”选项卡，单击“形状”按钮
2. 选择“正五边形”工具，鼠标变成“十”字形
3. 按住 Shift 键的同时，按住鼠标左键拖动，绘制出一个正五边形
4. 选择长条矩形
5. 切换到“开始”选项卡，单击“格式刷”按钮
6. 鼠标变成“箭头+刷子”形状，在刚刚绘制的正五边形上单击，矩形的格式复制到正五边形上
7. 选中正五边形，按住 Ctrl 键的同时，按住鼠标左键拖动，复制出若干个正五边形
8. 选中正五边形，按住 Shift 键的同时，拖动周围的控制点调整大小
9. 选中正五边形，单击上方旋转形状控制点，鼠标变成黑色顺时针旋转形状时，移动鼠标，调整正五边形的方向
泗门日立电器有限公司
第五届职工代表大会
第一次会议
2018年3月5日

（a）

图 6-9　绘制背景图形

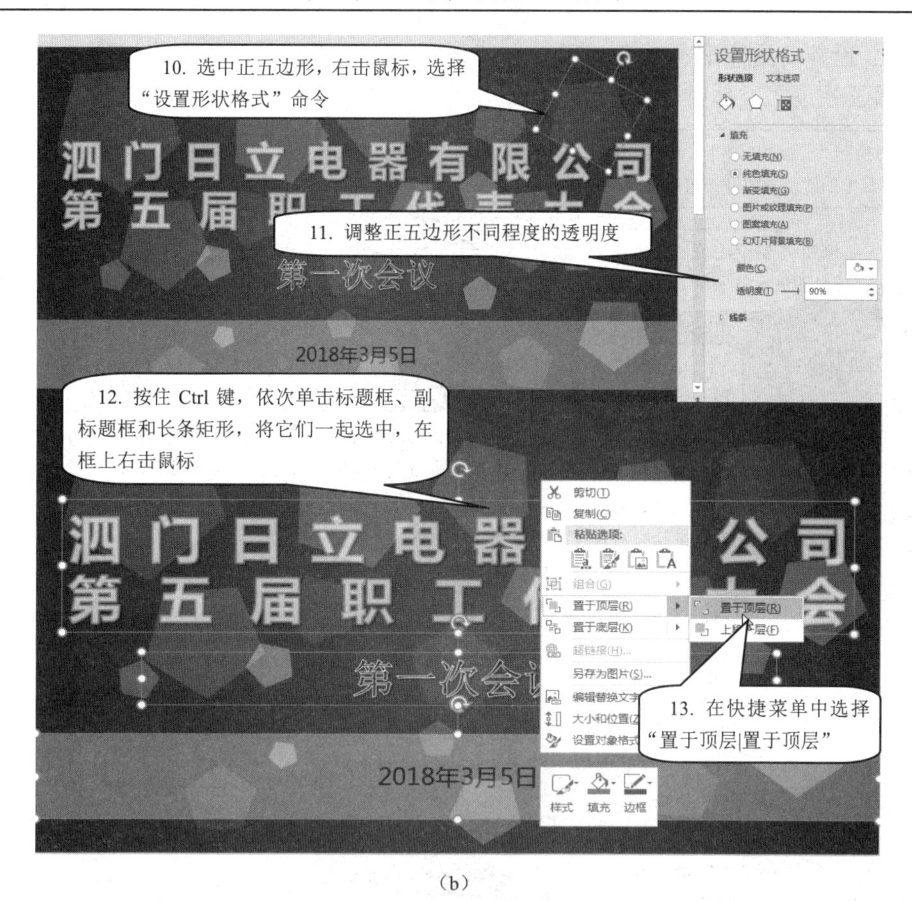

(b)

图 6-9　绘制背景图形（续）

步骤 6. 隐藏除背景图形外的其他对象。为方便设置背景图形的动画效果，可以通过“选择窗格”隐藏标题、副标题、长条矩形对象，具体操作如图 6-10 所示。

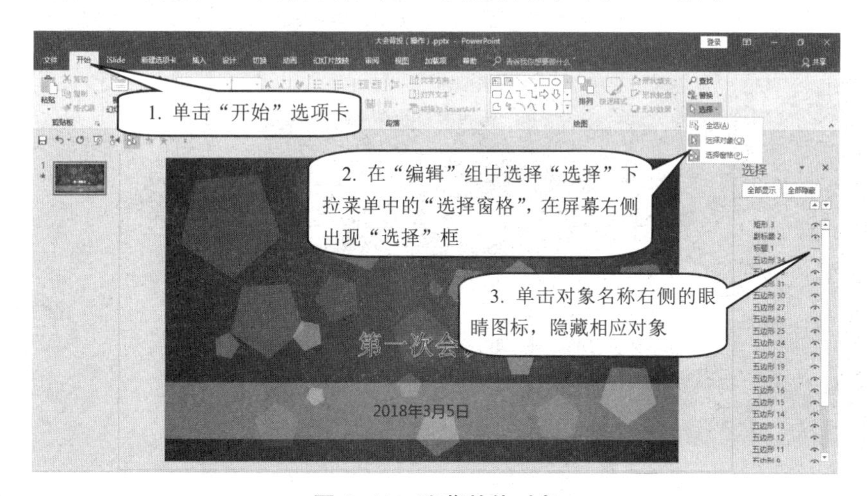

图 6-10　隐藏其他对象

步骤 7. 设置背景图形的动画效果。合理利用动画窗格和动画刷，为步骤 5 绘制的背景图形设置动画效果，具体操作如图 6-11 所示。

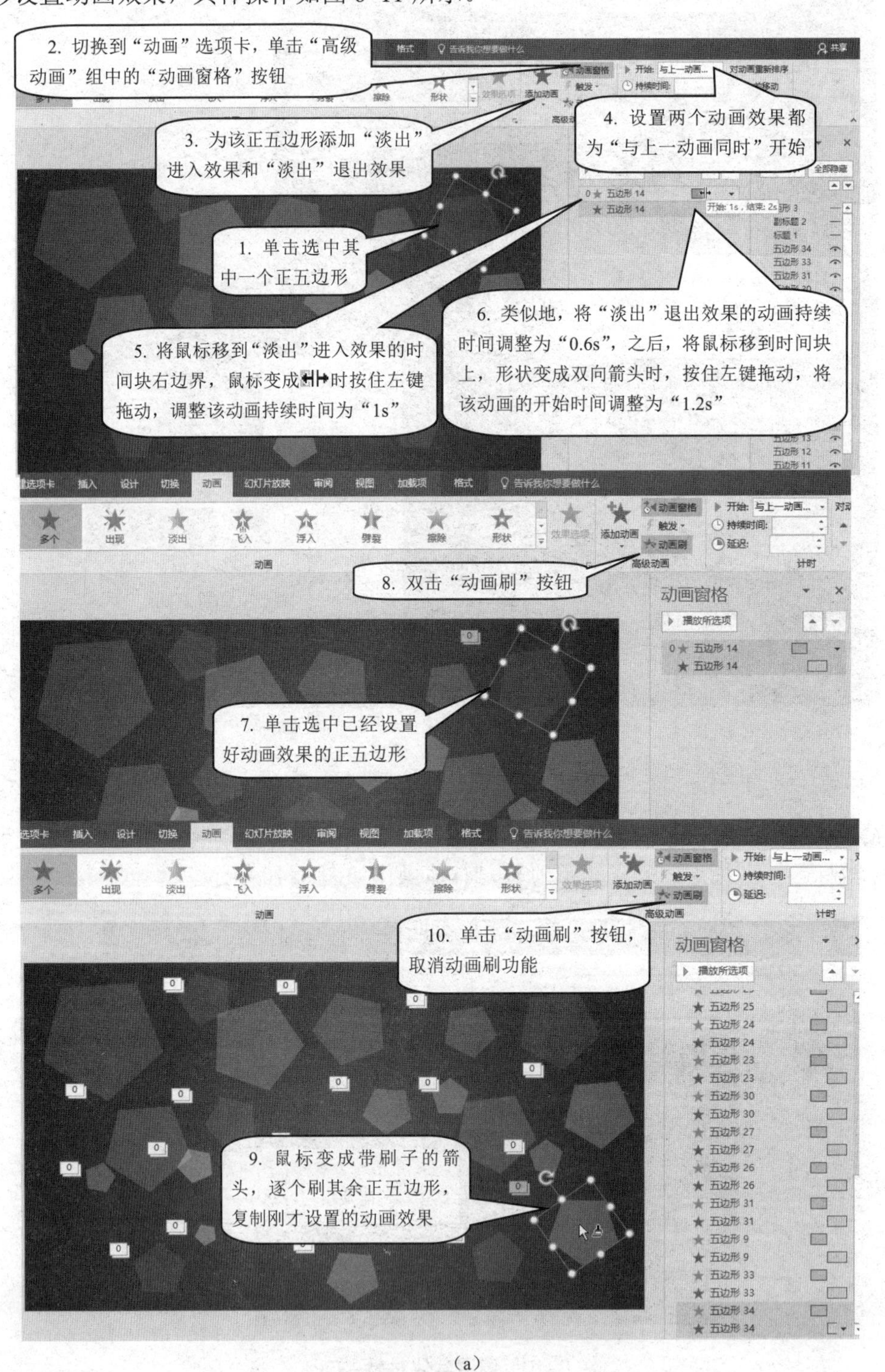

(a)

图 6-11 设置背景图形的动画效果

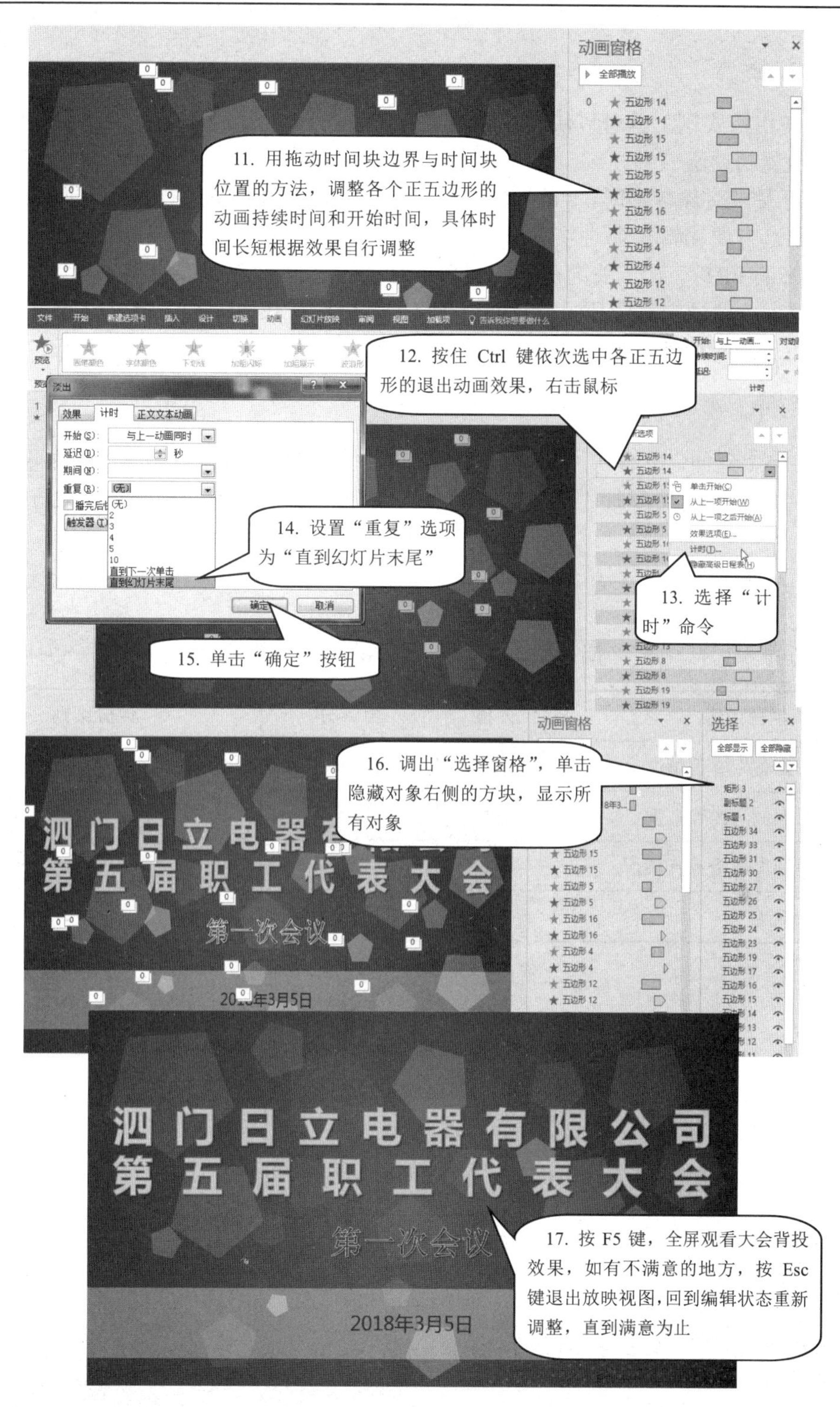

（b）

图 6-11　设置背景图形的动画效果（续）

职场经验

1. 合理使用格式刷工具可以快速复制格式；PPT 2016 的动画刷工具，用法和格式刷类似，可以快速复制动画效果。

2. 当幻灯片中对象较多时，可以调出“选择窗格”，可对对象进行重命名加以区分，或隐藏部分对象，方便编辑其余对象。

3. 一个好的 PPT 动画，关键在于控制各个对象的动画持续与延迟时间。可以先设置所有动画为“与上一动画同时”开始，并调出 “动画窗格”，在时间轴上调整时间块的长度和位置以达到所想要的动画效果。

职场延伸

1. 参考“6.1 延伸”文件夹“星空闪烁样稿”效果，制作星空闪烁的动态效果。

2. 临近春节，公司将举行“全体员工大会”，请为该大会设置一个美观、大方、喜庆的会议背投。

学习评价

本节内容学习已经结束，你都学会了吗？给自己评个分吧!

评分内容	分值	自评分	评分细则
“学习准备”掌握情况	100		1. 能独立完成：80～100 分 2. 能在老师和同学的帮助下完成：60～80 分 3. 不能完成：0～60 分
“学习案例”操作情况	100		
“职场延伸”任务操作情况	100		
合计	300		

6.2 制作年度总结

职场情境

岁末年初，少不了年度总结和计划。如今的年度总结汇报，已不仅仅满足于口头讲述或 Word 文稿演示，小杨为经理制作了一份年度总结演示文稿，得到大家的肯定和赞扬。

学习目标

- **相关理论知识点：**在 PPT 中插入文字、图片、图形、图表、表格等各种对象，并编辑美化，设置动画效果
- **相关技能知识点：**提炼年度总结文本的重点，将文本在 PPT 中尽可能地用图片、图形、图表、表格呈现

学习准备

1. 提炼年度总结要点

将年度总结文档做成 PPT 演示文稿，是不是只要将其中的文字直接放进 PPT，外加几张图片，做一些简单的动画就可以了呢？答案是否定的。

将年度总结文档做成 PPT 演示文稿，首先要提炼其中的汇报要点，再根据要点划分层次，找到重点，然后将提炼出来的要点在 PPT 中尽可能地用生动形象的图片、图表来表示，以达到能不断吸引观众眼球的目的。

2. 制作 PPT 的基本步骤

制作 PPT 的基本步骤如图 6-12 所示。

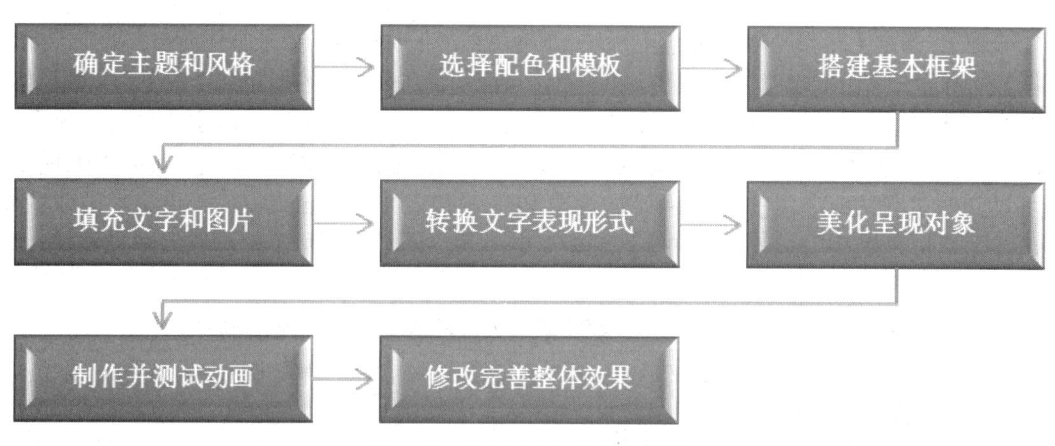

图 6-12　制作 PPT 的基本步骤

学习案例

【案例展示】

根据“2017 年度总结”文档，制作总结汇报时用的演示文稿，最终效果如图 6-13 所示。

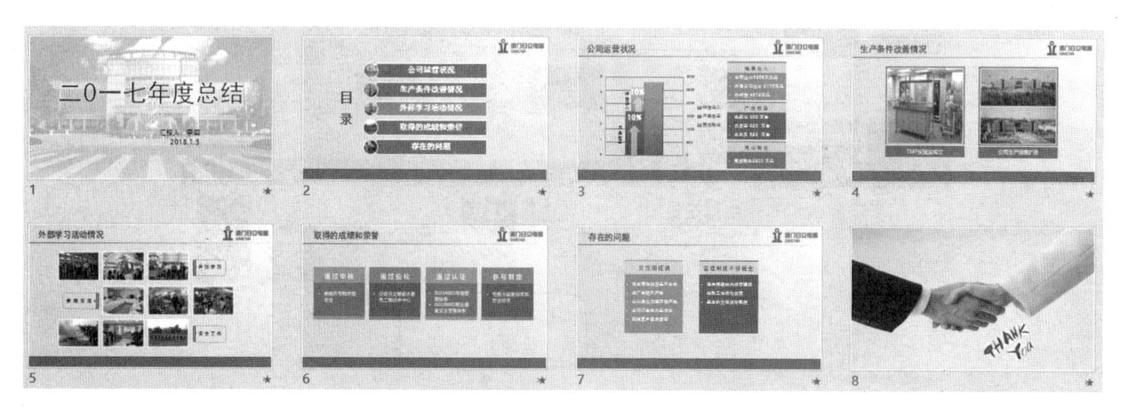

图 6-13　年度总结汇报演示文稿效果

【案例分解】

将该案例任务分解，具体实施步骤如图 6-14 所示。

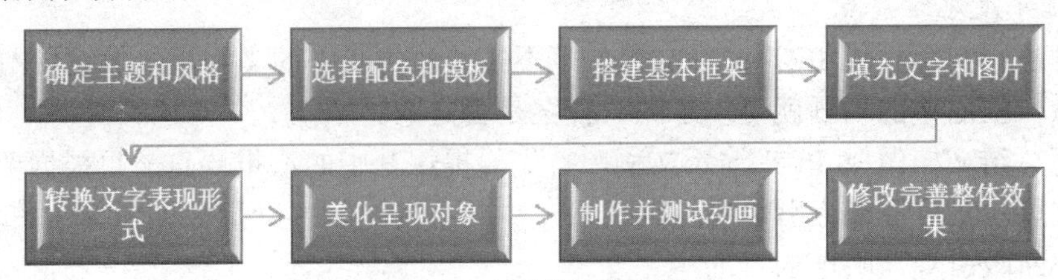

图 6-14　具体实施步骤

【操作步骤】

步骤 1. 确定主题和风格。该演示文稿为年度总结汇报时所用，要求整体简洁大方，能配合汇报者的讲述，突出本年度工作的重点和亮点，可应用商务型和简约型相结合的演示文稿风格。

步骤 2. 选择配色和模板。根据该公司的 Logo 标志，可以确定本演示文稿的主色调为蓝、白、红三种颜色。根据这样的配色，可以选择直接应用 PPT 2016 系统自带的主题模板，也可以到搜索网站或专门的 PPT 网站如锐普 PPT 等搜索并下载这类模板，借鉴应用或直接套用。此处将直接应用系统自带的主题模板，并利用“幻灯片母版”根据需要适当修改，具体操作步骤如图 6-15 所示。

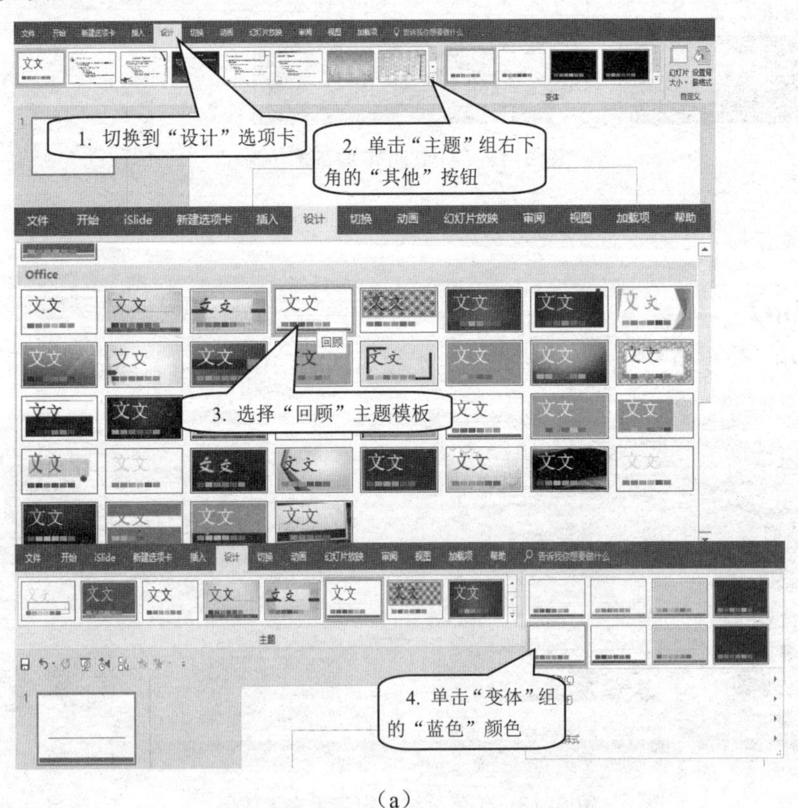

(a)

图 6-15　应用幻灯片母版修改主题模板

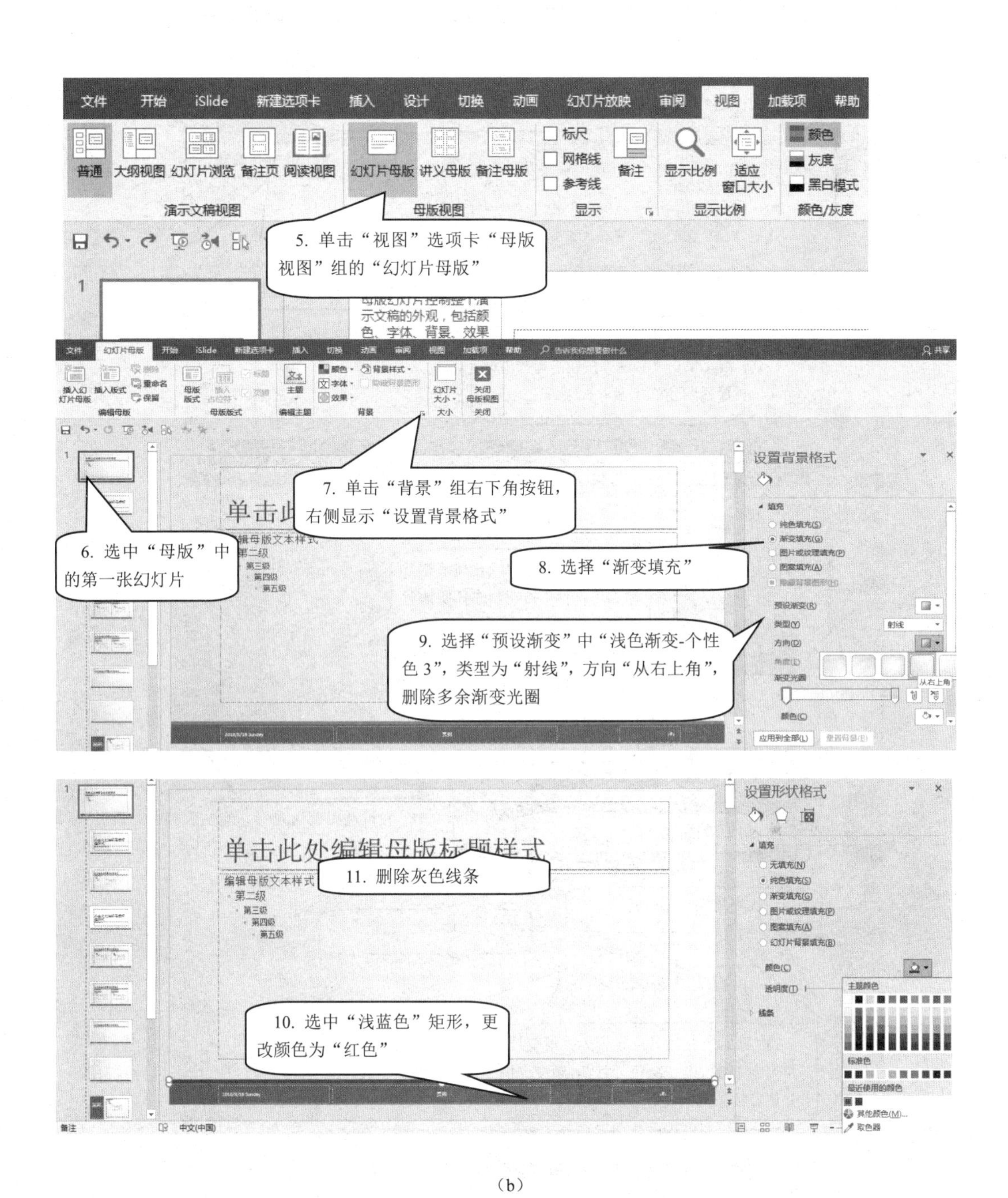

（b）

图 6-15　应用幻灯片母版修改主题模板（续）

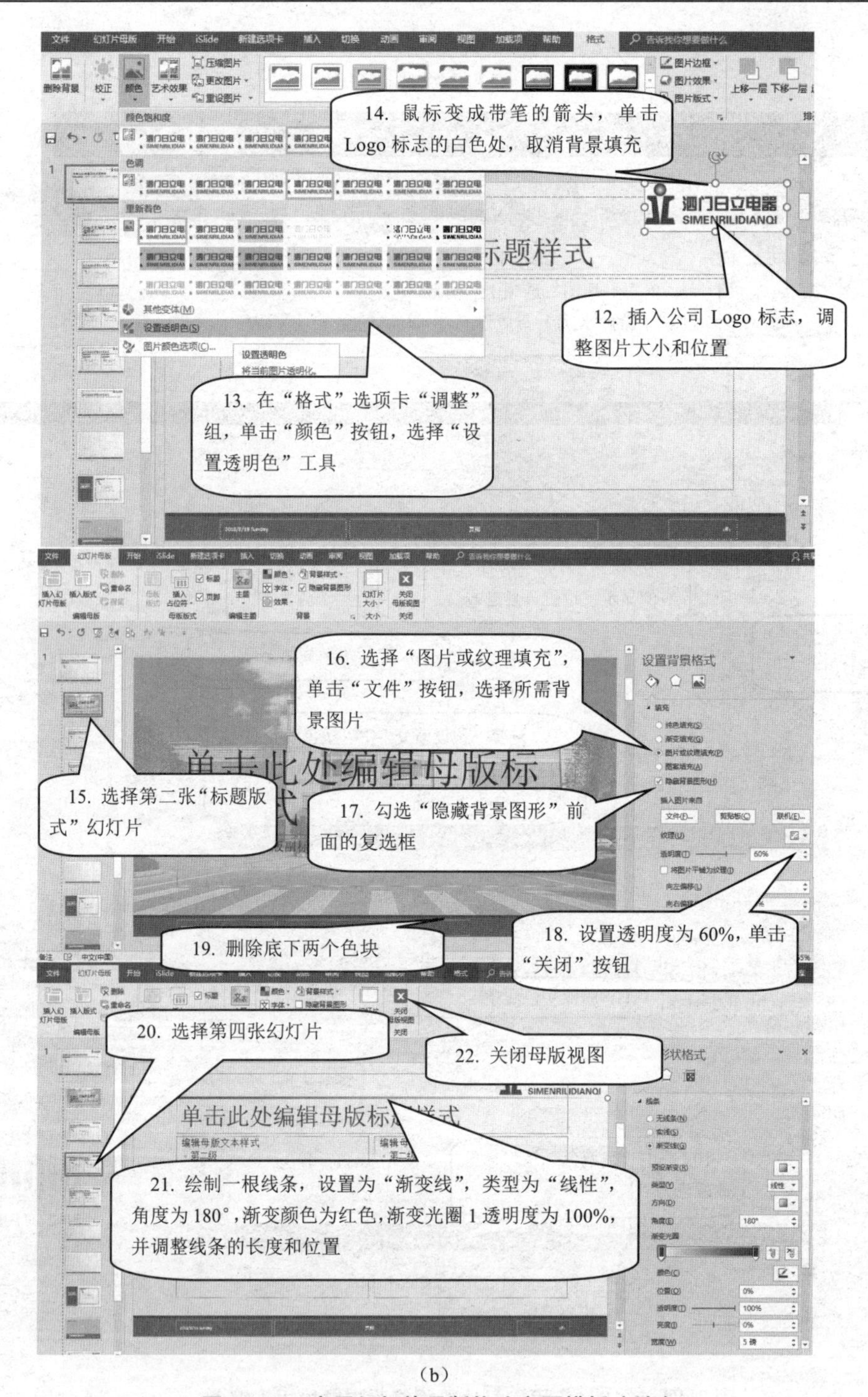

(b)

图 6-15　应用幻灯片母版修改主题模板（续）

步骤 3. 搭建基本框架。年度总结演示文稿一般包括封面、目录、正文和结尾页，其中正文内容包括公司运营状况、生产条件改善情况、外部交流学习情况、取得的成绩和荣誉及存在的问题等（如图 6-16 所示），在 PPT 中搭建基本框架，操作步骤如图 6-17 所示。

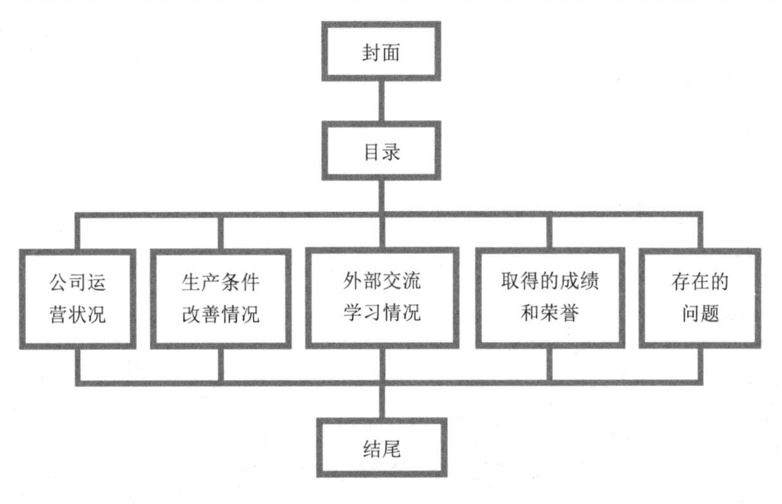

图 6-16　搭建基本框架 1

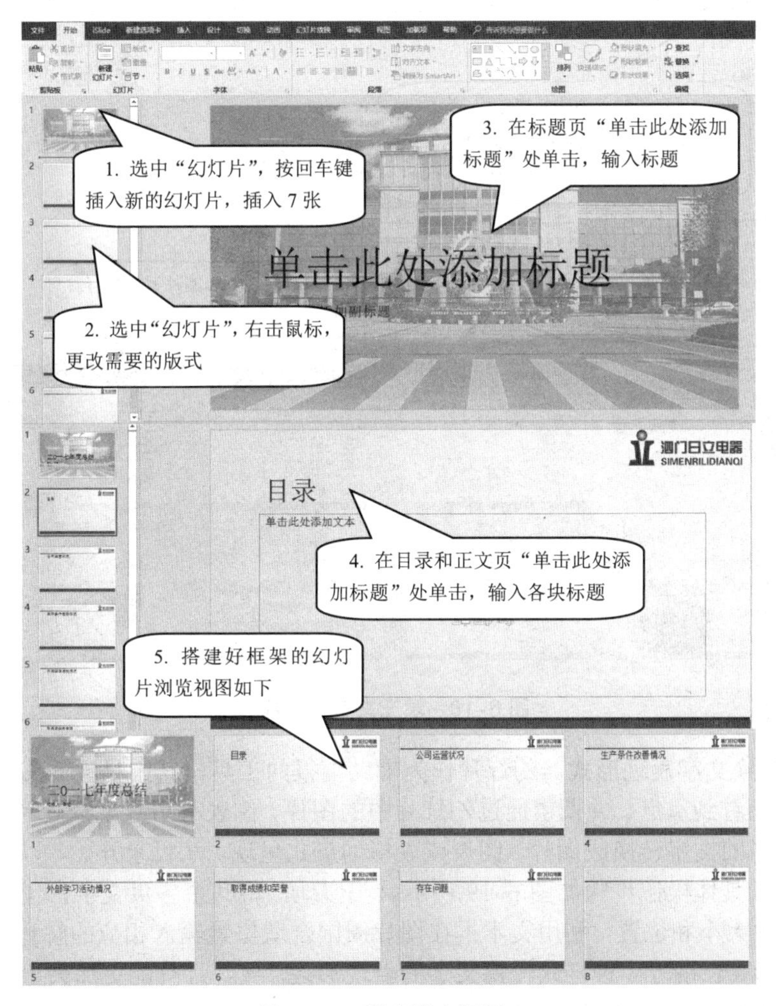

图 6-17　搭建基本框架 2

步骤 4. 填充文字和图片。将年度总结汇报演示文稿中需要的文字和图片放进演示文稿，操作步骤如图 6-18 所示。

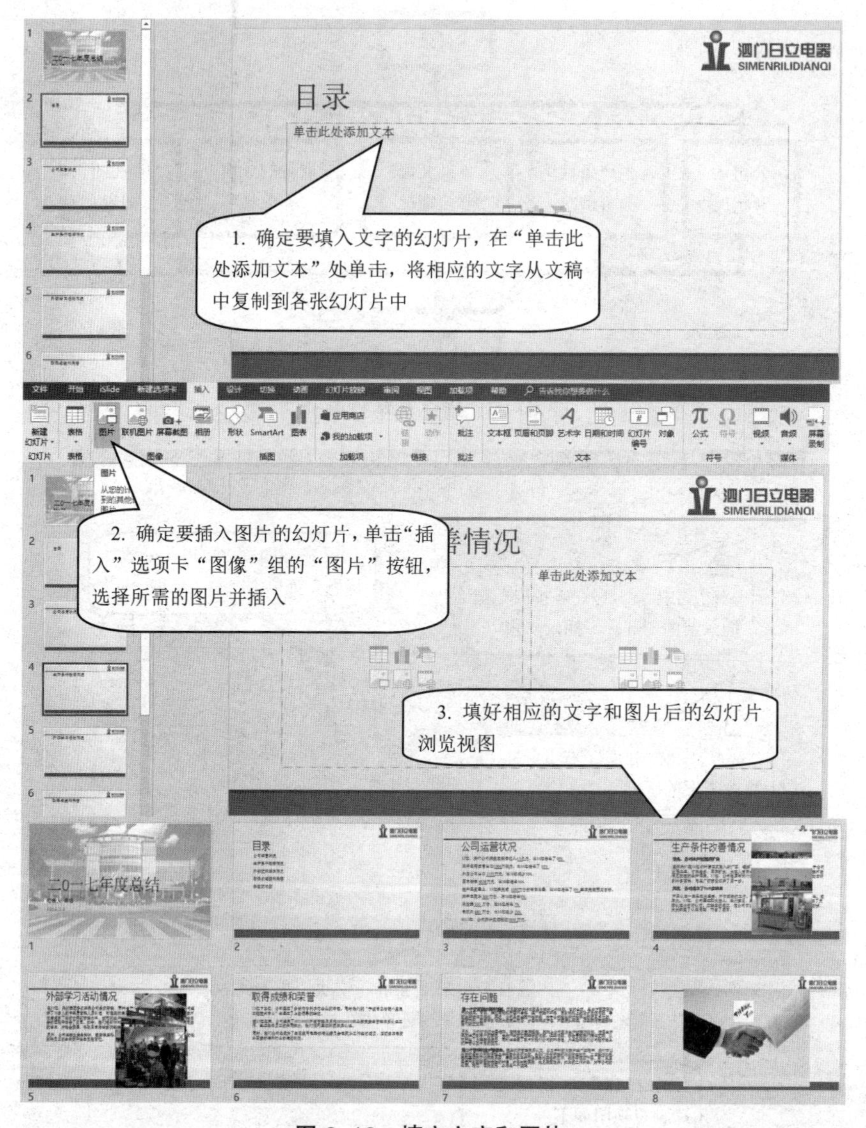

图 6-18 填充文字和图片

步骤 5. 转换文字表现形式。幻灯片作为辅助汇报的工具，其中呈现的文字应尽量少，让观众一眼就能看到重点，并期望通过幻灯片中的图片、图表等引导观众思考，因此，尽可能地将幻灯片中的文字转换成图片、图表或表格的形式呈现。从目录开始，以 3 页幻灯片文字的转换为例，具体操作步骤如图 6-19 所示。类似地，将其余各页文字占位符移到幻灯片右侧，调整图片大小和位置，利用文本框在图片周围合适位置输入相应的解释性文字，或者利用图表、图形、表格等多种样式转换文字的表现形式，使幻灯片能更加突出地显示表现内容。转换后的幻灯片浏览视图如图 6-20 所示。

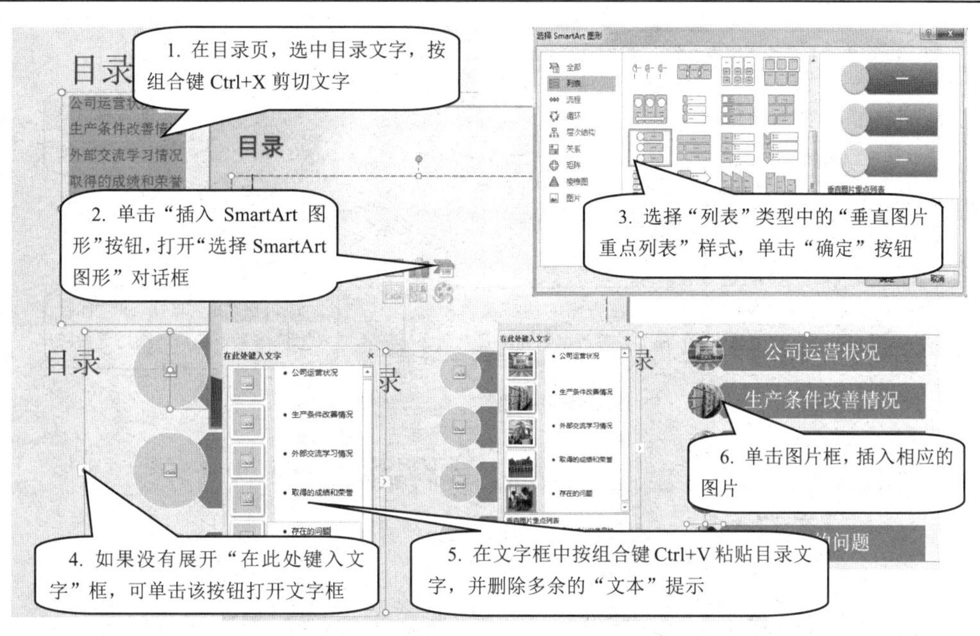

（a）

1. 在“公司运营状况”页，选中文字框并拖动，将文字框拖到边上

2. 单击“插入”选项卡“插图”组的“图表”按钮，打开“插入图表”对话框

3. 选择柱形图的第一种“簇状柱形图”，单击“确定”按钮返回

4. 根据文字内容中的数据，在弹出的 Excel 表格左上角输入相应的数据

5. 拖拽数据区域的右下角，调整图表数据区域为 A1:D2

（b）

图 6-19　幻灯片文字的转换

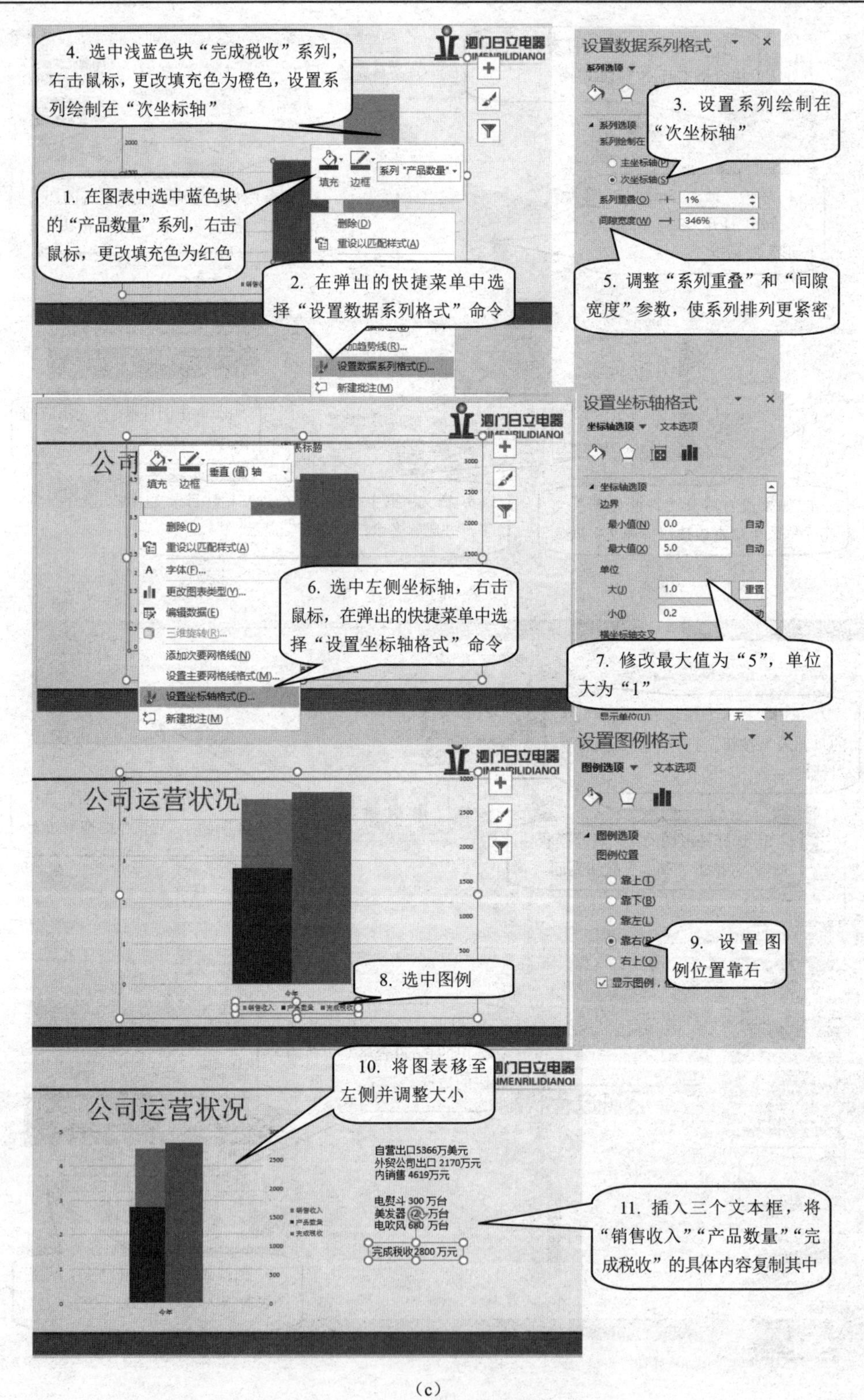

(c)

图 6-19　幻灯片文字的转换（续）

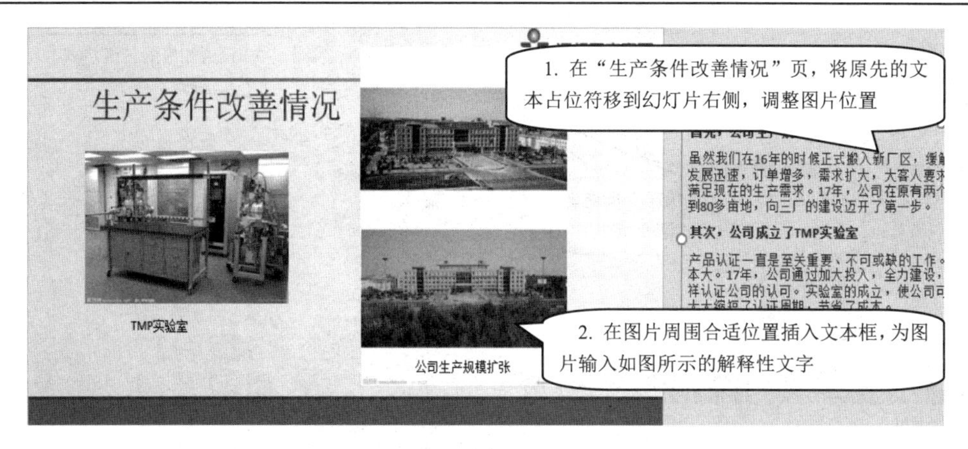

（d）

图 6-19　幻灯片文字的转换（续）

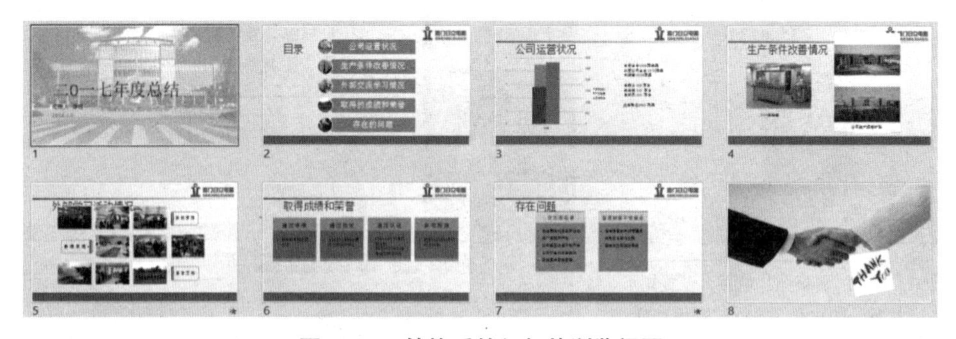

图 6-20　转换后的幻灯片浏览视图

步骤 6. 美化呈现对象（即调整 SmartArt 图形、图表、图片等对象的样式）。尽量统一各页幻灯片的排版格局，各种图表对象的色彩和边框样式等，活用 2016 版自带的"取色器"实现颜色的快速提取和色彩的统一。以目录开始的 3 页幻灯片为例，操作步骤如图 6-21 所示。

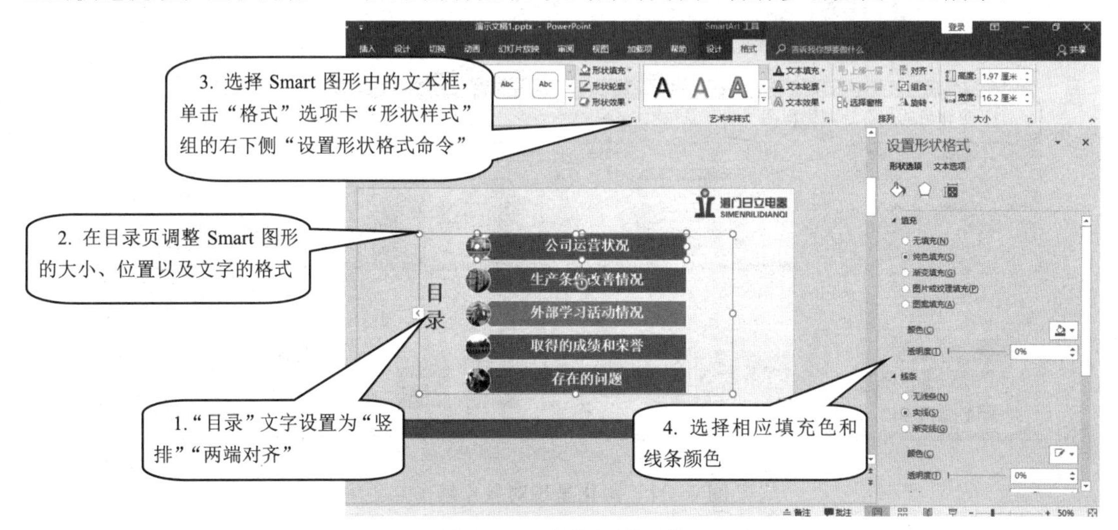

图 6-21　美化呈现对象

图 6-21　美化呈现对象（续）

步骤 7. 制作并测试动画。为幻灯片中需要突出或强调的对象设置动画效果，以目录开

始的 3 页幻灯片为例，具体操作步骤如图 6-22 所示。

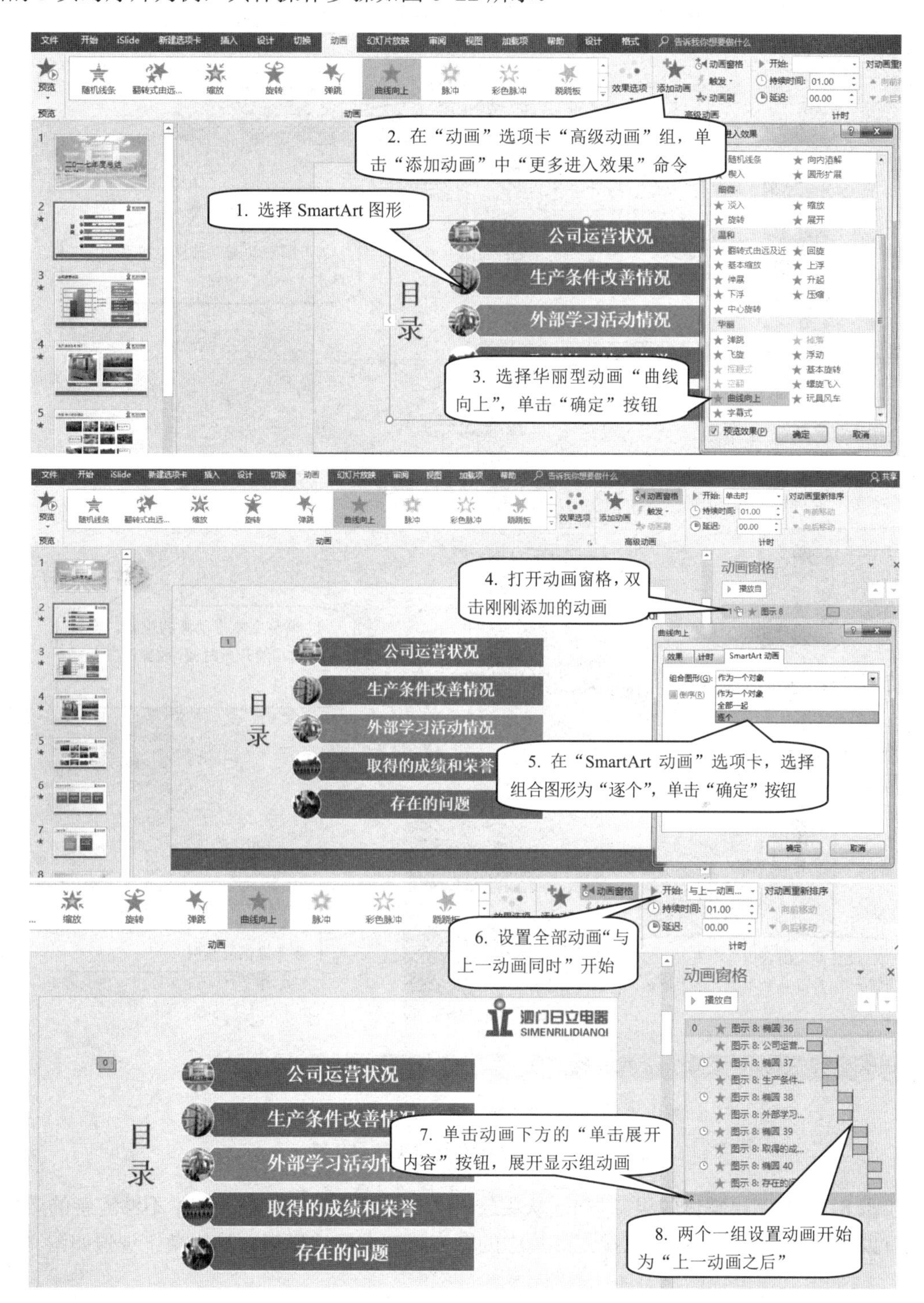

（a）制作目录页 SmartArt 图形动画效果

图 6-22　为幻灯片设置动画效果

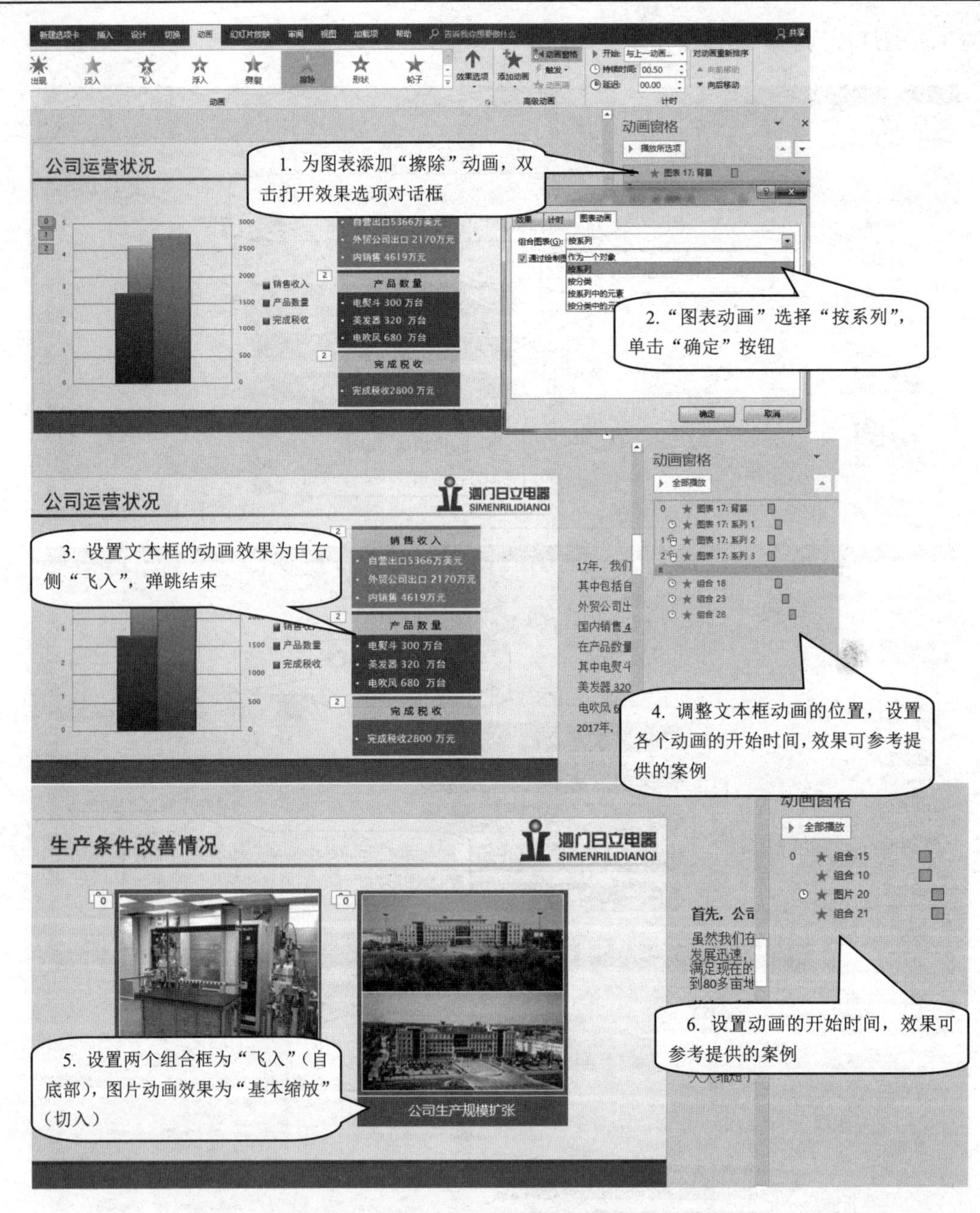

（b）制作“公司运营状况”和“生产条件改善情况”页动画效果

图 6-22　为幻灯片设置动画效果（续）

步骤 8. 修改完善整体效果。按 F5 从头放映，观看整体效果，修改其中不够完善的效果。美化首页的标题，为公司运营状况幻灯片中的图表添加文字注释等，具体操作步骤如图 6-23 所示。

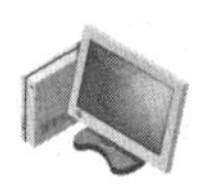

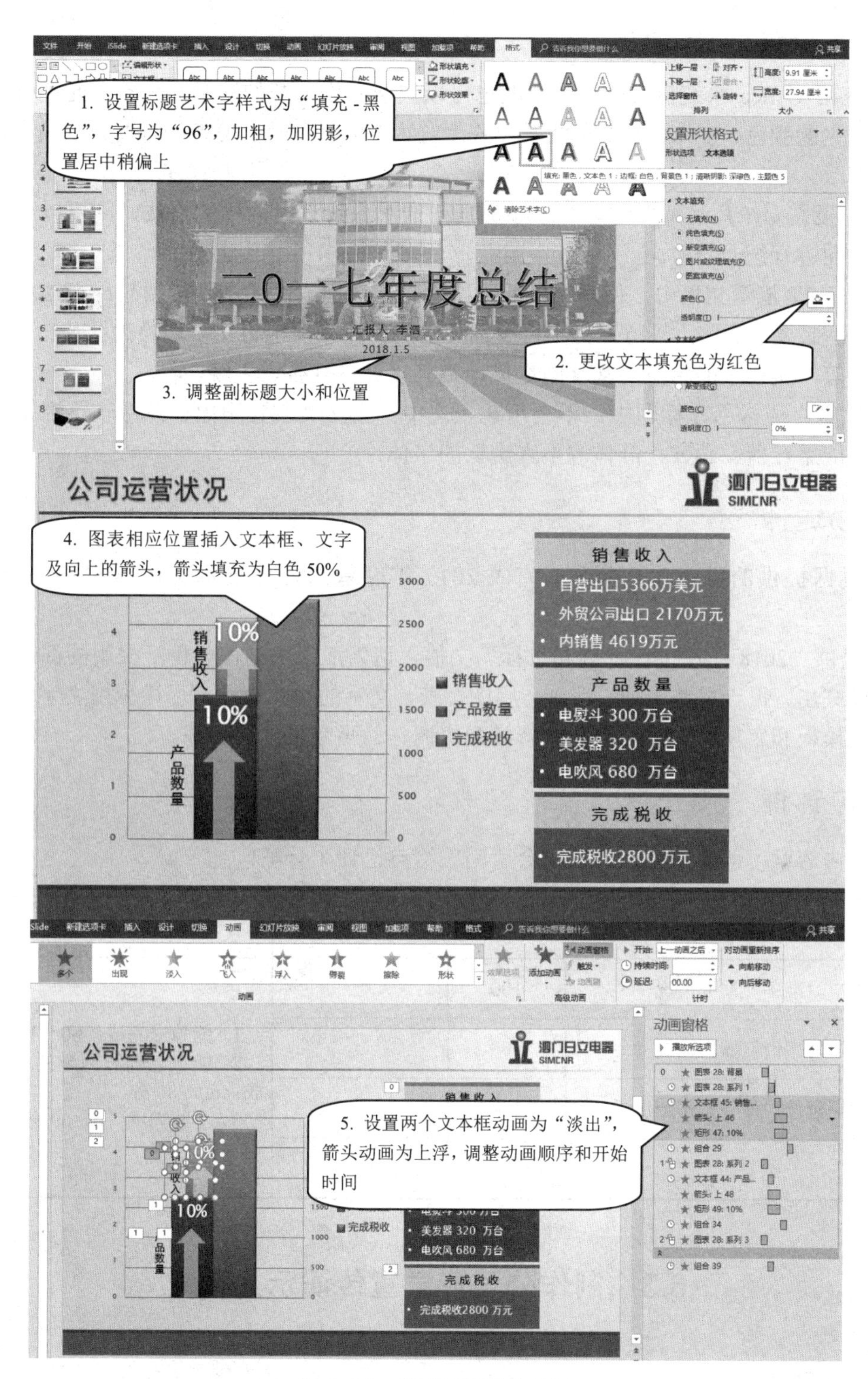

图 6-23　修改完善整体效果

职场经验

1. 应用 Office 系统自带的设计主题也可以快速制作美观的演示文稿，在此基础上，还可以修改主题颜色、字体、效果和背景样式。当然也可以到网上搜索符合要求的模板，再根据要求修改。

2. 如果需要在几乎每页幻灯片中添加同样的对象或设置同样的格式，则可以进入幻灯片母版视图进行统一修改。

3. 在 PPT 演示文稿中，使用大段的文字不是解决问题的方法，需要想尽办法将文字简化，删除不必要的文字，只留下必不可少的文字，再尽可能地将文字转换为图片、图形、图表、表格等，实在不能转换的文字则尽量地将其设计得规整、美观。

4. 艺术字通常用在标题中，不宜用在正文中。正文文字宜用黑体或微软雅黑、幼圆等字体，不能用行楷、彩云、舒体等不宜辨认的字体。

职场延伸

1. 根据提供的学习案例样稿，完成 2017 年度总结汇报演示文稿第 5～8 页幻灯片效果。

2. 提供“2018 年度工作计划和目标”文稿，请为汇报人制作一份汇报用的演示文稿，要求主题突出，报告思路明晰、严密；用图、表、文字的形式表达，尽量少用文字，注意选择适当的模板和字体；文字简洁、色彩搭配协调、动画效果生动合理。

学习评价

本节内容学习已经结束，你都学会了吗？给自己评个分吧!

评分内容	分值	自评分	评分细则
“学习准备”掌握情况	100		1. 能独立完成：80～100 分 2. 能在老师和同学的帮助下完成：60～80 分 3. 不能完成：0～60 分
“学习案例”操作情况	100		
“职场延伸”任务操作情况	100		
合计	300		

6.3 制作公司形象宣传演示文稿

职场情境

画册是公司形象宣传的主角，为打破这一常规，公司计划在大屏幕上动态展示公司形象，

小杨立刻接了任务，计划用 PPT 制作一份质量高且成本低的公司形象宣传演示文稿。

学习目标

- **相关理论知识点：** 安装字体，设置幻灯片大小，修改母版，设置组合动画，设置背景音乐和放映方式
- **相关技能知识点：** 综合应用 PPT 功能制作公司形象宣传演示文稿

学习准备

1. 页面设置

若显示屏幕为宽屏，演示文稿页面大小设置为 16:9 的长宽比例时显示效果最佳，可在“页面设置”对话框中设置，详见学习案例操作步骤。

此外，根据需要，还可以将幻灯片大小设置成其他比例或大小，也可以设置幻灯片方向等，其实质与 Word 类似。

2. 字体字号选用

制作 PPT 时，选择字体字号的原则是，务必保证文字清晰可见。尽量不要使用特殊字体，即一些因广告需要或仿书法的字体，如广告体、方正舒体等，除非是与广告、书法相关的内容或者有特殊要求。幻灯片中要多用图片和图表，文字越少越好，文字大小最好不要小于 28，以确保最远处的观众能一眼看清最小的字。

Windows 系统自带的字体有宋体、黑体、楷体、仿宋、隶书、幼圆、华文行楷、华文彩云、微软雅黑等，当这些字体不能满足演示文稿制作需要时，可到网上搜索下载更多字体，将字体文件放到字体文件夹 C:\WINDOWS\Fonts 中或打开字体文件单击“安装”按钮，字体安装成功后，重新打开 PPT 软件，即可正常使用新装的字体。但新安装的字体需要设置嵌入，才可在其他电脑正常显示，否则将显示为默认的字体即宋体。

3. 公司形象宣传演示文稿的特点

利用 PPT 制作的公司形象宣传演示文稿可以很好地弥补静态平面画册缺乏动感和投资成本极高的视频宣传片缺乏互动的不足，既可以自动播放纯展示，也可以根据内容进行讲解，可以逐页介绍，也可以选择性介绍，还可以很好地与观众互动。

公司形象宣传演示文稿，代表着一个公司的实力、品牌和文化，要与公司 Logo、主题色、主题字、画册、网页等保持一致，要求制作精美、细致。公司的理念、历史、业绩、发展规划等都较抽象，需要综合应用图片、图表和动画等手段，实现可视化、直观化和形象化的表达效果。

学习案例

【案例展示】

结合公司简介，制作一份大屏幕展示用的宣传公司形象演示文稿，最终效果如图 6-24 所示。

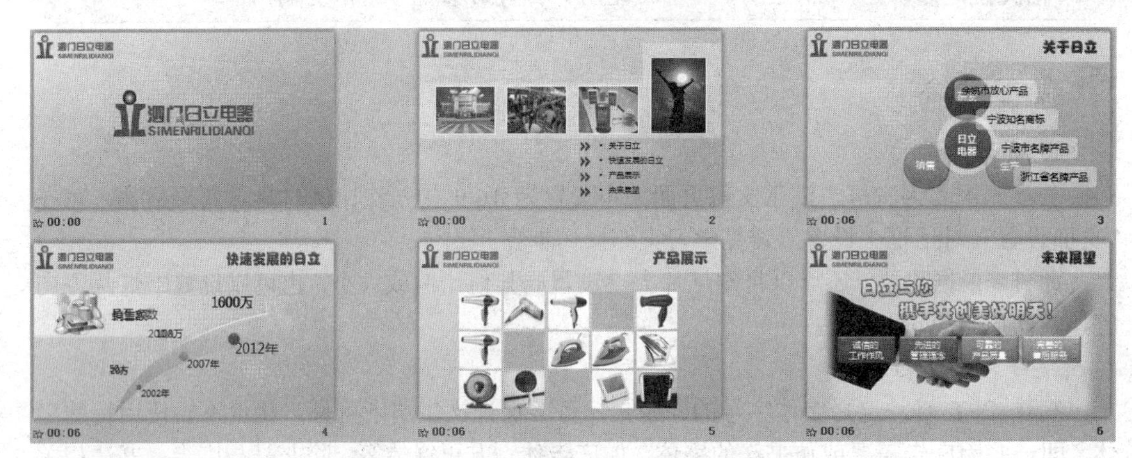

图 6-24　宣传公司形象演示文稿最终效果

【案例分解】

将该案例任务分解，具体实施步骤如图 6-25 所示。

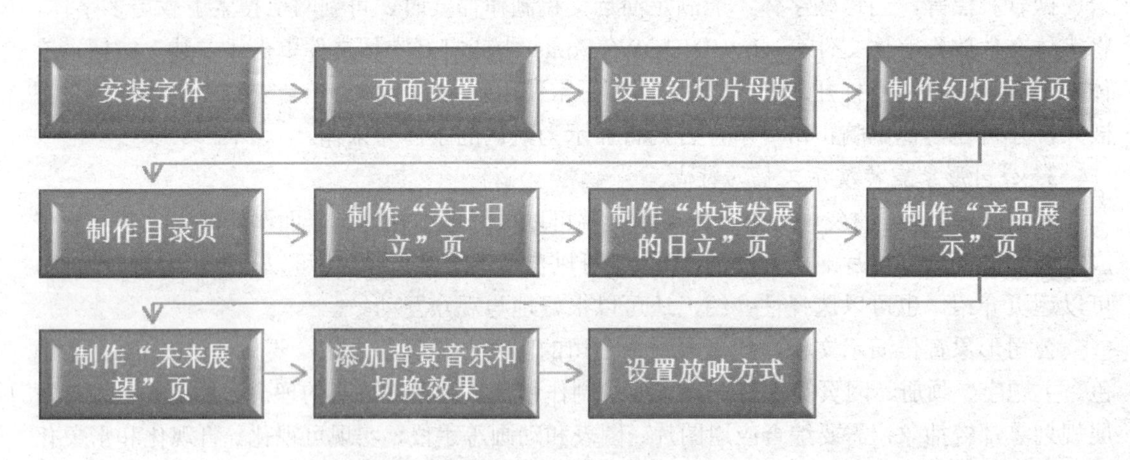

图 6-25　具体实施步骤

【操作步骤】

步骤 1. 安装字体。到网上搜索下载字体文件，或直接使用“6.3 素材”文件夹中提供的“方正胖娃简体”字体，安装字体的操作步骤如图 6-26 所示。

图 6-26　安装字体

步骤 2. 页面设置。PPT 2016 版中默认的页面设置比例为 16:9，可使用默认页面设置。页面设置的操作步骤如图 6-27 所示。

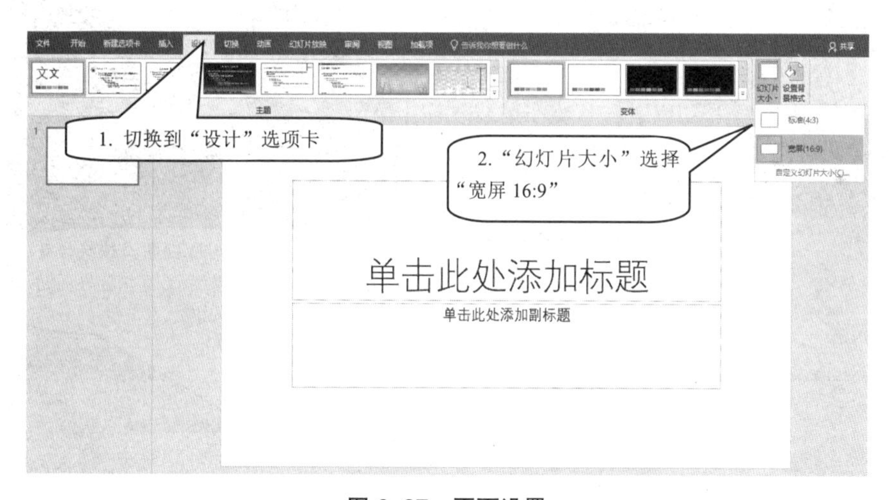

图 6-27　页面设置

步骤 3. 设置幻灯片母版。根据提供的公司 Logo，将该演示文稿的主色调定为蓝色和红色，背景用蓝色渐变填充，加上点状世界地图，示意电器产品销往世界各国，并在左上角放置公司 Logo。为方便编辑，可在幻灯片母版视图中设计。通过母版设计，统一设置各幻灯片的共性元素如背景、Logo 等，操作步骤如图 6-28 所示。

（a）

图 6-28　设置幻灯片母版

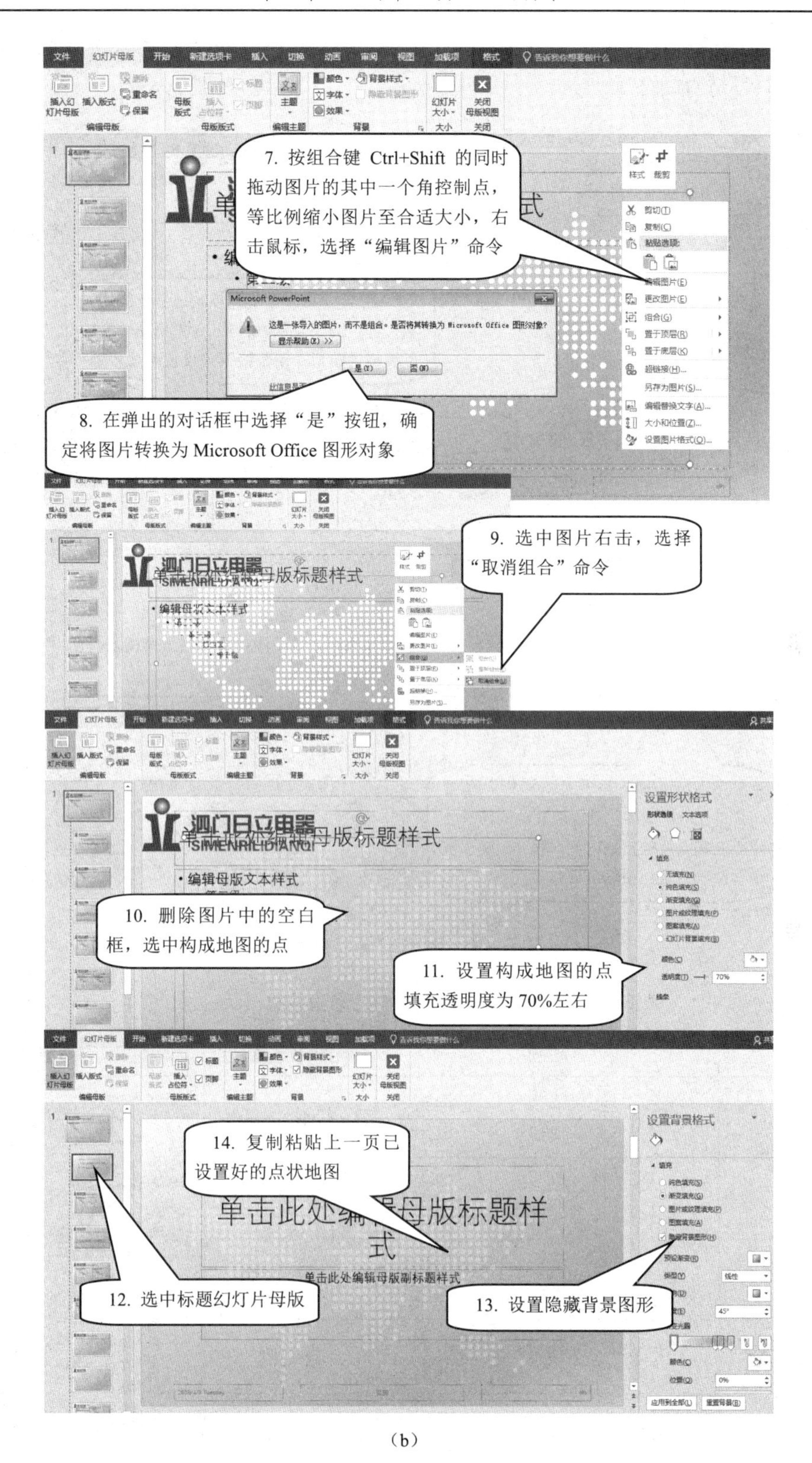

(b)

图 6-28　设置幻灯片母版（续）

步骤 4. 制作幻灯片首页。根据公司 Logo 标志，为演示文稿设置首页动画效果，具体操作步骤如图 6-29 所示。

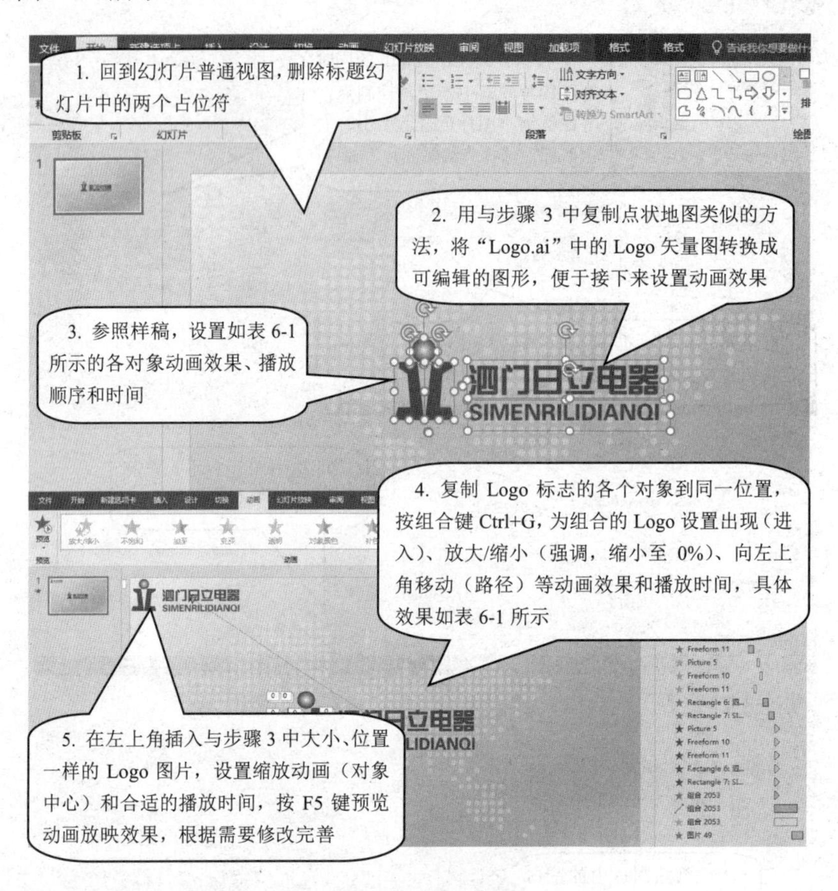

图 6-29　制作幻灯片首页

表 6-1　Logo 各对象的动画效果

对象	动画			效果选项		动画窗格
]	飞入（进入）	透明（强调）	消失（退出）	自左侧	50%	0 Picture 5 Freeform 10 Freeform 11 Picture 5 Freeform 10 Freeform 11 Rectangle 6: 泗... Rectangle 7: SI... Picture 5 Freeform 10 Freeform 11 Rectangle 6: 泗... Rectangle 7: SI... 组合 2053 组合 2053 组合 2053 图片 49
[	飞入（进入）	透明（强调）	消失（退出）	自右侧	50%	
●	上浮（进入）	透明（强调）	消失（退出）		50%	
泗门日立电器	飞入（进入）		消失（退出）	自右侧		
SIMENRILIDIANQI	切入（进入）		消失（退出）	自顶部		

步骤 5. 制作目录页。该演示文稿包括关于日立（概况）、快速发展的日立、产品展示和未来展望等 4 个方面，结合相应的图片制作目录页，操作步骤如图 6-30 所示。

图 6-30　制作目录页

步骤 6. 制作“关于日立”页。将关于日立的概况做成形象直观的动画，操作步骤如图 6-31 所示。

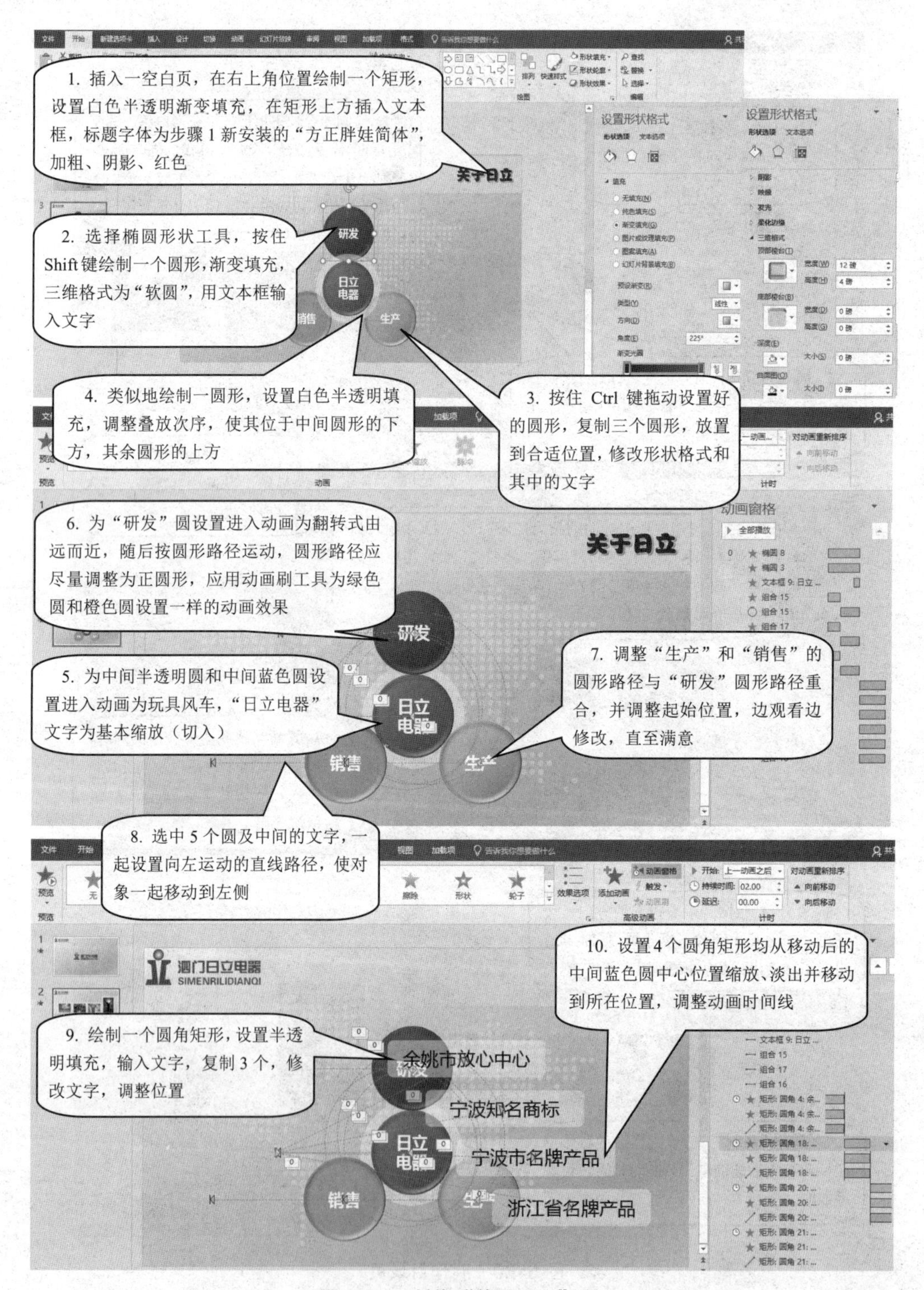

图 6-31　制作“关于日立”页

步骤 7. 制作“快速发展的日立”页。将提供的员工人数和销售额的表格数据转换成图表，结合应用 SmartArt 图形和动画实现，操作步骤如图 6-32 所示。

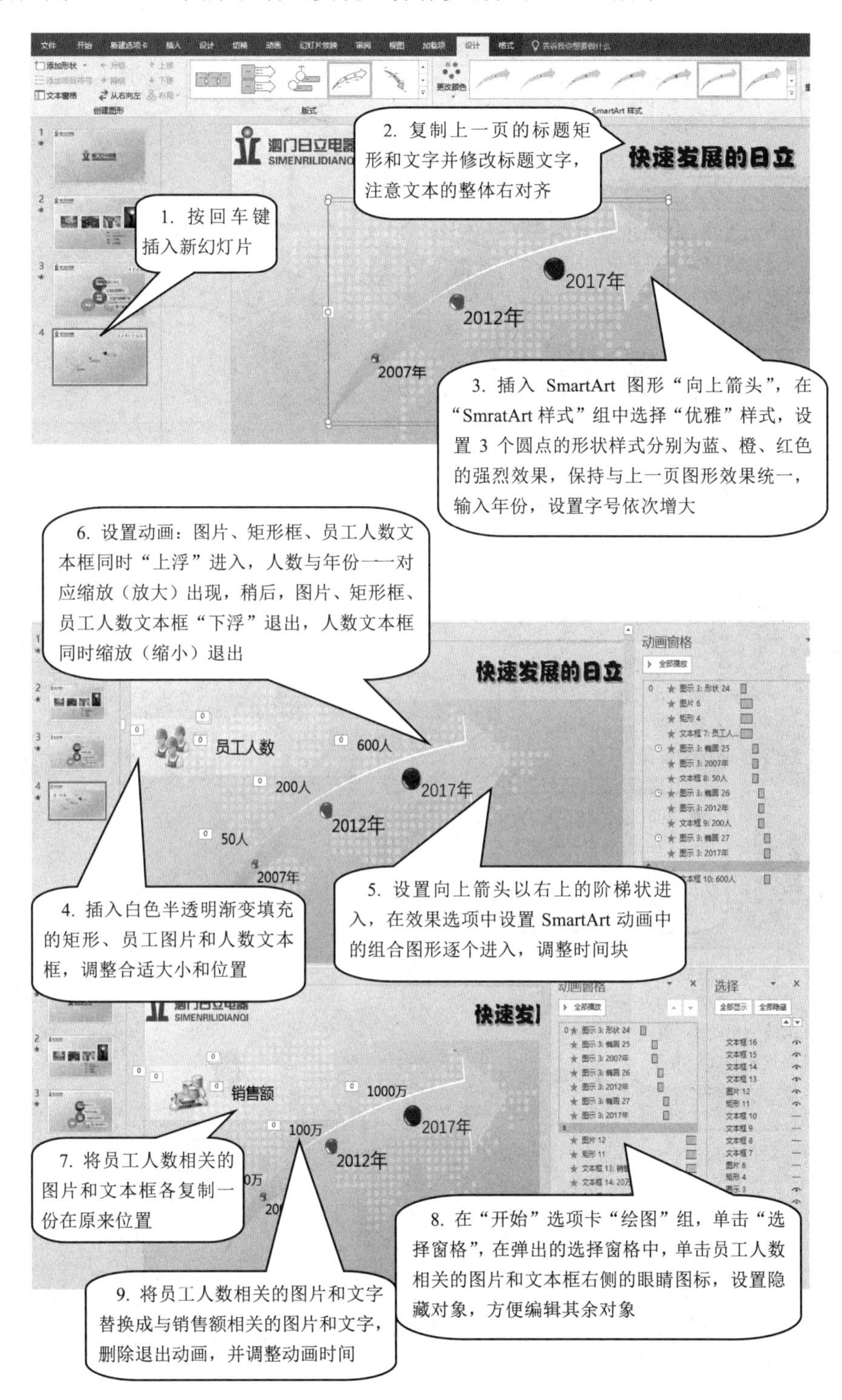

图 6-32　制作“快速发展的日立”页

步骤 8. 制作"产品展示"页。将公司产品电吹风、电熨斗和取暖器列出展示，操作步骤如图 6-33 所示。

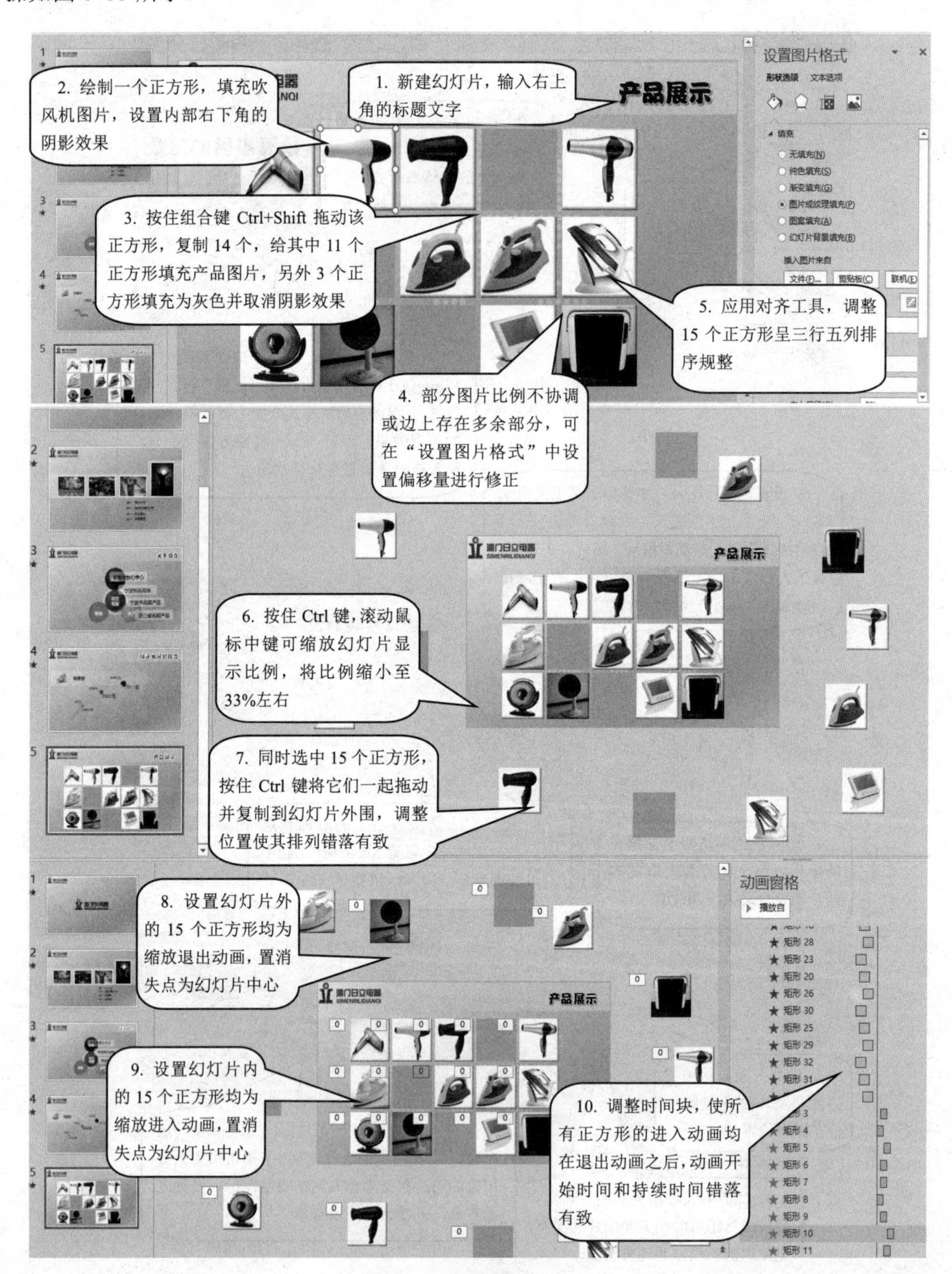

图 6-33 制作"产品展示"页

步骤 9. 制作“未来展望”页。根据公司对未来的展望，制作“未来展望”页面，操作步骤如图 6-34 所示。

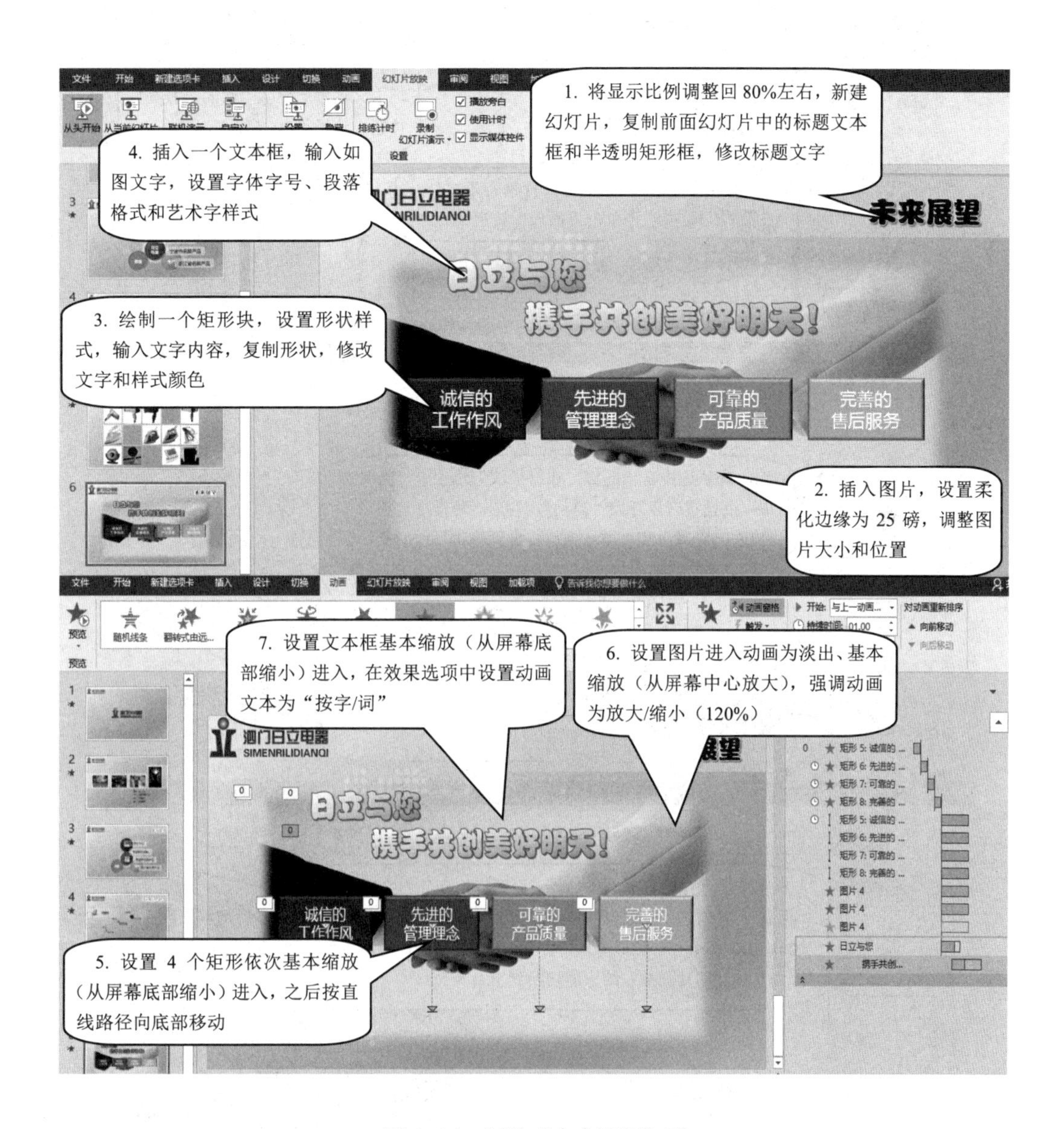

图 6-34　制作“未来展望”页

步骤 10. 添加背景音乐和切换效果。为演示文稿添加背景音乐，设置音乐跨幻灯片且循环播放，设置幻灯片切换效果和自动切换时间，操作步骤如图 6-35 所示。

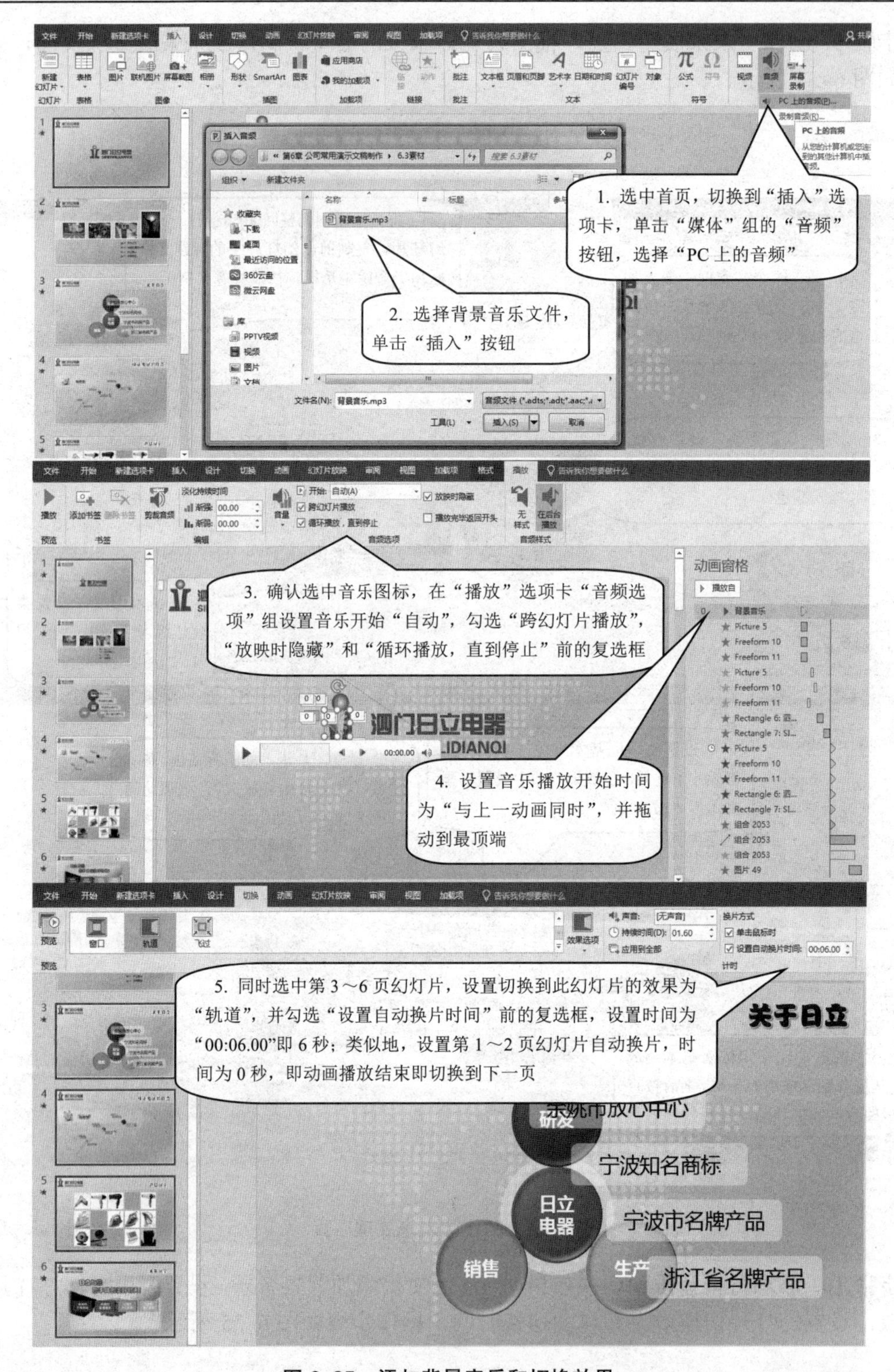

图 6-35　添加背景音乐和切换效果

步骤 11. 设置放映方式。设置公司形象宣传演示文稿循环播放，并将其另存为放映模式，

可直接进入放映视图，操作步骤如图 6-36 所示。

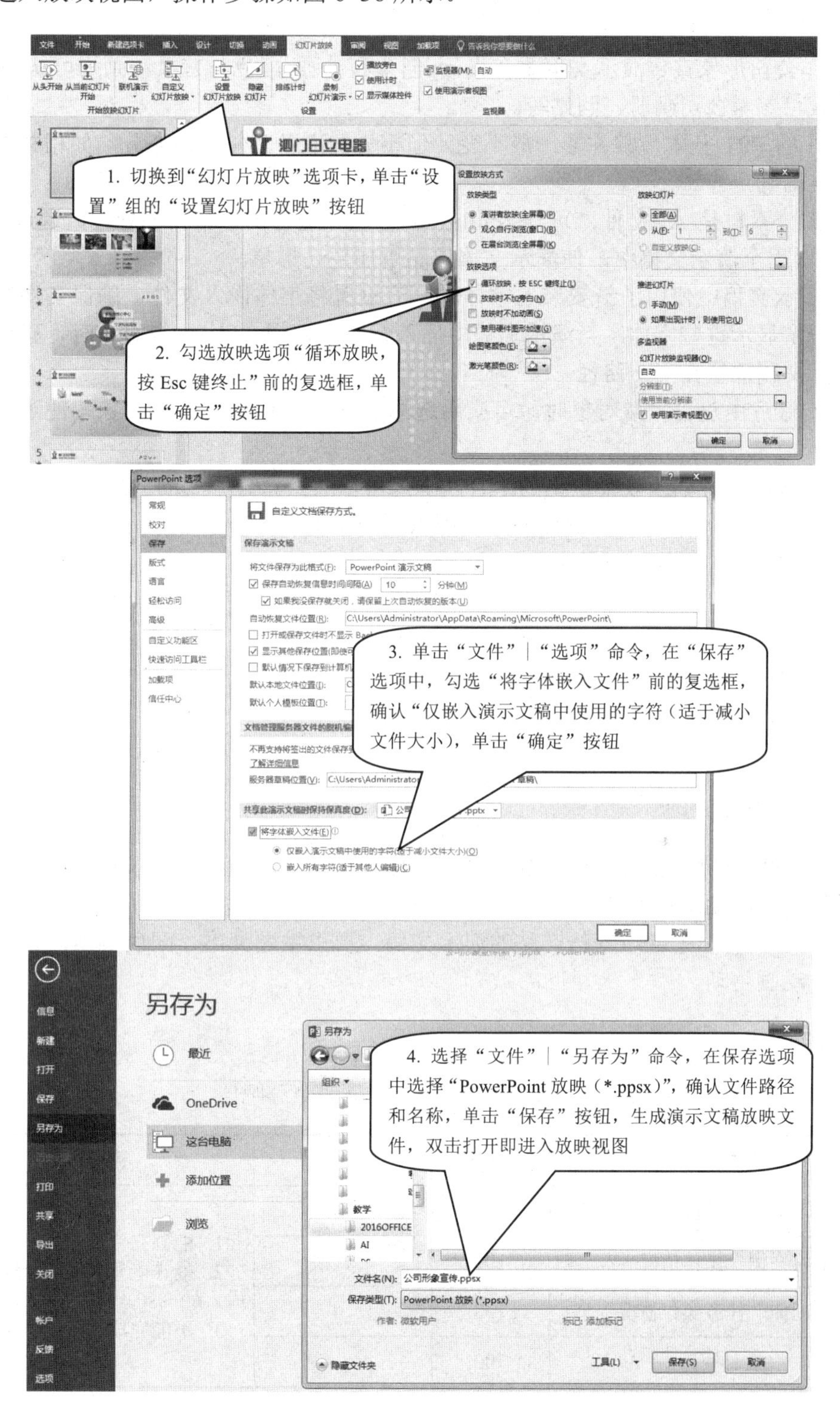

图 6-36　设置放映方式

职场经验

1. 制作公司形象宣传演示文稿重在设计、创意和动画，配色与首页动画均可从公司 Logo 入手，排版可参考公司画册、网站等。

2. 制作的 PPT 基本步骤并非一成不变，但事先的准备工作必须充分，如相关素材的收集，PPT 结构确定等。

3. 有部分素材是 AI 文件，可安装 Illustrator 软件进行简单编辑和处理，通过“复制”“粘贴”可引用至演示文稿中，使演示文稿作品更加生动形象。

4. 当演示文稿中使用了新安装的字体时，应设置将字体嵌入文件，确保文件在其他电脑中也能正常显示这些字体。当演示文稿中插入音频、视频、Flash 等媒体时，建议将媒体文件和演示文稿放置在同一路径。

5. 当幻灯片中包含大量对象时，可应用选择窗格显示/隐藏一部分对象，便于编辑其余对象。

6. 综合应用多种动画效果产生的组合动画，可以达到意想不到的效果。

7. 制作 PPT 时，掌握一些快捷的操作可以使制作事半功倍。

Ctrl+拖动	复制对象
Ctrl+滚动中键	调整显示比例
Shift+Ctrl+C	复制格式
Shift+Ctrl+V	粘贴格式
Ctrl+Alt+V	选择性粘贴
Shift+F5	播放当前幻灯片

职场延伸

1. 搜集所在单位的相关素材，制作宣传单位形象的演示文稿。要求有首页动画，内容完整，结构清晰，动画精美。

2. 为公司制作一个专门宣传产品的演示文稿。要求主题突出，配色协调，版面美观，结构完整，动画生动。

学习评价

本节内容学习已经结束，你都学会了吗？给自己评个分吧！

<table>
<tr><th>评分内容</th><th>分值</th><th>自评分</th><th>评分细则</th></tr>
<tr><td>“学习准备”掌握情况</td><td>100</td><td></td><td rowspan="4">1. 能独立完成：80～100 分
2. 能在老师和同学的帮助下完成：60～80 分
3. 不能完成：0～60 分</td></tr>
<tr><td>“学习案例”操作情况</td><td>100</td><td></td></tr>
<tr><td>“职场延伸”任务操作情况</td><td>100</td><td></td></tr>
<tr><td>合计</td><td>300</td><td></td></tr>
</table>

6.4　小结与挑战

【本章小结】

本章主要介绍公司各类演示文稿的制作，包括大会背投、年度总结、公司形象宣传等，其中包含幻灯片母版设置、背景填充、形状绘制、动画设置、文字转化为图片图表、字体安装、幻灯片页面设置、添加背景音乐等知识点。

1. 制作大会背投：利用 PPT 中的形状绘制、动画设置功能，为公司第五届职工代表大会制作动态的背景投影。

2. 制作年度总结：提炼 Word 年度总结中的关键信息，将其做成汇报用的演示文稿，用精美的图片、图表，生动的动画，使精彩的总结汇报锦上添花。

3. 制作公司形象宣传演示文稿：安装新的字体，设置幻灯片大小，修改母版，设置组合动画，添加背景音乐，设置自动循环播放，让公司形象在小小的演示文稿中得以广泛宣传。

【自我挑战】

1. 泗门日立电器有限公司将于年后上班第一天召开全体员工会议，请设计一个大会背投。

2. 公司网站想建立一个 BBS 论坛，技术人员已经做好设计方案（见“6.4 素材”文件夹中“项目说明. docx”）。公司将召开一次项目论证会，要求对项目进行汇报，汇报时间为 10 分钟，请帮忙设计制作一份汇报演示文稿，要求主题突出，思路清晰，文字简洁、色彩搭配协调，尽量使用图、表的形式进行阐述，可设置适当动画，插入多媒体素材，增强演示文稿效果。

3. 公司拟开发销售新产品 LED 手电筒，计划在大屏幕上展示推荐各款手电筒产品。根据提供的素材（见“6.4 素材”文件夹）制作一份 LED 手电筒产品展示演示文稿。要求主题突出，动画形象生动，配合音效自动循环播放。